中等职业学校教学用书

Excel 2010 案例教程

赵增敏 刘 颖 张 瑜 主 编

电子工业出版社·

Publishing House of Electronics Industry

北京·BEIJING

内 容 简 介

Excel 2010 可以用来制作电子表格、完成数据运算、数据分析与预测、制作图表等。本书通过大量的实战演练，详细地介绍了 Excel 2010 电子表格系统的基础知识、基本操作和数据管理分析技术。本书共 10 章，主要内容包括初识 Excel 2010，Excel 2010 基本操作，数据的输入和编辑，工作表的格式化，工作表的打印，公式应用，函数应用，图表制作，数据处理，数据分析等。

本书坚持以就业为导向、以能力为本位的原则，突出实用性、适用性和先进性，结构合理、论述准确、内容翔实、步骤清晰，注意知识的层次性和技能培养的渐进性，遵循难点分散的原则合理安排各章的内容，降低学生的学习难度，通过丰富的操作实例来引导学习者学习，旨在培养他们的实践动手能力。每章后面均配有小结、习题和上机实验。

本书可作为中等职业学校计算机相关专业的教材，也可作为计算机初学者和各类办公人员的参考书。

图书在版编目（CIP）数据

Excel 2010 案例教程 / 赵增敏，刘颖，张瑜主编 . —北京：电子工业出版社，2016.9
中等职业学校教学用书

ISBN 978-7-121-30001-1

Ⅰ. ①E… Ⅱ. ①赵… ②刘… ③张… Ⅲ. ①表处理软件—中等专业学校—教材 Ⅳ. ①TP391.13

中国版本图书馆 CIP 数据核字（2016）第 233621 号

策划编辑：关雅莉
责任编辑：杨　波
印　　刷：北京盛通商印快线网络科技有限公司
装　　订：北京盛通商印快线网络科技有限公司
出版发行：电子工业出版社
　　　　　北京市海淀区万寿路 173 信箱　邮编　100036
开　　本：787×1 092　1/16　印张：19.75　字数：505.6 千字
版　　次：2016 年 9 月第 1 版
印　　次：2023 年 1 月第 10 次印刷
定　　价：39.00 元

Excel 2010 是 Microsoft Office 2010 中的电子表格软件，它提供了强大的工具和功能，可以用来制作电子表格、完成各种数据运算、进行数据分析与预测、制作图表以及使用 VBA 语言编程等，在管理、统计、财经、金融等诸多领域中都得到了广泛的应用。

本书根据教育部颁布的中等职业学校计算机及应用专业教学指导方案的基本精神，结合现代职业教育的特点和社会用人需求，通过大量的实战演练详细地介绍了 Excel 2010 电子表格系统的基础知识、基本操作和数据管理分析技术。在编写过程中，坚持以就业为导向、以能力为本位的原则，力求突出教材的实用性、适用性和先进性。

本书共 10 章。第 1 章介绍 Excel 2010 的用户界面，并讲述工作簿、工作表和单元格的基本概念；第 2 章介绍 Excel 2010 中的基本操作，包括创建工作簿、保存工作簿、打开和关闭工作簿以及操作工作表；第 3 章讲述数据的输入和编辑，包括手动输入数据、自动填充数据、修改单元格数据、移动和复制数据、插入行列或单元格以及删除行列或单元格；第 4 章讨论如何对工作表进行格式化，包括设置单元格格式、设置条件格式、调整行高与列宽、使用单元格样式以及美化工作表；第 5 章讲解如何对工作表进行打印，包括设置页面、设置文档主题、使用视图方式以及打印工作表；第 6 章讨论如何利用公式对工作表数据进行计算，包括公式概述、创建公式、单元格引用、使用数组公式以及处理名称；第 7 章介绍如何利用函数对工作表数据进行计算，首先讲述函数的作用、语法和分类，然后讲解如何输入和嵌套函数，最后分门别类地讨论一些常用函数的使用方法；第 8 章讲述图表的制作方法，主要介绍图表的组成和类型、创建图表以及设置图表格式；第 9 章讨论如何进行数据处理，包括导入数据、使用 Excel 表格、数据排序、数据筛选以及分类汇总；第 10 章讨论如何进行数据分析，包括使用数据透视表、使用数据透视图以及创建趋势线。

本书及源文件中用到的数据均为虚构，如有雷同，实属巧合。

本书由赵增敏、刘颖、张瑜担任主编，余晓霞、胡婷婷、李彦明、彭辉担任副主编。参加本书编写的还有马红霞、吴洁、朱粹丹、李娴、赵朱曦、郭宏等，在此一并致谢。

由于作者水平所限，书中疏漏和错误之处在所难免，恳请广大读者提出宝贵意见。

为了方便教师教学和学生学习，本书还配有源文件、教学指南、电子教案和习题答案（电子版）。请有此需要的教师或学生登录华信教育网（www.hxedu.com.cn）免费注册后进行下载，有问题时请在网站留言板留言或与电子工业出版社联系（E-mail：hxedu@phei.com.cn）。

编　者

目 录

第 1 章

Excel 2010 使用基础

Excel 2010 是 Microsoft Office 2010 中的电子表格软件，它提供了强大的工具和功能，可以用来制作电子表格、完成各种数据运算、进行数据分析与预测、制作数据图表等，在管理、统计、财经、金融等诸多领域中都得到了广泛的应用。本章首先介绍 Excel 2010 应用程序的用户界面，然后讲述工作簿、工作表和单元格的基本概念。

1.1 认识 Excel 2010 用户界面

Excel 2010 具有面向结果的用户界面，使得用户可以轻松地使用该软件进行工作。过去，各种命令和功能常常深藏于复杂的菜单和工具栏中，现在可以在包含命令和功能逻辑组、面向任务的选项卡上更轻松地找到它们。

1.1.1 启动 Excel 2010

Excel 2010 通常可以使用 Windows 系统的"开始"菜单来启动，其具体操作方法是：单击"开始"按钮，选择"所有程序"→"Microsoft Office"→"Microsoft Office Excel 2010"，此时将启动 Excel 2010 并自动创建一个名为 Book1 的空白工作簿。

为了操作的便利，也可以在 Windows 桌面上为 Excel 2010 创建一个快捷方式，具体操作方法是：单击"开始"按钮，依次单击"所有程序"、"Microsoft Office"，右键单击"Microsoft Office Excel 2010"，在快捷菜单中选择"发送到"→"桌面快捷方式"命令，此时将在桌面上创建一个快捷方式，如图 1.1 所示。

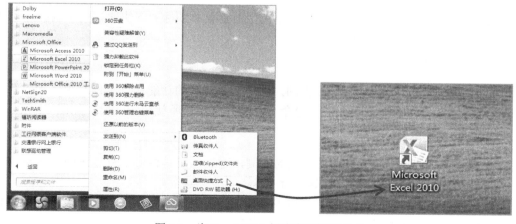

图 1.1　为 Excel 2010 创建桌面快捷方式

为 Excel 2010 创建桌面快捷方式后，也可以将其添加到"开始"菜单或任务栏中。

还可以通过打开现有 Excel 工作簿来启动 Excel 2010，具体操作方法是：在 Windows 资源管理器中双击工作簿文件（*.xls，*.xlsx），此时将启动 Excel 2010 并打开所选定的工作簿。

【实战演练】在 Windows 系统中执行以下操作。

（1）通过 Windows 的"开始"菜单启动 Excel 2010。

（2）将 Excel 2010 的快捷方式锁定到任务栏。

（3）在桌面上为 Excel 2010 创建一个快捷方式。

1.1.2　Excel 2010 用户界面介绍

启动 Excel 2010 后，将打开如图 1.2 所示的应用程序窗口，其中包括标题栏、功能区、名称框和编辑栏、工作表编辑区以及状态栏等组成部分。

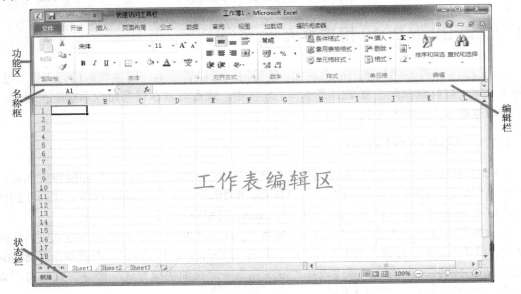

图 1.2　Excel 2010 用户界面

标题栏位于应用程序窗口的顶端，其中包括控制菜单图标■、快速访问工具栏、当前文件名、应用程序名称以及窗口控制按钮。

1. "文件"选项卡

"文件"选项卡也称为 Backstage 视图，这是一个特殊的功能选项卡，其中包含"新建"、"打开"、"关闭"、"保存"及"选项"等命令，也列出最近所使用的文件，如图 1.3 所示。

2. 快速访问工具栏

快速访问工具栏位于控制菜单图标■的右侧，通过该工具栏可以快速访问"保存"、"撤销"和"恢复"等常用命令，如图 1.4 所示。

根据需要，还可以向快速访问工具栏中添加更多命令。具体操作方法是：单击该工具栏右侧的"自定义快速工具栏"按钮▪，在下拉菜单中选中要添加的命令即可，例如"新建"、"打开"、"快速打印"以及"打印预览"等，如图 1.5 所示。

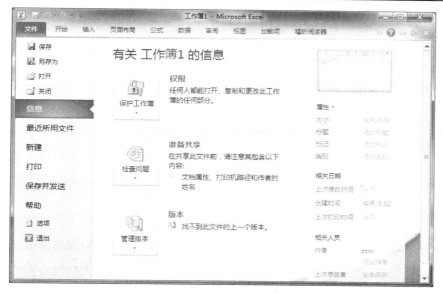

图 1.3　"文件"选项卡

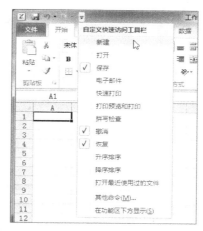

图 1.4　快速访问工具栏　　　　　　　　　图 1.5　自定义快速访问工具栏

　　若要在快速访问工具栏中添加其他命令，可在下拉菜单中单击"其他命令"，然后在"Excel
选项"对话框中选择所需的命令。

　　默认情况下，快速访问工具栏位于功能区上方。若要使快速访问工具栏显示在功能区下
方，可以单击该工具栏右侧的"自定义快速工具栏"按钮，然后在弹出菜单中选中"在功能
区下方显示"命令，使快速访问工具栏在功能区下方显示，如图 1.6 所示。

图 1.6　位于功能区下方的快速访问工具栏

3. 功能区

功能区位于标题栏的下方,用于取代早期版本中的菜单栏和工具栏。功能区由"开始"、"插入"、"页面布局"、"公式"、"数据"、"审阅"、"视图"及"加载项"等选项卡组成,每个选项卡又分为一些组。例如,"开始"选项卡分为"剪贴板"、"字体"、"对齐方式"、"数字"、"样式"、"单元格"及"编辑"组,每个组中包含一些相关的命令,如图1.7所示。

图 1.7 功能区

除了上述基本选项卡之外,在执行某些操作时还会临时显示出所需的选项卡,这类选项卡称为上下文选项卡。例如,选定一幅图片时,将会自动显示图片工具的"格式"选项卡。

若要了解功能区中某个命令的功能,可用鼠标指针指向该命令,以查看其功能提示信息,如图1.8所示。

图 1.8 查看命令的功能提示信息

某些组的右下角有一个"对话框启动器"按钮 ,通过单击该按钮可打开相应的对话框或任务窗格。例如,在"开始"选项卡的"对齐方式"组中单击"对话框启动器"按钮 ,如图1.9所示,会显示"设置单元格格式"对话框的"对齐"选项卡,如图1.10所示。

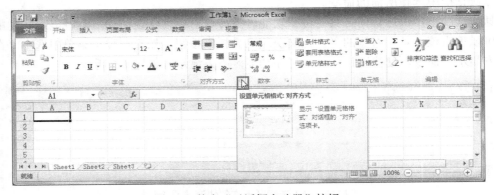

图 1.9 单击"对话框启动器"按钮

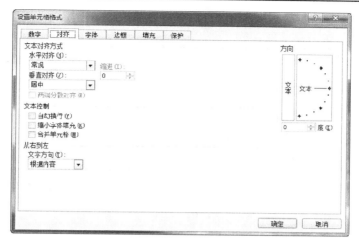

图 1.10　"设置单元格格式"对话框的"对齐"选项卡

为了获得更大的工作表编辑区,可以通过双击活动选项卡或单击向上折叠按钮 ⌃ 或按 Ctrl+F1 将功能区最小化,以显示更多的文档内容,如图 1.11 和图 1.12 所示。若要重新显示功能区,再次单击某个选项卡或单击向下展开按钮 ⌄ 即可。

图 1.11　单击向上折叠按钮

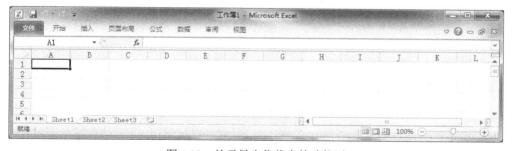

图 1.12　处于最小化状态的功能区

【实战演练】在 Excel 2010 中执行以下操作。

(1)在快速访问工具栏中添加"新建"、"打开"和"打印预览"命令。

(2)使快速访问工具栏显示在功能区下方。

(3)在"开始"选项卡的"字体"组中单击"对话框启动器"按钮,打开"设置单元格格式"对话框。

(4)将功能区最小化,然后重新显示功能区。

4. 名称框和编辑栏

名称框和编辑栏位于功能区与工作表编辑区之间,如图 1.13 所示。名称框用于显示当前活动单元格的地址或名称;编辑栏用于显示和编辑当前活动单元格中的数据或公式。单击✔

按钮或按 Enter 键可确认输入的内容；单击 ☒ 按钮或按 Esc 键可取消输入的内容；单击 f_x 按钮可在当前活动单元格中插入函数。

图 1.13　名称框和编辑栏

通过编辑栏向单元格中输入内容时，可单击其右端的向下展开按钮 ⌄ 来展开编辑栏，以获得更多空间，如图 1.14 所示。若要折叠编辑栏，单击向上折叠按钮 ⌃ 按钮即可。

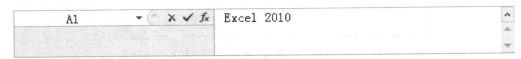

图 1.14　展开编辑栏

5. 工作表编辑区

工作表编辑区是 Excel 2010 用户界面中面积最大的一个区域，它实际上是一个文档窗口，默认情况下该窗口处于最大化状态，其控制按钮位于功能区选项卡标题栏的最右端，通过单击这些按钮可以最小化、还原或关闭文档窗口，如图 1.15 所示。

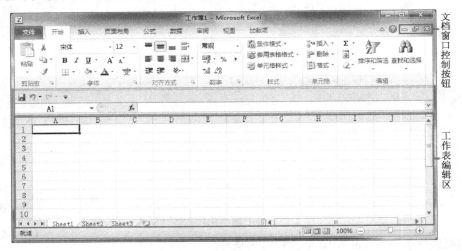

图 1.15　工作表编辑区

在 Excel 2010 中可同时打开多个文档，每个文档分别显示在不同的文档窗口中。在工作表编辑区的右下方包含标签滚动按钮和工作表标签，可用来在工作表之间切换；在工作表编辑区的下方和右侧分别带有水平滚动条和垂直滚动条，使用滚动条可以显示更多文档内容。

6. 状态栏

状态栏位于 Excel 2010 应用程序窗口的底部，用来显示与当前操作相关的信息，例如单元格模式、签名、权限等。在状态栏右侧还显示视图快捷方式、缩放级别及缩放滑块等内容，如图 1.16 所示。

视图快捷方式　缩放级别　　缩放滑块

图 1.16　状态栏

在状态栏上单击视图快捷方式可以在"普通"、"页面布局"和"分页预览"视图之间切换；单击"缩放级别"可以打开"显示比例"对话框，如图 1.17 所示；也可利用"缩放滑块"组件来快速改变文档的显示比例。

如果要对状态栏上显示的内容进行自定义，可右键单击状态栏并从弹出的快捷菜单中选择所需要的选项。

1.1.3　**退出** Excel 2010

若要退出 Excel 2010，可执行下列操作之一。
- 单击"文件"选项卡，然后单击"退出"命令。
- 单击 Excel 2010 应用程序窗口右上角的关闭按钮 ▨ 。 
- 按 Alt+F4 组合键。

图 1.17　"显示比例"对话框

1.2　理解工作簿、工作表和单元格

在开始使用 Excel 2010 之前，首先需要对工作簿、工作表和单元格的基本概念及它们之间的关系有所了解。

1.2.1　**工作簿**

在 Excel 中创建的文件称为工作簿，其文件的扩展名为".xlsx"。工作簿是工作表的容器，一个工作簿可以包含一个或多个工作表。启动 Excel 2010 时，会自动创建一个名为 Book1 的工作簿，它包含 3 个空白工作表，可以在这些工作表中填写数据。在 Excel 2010 中打开的工作簿个数仅受所使用计算机的可用内存和系统资源的限制。

1.2.2　**工作表**

工作表是在 Excel 中用于存储和处理各种数据的主要文档，也称电子表格。工作表始终存储在工作簿中。工作表由排列成行和列的单元格组成；工作表的大小为 1 048 576 行×16 384 列。默认情况下，创建新工作簿时总是包含 3 个工作表，它们的标签分别为 Sheet1、Sheet2 和 Sheet3，如图 1.18 所示。

标签滚动按钮　活动工作表　　　　　插入工作表

图 1.18　工作表标签

若要处理某个工作表，可单击该工作表的标签，使之成为活动工作表。若看不到所需的标签，可单击标签滚动按钮以显示所需标签，然后单击该标签。

在实际应用中，可对工作表进行重命名。根据实际工作任务的需要还可以添加更多的工作表。一个工作簿中的工作表个数仅受所使用计算机的可用内存的限制。

1.2.3　单元格

在工作表中，行和列相交构成单元格。单元格用于存储公式和数据。单元格按照它在工作表中所处位置的坐标来引用，列坐标在前，行坐标在后。列坐标用大写英文字母表示，从A 开始，最大列号为 XFD；行坐标用阿拉伯数字表示，从 1 开始，最大行号为 1 048 576。例如，显示在第 B 列和第 3 行交叉处的单元格，其引用形式为 B3；第一个单元格的引用形式为 A1；最后一个单元格的引用形式为 XFD1048576。

单元格中可以包含文本、数字、日期、时间或公式等内容。若要在某个单元格中输入或编辑内容，可以在工作表中单击该单元格，使之成为活动单元格，此时其周围将显示粗线边框，其名称将显示在名称框中，如图 1.19 所示。

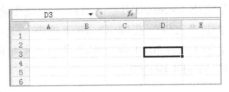

图 1.19　工作表中的活动单元格

工作表上的两个或多个单元格构成区域。区域中的单元格可以相邻或不相邻。一个连续的区域可使用位于其左上角和右下角的单元格来引用，并以冒号（:）来分隔这两个单元格。例如，B3:E6 表示从单元格 B3 到单元格 E6 的区域。

本章小结

本章先介绍 Excel 2010 用户界面的组成，然后讲解工作簿、工作表及单元格的基本概念。

Excel 2010 具有全新的用户界面，主要组成部分包括快速访问工具栏、"文件"选项卡、功能区、名称框和编辑栏、工作表编辑区及状态栏等。

快速访问工具栏位于标题栏左侧，其中包含少量常用命令。根据需要，可以在快速访问工具栏中添加更多命令，也可以调整快速访问工具栏的位置。

功能区取代了早期版本中的菜单栏和工具栏。功能区由一些选项卡组成，每个选项卡由一些组构成，每个组中包含一些操作命令。在执行某些操作时还会临时显示出所需的选项卡，这类选项卡称为上下文选项卡。

工作簿是在 Excel 中创建和处理的文件，其扩展名为".xlsx"。

一个工作簿可以包含一个或多个工作表；工作表也称为电子表格，是 Excel 中用于存储和处理各种数据的主要文档。

工作表由排列成行和列的单元格组成，每个单元格可以包含文本、数字、日期、时间和公式等内容。

习题 1

一、填空题

1. 要为 Excel 2010 创建桌面快捷方式，可单击"开始"按钮，依次单击"所有程序"、"Microsoft Office"，右键单击"Microsoft Office Excel 2010"，在快捷菜单中选择"发送到"→_____命令。

2. Excel 2010 应用程序窗口由_____、_____、_____和_____、_____以及_____等部分组成。

3. 为了获得更大的工作表编辑区，可以使用_____组合键将功能区最小化，以显示更多文档内容；若要重新显示功能区，可单击_____即可。

4. 工作表编辑区是 Excel 2010 用户界面中面积最大的一个区域，它实际上是一个_____窗口。

二、选择题

1. 若要确认在单元格输入的内容，可按（　　）键。

　　A. Shift　　　　　　　　　　　B. Alt

　　C. Enter　　　　　　　　　　　D. Tab

2. 以下操作中不能用来退出 Excel 2010 的是（　　）。

　　A. 单击"文件"选项卡并选择"退出"命令　B. 单击应用程序窗口右上角的关闭按钮

　　C. 按 Alt+F4 组合键　　　　　　　　　　D. 按 Ctrl+W 组合键

3. 工作簿的文件扩展名为（　　）。

　　A. .doc　　　　　　　　　　　B. .xlsx

　　C. .xls　　　　　　　　　　　D. .dot

三、简答题

1. 在 Excel 2010 中，如何引用一个单元格？试举例说明。

2. 在 Excel 2010 中，如何引用一个连续的单元格区域？试举例说明。

3. 在 Excel 2010 中，一个工作表最多可包含多少行和多少列？

4. 在 Excel 2010 中，一个工作簿最多可包含多少个工作表？

上机实验 1

1. 练习启动和退出 Excel 2010 的方法。

2. 为 Excel 2010 创建桌面快捷方式，并将该快捷方式固定在 Windows 任务栏中。

3. 在 Excel 2010 功能区中选择不同的选项卡，并观察每个选项卡有哪些构成成。

4. 在 Excel 2010 中，选择不同的工作表作为活动工作表，然后在工作表中选择不同的单元格作为活动单元格。

第 2 章

Excel 2010 基本操作

在 Excel 2010 中创建的文件称为工作簿，其文件的扩展名是 ".xlsx"。一个工作簿可以包含若干个工作表。工作表也称电子表格，可以用来存储和处理各种各样的数据。本章将介绍如何在 Excel 2010 中对工作簿和工作表进行各种基本操作，主要内容包括创建工作簿、保存工作簿、打开和关闭工作簿及操作工作表等。

2.1 工作簿的创建

Excel 工作簿是包含一个或多个工作表的文件，可以使用其中的工作表来组织各种相关信息。若要创建新工作簿，可以打开一个空白工作簿，也可以基于现有工作簿、默认工作簿模板或任何其他模板创建新工作簿。

2.1.1 创建空白工作簿

启动 Excel 2010 时，会自动创建一个名为 Book1 的工作簿，默认情况下该工作簿包含 3 个空白工作表。根据需要，也可以随时创建一个新的空白工作簿，操作步骤如下。

（1）单击"文件"选项卡，单击"新建"命令。

（2）在如图 2.1 所示的 Backstage 视图中，单击"可用模板"下的"空白工作簿，在右侧窗格的"空白工作簿"下方单击"创建"按钮。

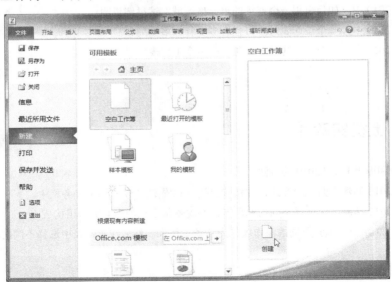

图 2.1　新建空白工作簿

提示：也可以使用键盘快捷方式来快速新建空白工作簿，相应的组合键为 Ctrl+N。

在 Windows 操作系统中安装了 Excel 2010 后，会在系统右键快捷菜单中添加新建 Microsoft Excel 工作表的命令，通过这个命令可以在指定位置上快速创建新的 Excel 工作簿文件。具体操作方法是：在 Windows 桌面或文件夹窗口的空白处单击鼠标右键，在弹出的快捷菜单中依次单击“新建”→“Microsoft Excel 工作表”命令，如图 2.2 所示。完成操作后即可在当前位置创建一个新的 Excel 工作簿文件，双击文件图标即可在 Excel 2010 中打开它。

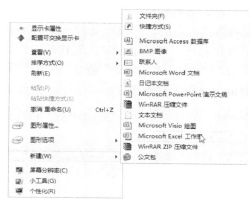

图 2.2　通过右键快捷菜单创建工作簿

默认情况下，新建工作簿总是包含 3 个工作表，但也可以更改新建工作簿所包含工作表的数目。具体设置方法是：单击“文件”选项卡，单击“选项”命令，在弹出的“Excel 选项”对话框中选择“常规”类别，在“新建工作簿时”下方设置新建工作簿包含的工作表数，如图 2.3 所示，单击“确定”按钮。

图 2.3　设置新建工作簿包含的工作表数

【实战演练】在 Excel 2010 中执行以下操作。

（1）启动 Excel 后创建一个空白工作簿。

（2）通过"Excel 选项"对话框将新建工作簿所包含的工作表的数目更改为 6。

（3）在 Windows 桌面上通过右键快捷菜单创建一个空白工作簿。

2.1.2 基于模板创建工作簿

所谓模板，就是创建之后作为其他相似工作簿基础的工作簿。在 Excel 2010 中，模板文件（.xltx）中可以包含数据和格式，启用宏的模板文件（.xlsm）中还可以包含宏。

为了节省时间或提高标准化程度，可以基于模板创建新工作簿，操作步骤如下。

（1）单击"文件"选项卡，然后单击"新建"命令。

（2）在"可用模板"主页上操作下列操作之一。

● 若要使用已安装的模板，可单击"样本模板"，进入相应的页面后单击需要的模板，单击"创建"按钮，如图 2.4 所示。

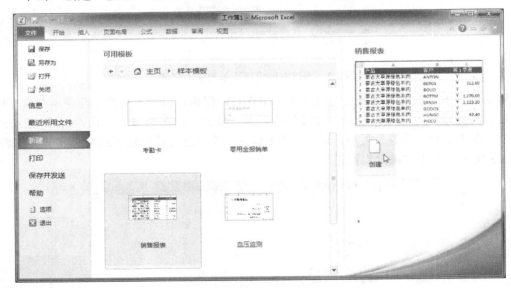

图 2.4 选择已安装模板

● 若要使用自己的模板，可单击"我的模板"，在"新建"对话框中单击所需要的模板，然后单击"确定"按钮。

注意："我的模板"类别列出了已创建的模板。如果看不到要使用的模板，请确保它位于正确的文件夹中。自定义模板一般存储在 C:\Users\用户名\AppData\Local\Microsoft\Templates 文件夹中。

（3）若要获得更多工作簿模板，可从 Office.com 网站下载。操作方法是：在"可用模板"中的"Office.com 模板"下单击一个特定的模板类别，单击要下载的模板，再单击"下载"按钮，如图 2.5 所示。

提示：也可以在搜索框中输入关键词（如"学生"），单击按钮来查找所需的工作簿模板。

基于模板创建的工作簿通常包含数据和格式，也可以直接输入内容。如图 2.6 所示，是基于"销售报表"模板创建的一个新工作簿。

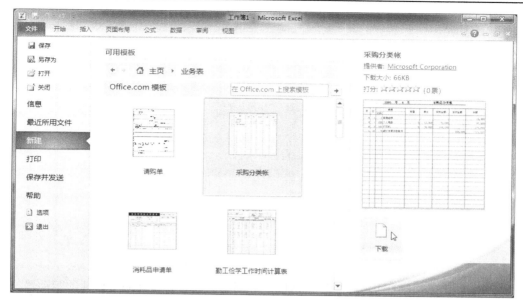

图 2.5 下载工作簿模板

	A	B	C	D	E	F
1	产品	客户	第 1 季度	第 2 季度	第 3 季度	第 4 季度
2	蒙古大草原绿色羊肉	ANTON	￥ -	￥ 702.00	￥ -	￥ -
3	蒙古大草原绿色羊肉	BERGS	￥ 312.00	￥ -	￥ -	￥ -
4	蒙古大草原绿色羊肉	BOLID	￥ -	￥ -	￥ -	￥1,170.00
5	蒙古大草原绿色羊肉	BOTTM	￥1,170.00	￥ -	￥ -	￥ -
6	蒙古大草原绿色羊肉	ERNSH	￥1,123.20	￥ -	￥ -	￥2,607.15
7	蒙古大草原绿色羊肉	GODOS	￥ -	￥ 280.80	￥ -	￥ -
8	蒙古大草原绿色羊肉	HUNGC	￥ 62.40	￥ -	￥ -	￥ -
9	蒙古大草原绿色羊肉	PICCO	￥ -	￥1,560.00	￥ 936.00	￥ -
10	蒙古大草原绿色羊肉	RATTC	￥ -	￥ 592.80	￥ -	￥ -
11	蒙古大草原绿色羊肉	REGGC	￥ -	￥ -	￥ -	￥ 741.00
12	蒙古大草原绿色羊肉	SAVEA	￥ -	￥ -	￥3,900.00	￥ 789.75
13	蒙古大草原绿色羊肉	SEVES	￥ -	￥ 877.50	￥ -	￥ -
14	蒙古大草原绿色羊肉	WHITC	￥ -	￥ -	￥ -	￥ 780.00

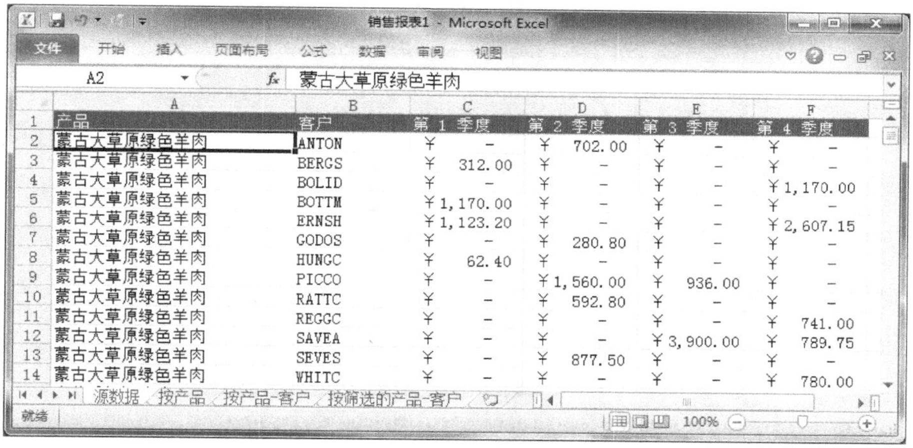

图 2.6 基于“销售报表”模板创建的工作簿

【实战演练】在 Excel 2010 中，从 Office.com 网站下载以下工作簿模板，分别基于这些模板创建一个工作簿。

（1）“业务表”类别下的“勤工俭学工作时间及工资计算表”模板。

（2）“学生”类别下的“分数记录”模板。

2.1.3 基于现有工作簿创建新工作簿

如果要创建的新工作簿与现有的某个工作簿内容类似（如月度报告），也可以基于该工作簿来创建新工作簿，具体操作步骤如下。

（1）单击“文件”选项卡，然后单击“新建”命令。

（2）出现“文件”选项卡时，在“可用模板”下方单击“根据现有内容新建”，如图 2.7 所示。

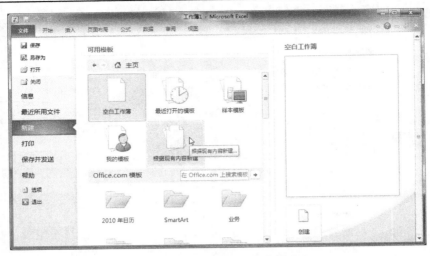

图 2.7　单击"根据现有内容新建"

（3）在"根据现有工作簿新建"对话框中，浏览至包含要打开的工作簿的驱动器、文件夹或 Internet 位置，如图 2.8 所示。

图 2.8　"根据现有工作簿新建"对话框

（4）单击该工作簿，单击"新建"按钮，将打开新建的工作簿，如图 2.9 所示。

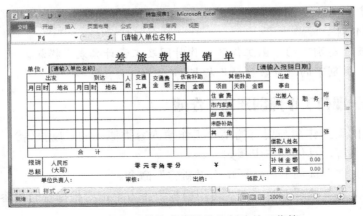

图 2.9　根据"差旅费报销单"创建的工作簿

2.2　工作簿的保存

使用工作簿时，可以将其保存到硬盘驱动器上的文件夹或其他存储位置。对于新建的工作簿，保存时需要指定存储位置和文件名；对于现有工作簿，可以使用原有存储位置和文件名直接进行保存，也可以另行指定保存位置和文件名进行保存。此外，还可以设置自动保存。

2.2.1　保存新建工作簿

为避免数据丢失，创建一个新工作簿后应立即进行存盘，而不是等到全部完成之后再进行保存。保存新建工作簿的操作步骤如下。

（1）在快速访问工具栏上单击"保存"按钮，或者单击"文件"选项卡并选择"保存"命令，或者按 Ctrl+S 组合键。此时将弹出如图 2.10 所示的"另存为"对话框。

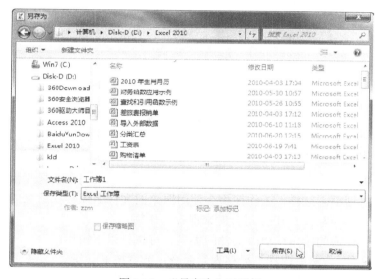

图 2.10　"另存为"对话框

（2）若要在某个驱动器的文件夹中保存工作簿，可选择该驱动器，选择所需的目标文件夹。

（3）在"文件名"框中输入工作簿的文件名，单击"保存"按钮。

默认情况下，保存工作簿时使用的默认路径为"我的文档"文件夹。在实际工作中，通常并不是将工作簿保存在此文件夹中，可以更改默认的保存位置，具体设置方法如下。

（1）单击"文件"选项卡，然后选择"选项"命令。

（2）在"Excel 选项"对话框中选择"保存"选项卡，并在"默认文件位置"框中更改文件的默认保存路径，如图 2.11 所示。

【实战演练】创建和保存工作簿。

（1）在 Excel 2010 中，单击"文件"选项卡，单击"新建"，单击"Office.com 模板"下的"学生"类别，单击"成绩簿（以分数为基础）"模板，单击"下载"按钮。

（2）在快速访问工具栏上单击"保存"按钮。

（3）选择"D:\Excel 2010"作为保存位置，将工作簿保存为"成绩表.xlsx"。

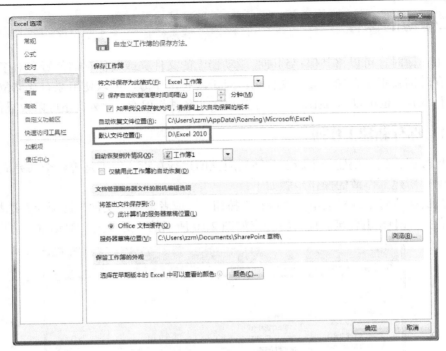

图 2.11　设置默认文件位置

2.2.2　保存现有工作簿

对于现有工作簿，其保存方法与新建工作簿完全相同，只是在选择"保存"命令后不会弹出"另存为"对话框。这样，工作簿将会使用原来的文件名保存在原来的位置上。在编辑工作表的过程中，应经常按 Ctrl+S 组合键来保存工作簿。

如果要保存工作簿的副本或更改文件的类型，可执行以下操作。

（1）单击"文件"，然后选择"另存为"命令；或者按 F12 键。

（2）弹出"另存为"对话框时，选择要保存文件的文件夹或驱动器。

（3）若要将副本保存到其他文件夹中，可在文件夹列表中单击其他文件夹；若要将副本保存在新文件夹中，可在右键快捷菜单中单击"新建文件夹"命令。

（4）若要将工作簿保存为其他文件类型，可从"保存类型"列表框中选择所需的类型，例如 Excel 97-2003 工作簿（*.xls）、XML 数据（*.xml）等、网页、PDF 等。

注意：若将工作簿保存为早期版本格式，则可在 Excel 早期版本中打开该工作簿，但在 Excel 2010 中只能以兼容模式打开该工作簿，此时无法使用 Excel 2010 的某些新功能。

（5）在"文件名"框中输入文件的新名称，单击"保存"按钮。

2.2.3　设置自动保存

在某些情况下，Excel 2010 程序可能会在保存对正在处理的文件所做的更改之前关闭。一些可能的原因包括：发生了断电现象；系统受另一个程序影响而变得不稳定；Excel 程序本身出现了问题等。尽管无法总是防止以上这些问题的发生，但可以采取一些步骤，以便在 Excel 程序异常关闭时保护已做的工作。

　　除了及早保存和经常保存之外，还可以使用"自动保存"和"自动恢复"功能。"自动恢复"选项可以通过下列两种方式来帮助用户避免丢失工作。

　　（1）自动保存数据。如果启用了"自动恢复"或"自动保存"，则文件将按照所需的频率自动保存。因此，如果已经工作很长时间但忘记了保存文件，或者发生了断电问题，则一直在处理的文件将包含用户自上次保存该文件以来所完成的全部工作或至少部分工作。

　　（2）自动保存程序状态。如果启用了"自动恢复"或"自动保存"中的一个选项，则在程序异常关闭之后重新启动它时，将恢复程序状态的某些方面。例如，假设用户正在同时处理多个 Excel 工作簿，每个文件都在不同的窗口中打开。假如在其中一个工作簿中选中了一个单元格，然后 Excel 崩溃。重新启动 Excel 时，它会再次打开这些工作簿，并且将所有窗口还原到 Excel 崩溃之前的状态。

　　若要启用和调整"自动恢复"和"自动保存"功能，可执行以下操作。

　　（1）单击"文件"选项卡，选择"选项"命令。

　　（2）在"Excel 选项"对话框中选择"保存"类别，选中"保存自动恢复信息时间间隔*分钟"复选框，如图 2.12 所示。

图 2.12　设置自动保存选项

　　（3）在"分钟"框中，指定希望 Excel 程序保存数据和程序状态的间隔时间。

　　提示：恢复文件所包含的新信息量取决于 Excel 程序保存恢复文件的频率。例如，如果每隔 15 分钟才保存恢复文件，则恢复文件将不包含在发生电源故障或其他问题之前最后 14 分钟所做的工作。

　　（4）根据需要，也可以在"自动恢复文件位置"框中更改程序自动保存所处理的文件的位置。

2.2.4　设置工作簿密码

对于包含机密数据的工作簿，在保存时可以为其设置打开权限密码和修改权限密码，以防止恶意用户对工作簿进行访问和修改。

设置工作簿密码的操作步骤如下。

（1）单击"文件"选项卡，选择"另存为"命令。

（2）在"另存为"对话框中单击"工具"按钮，在弹出的快捷菜单中单击"常规选项"命令，如图 2.13 所示。

图 2.13　选择"常规选项"命令

（3）在"常规选项"对话框中，输入打开权限密码和修改权限密码，如图 2.14 所示。

（4）若要提示以只读方式打开文件，选中"建议只读"复选框，单击"确定"按钮。

（5）在随后出现的"确认密码"对话框中，对输入的打开权限密码和修改权限密码进行确认，单击"确定"按钮，如图 2.15 和图 2.16 所示。

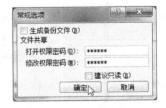

图 2.14　设置密码

图 2.15　确认打开权限密码

图 2.16　确认修改权限密码

2.3　工作簿的打开和关闭

在 Excel 2010 中打开工作簿时，有多种打开方式可供选择：既可以打开原始工作簿，也可以打开该工作簿的副本，还可以将工作簿以只读方式打开。如果同时打开了多个工作簿，可以方便地在不同工作簿之间切换。对于不需要使用的工作簿，应及时将其关闭。

2.3.1　打开工作簿

若要打开已有的工作簿文件，可执行以下操作。

（1）单击"文件"选项卡，选择"打开"命令；或者按 Ctrl+O 组合键。

（2）在如图 2.17 所示的"打开"对话框中，在"查找范围"列表中单击要打开的文件所在的文件夹或驱动器。

图 2.17　"打开"对话框

（3）在文件夹列表中，找到并打开包含此文件的文件夹。

（4）单击该文件，然后执行下列操作之一：

- 若要打开原始工作簿，可直接单击"打开"按钮。
- 若要以只读方式打开工作簿，可单击"打开"按钮旁的箭头，选择"以只读方式打开"命令，如图 2.18 所示。在这种情况下，虽然查看的是原始文件，但无法保存对它的更改。

图 2.18　以只读方式打开文件

- 若要以副本方式打开工作簿，可单击"打开"按钮旁的箭头，选择"以副本方式打开"命令。此时将创建工作簿的副本，并且查看的也是副本。所做的任何更改将保存到该副本中。

提示：单击"文件"选项卡，选择"最近使用的文档"，此时将列出最近打开的几个文件，通过单击文件名即可打开相应文件。在"打开"对话框中的"最近的访问位置"文件夹也会列出以前打开过的文件和文件夹。此外，还可以通过在 Windows 资源管理器中双击工作簿来打开该文件。

2.3.2　在工作簿之间切换

在 Excel 2010 中，可以同时打开多个工作簿，每个工作簿显示在一个单独的文档窗口中。默认情况下，文档窗口处于最大化状态，因此只能看到一个工作簿的内容。

若要在不同工作簿之间切换，可执行下列操作之一。

- 在功能区单击"视图"选项卡，在"窗口"组中单击"切换窗口"按钮，并单击要切换到工作簿名称，如图 2.19 所示。
- 在 Windows 任务栏上单击要切换到的工作簿图标。
- 按 Ctrl+Tab 组合键可依次切换到各个工作簿。

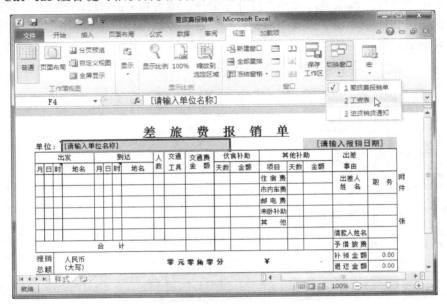

图 2.19　用"切换窗口"按钮切换工作簿

【实战演练】在不同工作簿之间切换。

（1）在 Excel 2010 中依次打开几个不同的工作簿。

（2）使用不同方法在工作簿之间进行切换。

2.3.3　关闭工作簿

如果在 Excel 2010 中打开了多个工作簿，完成对某个工作簿的处理后，应将其及时关闭，以释放它所占用的系统资源。

若要关闭某个工作簿，首先要切换到该工作簿，然后执行下列操作之一。

- 单击"文件"选项卡，选择"关闭"命令。
- 单击文档窗口的关闭按钮，如图 2.20 所示。
- 按 Ctrl+W 组合键。

如果修改了工作簿但未进行保存，则关闭工作簿时将会弹出一个对话框，询问是否保存所做的更改，如图 2.21 所示。单击"保存"按钮，则保存并关闭该工作簿；单击"不保存"按钮，则不保存而关闭该工作簿；单击"取消"按钮，则不关闭工作簿而返回 Excel 2010。

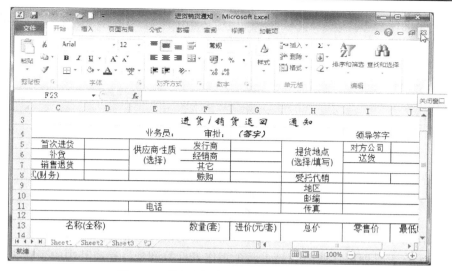

图 2.20　单击文档窗口的"关闭"按钮

图 2.21　提示是否保存所做的更改

2.4　工作表的操作

工作簿是工作表的容器，在工作簿中至少要包含一个可视的工作表。默认情况下，新建的工作簿总是包含 3 个工作表。根据需要，可以在工作簿中添加或删除工作表，也可以在工作簿内部或工作簿之间移动或复制工作表。

2.4.1　设置活动工作表

一个工作簿通常包含多个工作表，但在同一时刻只能处理其中的一个工作表，这个工作表称为活动工作表。活动工作表标签上的名称将被反白显示。

若要设置活动工作表，可执行下列操作之一。

● 使用鼠标设置活动工作表：单击窗口底部的目标工作表标签即可。如果看不到所需标签，可单击标签导航按钮以显示所需标签，然后单击该标签，如图 2.22 所示。

● 使用组合键设置活动工作表：按 Ctrl+PageUp 组合键切换到上一个工作表，按 Ctrl+PageDown 组合键切换到下一个工作表。

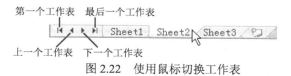

图 2.22　使用鼠标切换工作表

也可以通过拖动工作表窗口底部的水平滚动条与工作表标签之间的分隔条□来改变工作表标签的显示宽度，从而显示更多的工作表标签，如图 2.23 所示。

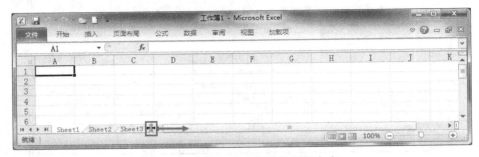

图 2.23　调整工作表标签的显示宽度

如果工作簿中包含的工作表实在太多，需要滚动很久才能看到目标工作表，还可以用鼠标右键单击工作表导航栏，此时会显示一个工作表标签列表，单击其中的工作表名称，即可选定并显示相应的工作表。

在 Excel 2010 中，工作表标签列表最多只能显示前 15 个工作表的标签。如果要使用的工作表未出现列表中，则可以单击该列表底部的"其他工作表"选项，此时会显示"活动文档"对话框，其中列出全部工作表标签，如图 2.24 所示，双击其中的工作表名称或选择工作表名称后单击"确定"按钮，即可激活相应的工作表。

图 2.24　工作表标签列表与"活动文档"对话框

2.4.2　插入工作表

启动 Excel 2010 时总会自动创建一个工作簿，默认情况下该工作簿中包含 3 个工作表。但是也可以根据需要在工作簿中插入更多的工作表。

要在工作簿中插入新工作表，可执行下列操作之一。

● 要在现有工作表的末尾快速插入新工作表，可单击窗口底部的"插入工作表"按钮💱或按 Shift+F11 组合键，如图 2.25 所示。

图 2.25　在现有工作表末尾插入工作表

● 要在现有工作表之前插入新工作表，可单击该工作表，在"开始"选项卡的"单元格"组中单击"插入"旁的箭头，单击"插入工作表"命令，如图 2.26 所示。

图 2.26　在现有工作表之前插入工作表

● 要一次性插入多个工作表，可按住 Shift 键，在打开的工作簿中选择与要插入的工作表数目相同的现有工作表标签（例如要添加 3 个新工作表，则选择 3 个现有工作表的工作表标签），在"开始"选项卡的"单元格"组中单击"插入"旁的箭头，单击"插入工作表"命令。也可以在第一次插入工作表完成后，按 F4 键重复操作。

提示：还可以用右键单击现有工作表的标签，选择"插入"命令，出现"插入"对话框时选择"常用"选项卡，选择"工作表"选项，单击"确定"按钮，如图 2.27 所示。

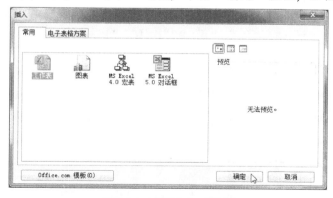

图 2.27　"插入"对话框

2.4.3　重命名工作表

默认情况下，新建的工作表总是以英文单词"Sheet"后跟一个数字来命名，如 Sheet1、Sheet2 和 Sheet3，等等。因为从这些名称中无法知道工作表包含什么数据，所以通常需要对工作表进行重命名。

要重命名工作表，可执行以下操作。

（1）单击要重命名的工作表标签。

（2）在"开始"选项卡的"单元格"组中单击"格式"，在下拉菜单中选择"重命名工作表"命令，如图 2.28 所示。

提示：也可以用鼠标右键单击要重命名的工作表标签，在弹出的快捷菜单中单击"重命名"命令，并设置新的名称。此外，还可以通过双击工作表标签使工作表名称进入编辑状态，然后输入新的名称。

图 2.28　选择"重命名工作表"命令

（3）选取当前的名称，然后输入新名称并按 Enter 键确认。

注意：对工作表重命名时，不得与当前工作簿中现有工作表重名。工作表名称不区分大小写，并且不能包含"*"、"/"、"\"、";"、"?"、"["、"]"字符。

2.4.4　设置工作表标签颜色

除了对工作表进行重命名之外，还可以对工作表标签设置颜色，以便对不同类别的数据进行标识。例如，对于已经完成的工作表标签可以设置为蓝色，对于尚未完成的工作表标签则可以设置为红色。

要设置工作表标签颜色，可执行以下操作。

（1）单击要重命名的工作表标签。

（2）在"开始"选项卡的"单元格"组中单击"格式"选项，在下拉菜单中单击"工作表标签颜色"命令，并从调色板上选择一种颜色，如图 2.29 所示。

提示：也可以用鼠标右键单击要设置颜色的工作表标签，在快捷菜单中选择"工作表标签颜色"命令，并从调色板上选择所需的颜色。

【实战演练】 在 Excel 2010 中，执行以下操作。

（1）创建一个新的空白工作簿。

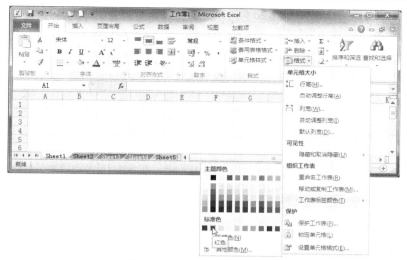

图 2.29　设置工作表标签颜色

（2）在现有工作表的末尾插入一个工作表。

（3）在工作表 Sheet2 之前插入一个工作表。

（4）一次性插入 5 个工作表。

（5）对各个工作表进行重命名，并将不同工作表标签设置为不同的颜色。

（6）在不同的工作表之间切换。

2.4.5　选择工作表

在对工作表进行操作之前，通常需要从工作簿中选择一个或多个工作表作为操作的对象。根据选择的范围不同，操作方法也有所不同。

- 若要选择一个工作表，可单击该工作表的标签。如果看不到所需标签，单击标签滚动按钮以显示所需标签，然后单击该标签。
- 若要选择两个或多个相邻的工作表，可单击第一个工作表的标签，在按住 Shift 键的同时单击要选择的最后一张工作表的标签。
- 若要选择两个或多个不相邻的工作表，可单击第一个工作表的标签，在按住 Ctrl 键的同时依次单击要选择的其他工作表的标签。
- 若要选择工作簿中的所有工作表，可右键单击某一工作表的标签，然后单击快捷菜单上的"选定全部工作表"命令，如图 2.30 所示。

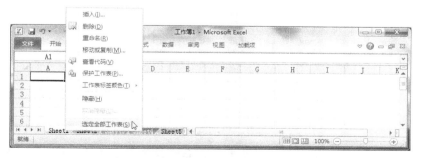

图 2.30　选择"选定全部工作表"命令

提示：在选定多个工作表时，将在工作表顶部的标题栏中显示"[工作组]"字样，如图 2.31 所示。要取消选择工作簿中的多个工作表，可单击任意未选定的工作表。如果看不到未选定的工作表，可右键单击选定工作表的标签，单击快捷菜单上的"取消组合工作表"命令。

图 2.31　选定多个工作表

2.4.6　移动或复制工作表

在 Excel 2010 中，可以将工作表移动或复制到当前工作簿内的其他位置或其他工作簿中。不过，在移动或复制工作表时需要十分谨慎。如果移动了工作表，则基于工作表数据的计算或图表可能会变得不准确。

若要移动或复制工作表，可执行以下操作。

（1）要将工作表移动或复制到另一个工作簿中，应确保在 Excel 2010 中已经打开了该工作簿。

（2）在要移动或复制的工作表所在的工作簿中，选择所需的工作表。

（3）在"开始"选项卡的"单元格"组中单击"格式"选项，在"组织工作表"区域中单击"移动或复制工作表"命令，如图 2.32 所示。

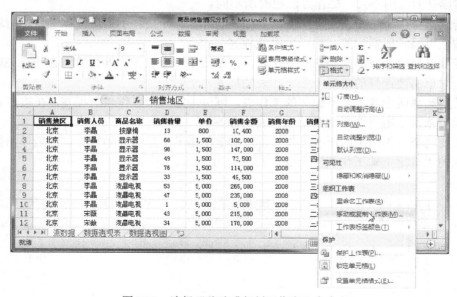

图 2.32　选择"移动或复制工作表"命令

提示：也可以用右键单击所选工作表标签，在快捷菜单中选择"移动或复制"命令。

（4）在如图 2.33 所示的"移动或复制工作表"对话框中，在"工作簿"列表中执行下列操作之一：

- 单击要将所选定的工作表移动或复制到的目标工作簿。
- 单击"（新工作簿）"将选定的工作表移动或复制到新工作簿中。

（5）在"下列选定工作表之前"列表中执行下列操作之一。

- 单击要在其之前插入移动或复制的工作表的那个工作表。
- 单击"（移至最后）"，将移动或复制的工作表插入到工作簿中最后一个工作表之后以及"插入工作表"标签之前。

图 2.33　"移动或复制工作表"对话框

（6）要复制工作表而不是移动，可选中"建立副本"复选框。

提示：若要在当前工作簿中移动工作表，也可以沿工作表的标签行拖动选定的工作表。要复制工作表，可按住 Ctrl 键不放并拖动工作表，然后释放鼠标按钮并松开 Ctrl 键。

2.4.6　隐藏和显示工作表

有时候，需要将工作簿中的某些工作表隐藏起来。隐藏的工作表的数据是不可见的，但仍然可以在其他工作表和工作簿中引用这些数据。根据需要还可以重新显示隐藏的工作表。若要隐藏工作表，可执行以下操作。

（1）在工作簿中，选择要隐藏的工作表。

（2）在"开始"选项卡的"单元格"组中，单击"格式"旁的下拉箭头。

（3）在"可见性"区域中单击"隐藏和取消隐藏"命令，然后在展开的子菜单中选择"隐藏工作表"命令，如图 2.34 所示。

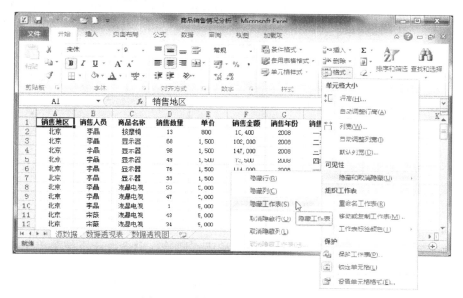

图 2.34　选择"隐藏工作表"命令

提示：也可以用鼠标右键单击要隐藏的工作表标签，从弹出的快捷菜单中选择"隐藏"命令。工作表的隐藏操作不改变工作表的排列次序。

若要显示先前隐藏起来的工作表，可执行以下操作。

（1）在"开始"选项卡的"单元格"组中，单击"格式"旁的下拉箭头。

（2）在"可见性"区域中单击"隐藏和取消隐藏"，在展开的子菜单中选择"取消隐藏工作表"命令，如图 2.35 所示。

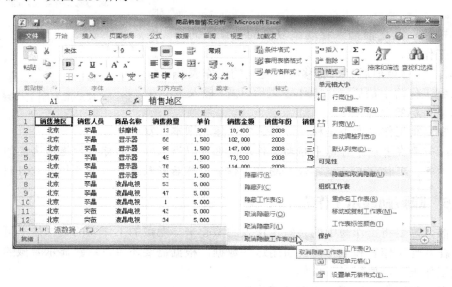

图 2.35　选择"取消隐藏工作表"命令

图 2.36　"取消隐藏"对话框

提示：也可以用鼠标右键单击工作表标签，从弹出的快捷菜单中选择"取消隐藏"命令。

（3）在"取消隐藏工作表"列表框中，单击要显示的已隐藏工作表的名称，然后单击"确定"按钮，如图 2.36 所示。此时，先前隐藏的工作表将会重新显示出来。

注意：一次只能取消隐藏一个工作表，无法对多个工作表一次性取消隐藏。如果当前工作簿中不存在隐藏的工作表，则"取消隐藏"命令呈灰色不可用。

2.4.7　删除工作表

对于不再需要的工作表，应及时从工作簿中删除。如果工作簿中只有一个工作表，则不能将其删除，因为工作簿中至少要包含一个工作表。

要从工作簿中删除工作表，可执行以下操作。

（1）选择要删除的一个或多个工作表。

（2）在"开始"选项卡的"单元格"组中单击"删除"命令，在下拉菜单中单击"删除工作表"命令。

（3）如果要删除的工作表中包含数据，则会弹出一个提示对话框，此时单击"删除"按钮将删除选定的工作表，如图 2.37 所示。

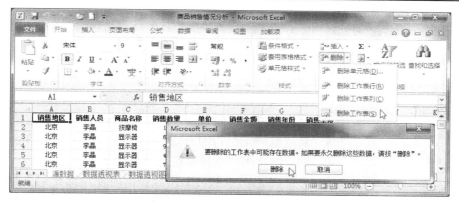

图 2.37　选择"删除工作表"命令与确认删除工作表

提示：还可以用鼠标右键单击要删除的工作表的工作表标签，在快捷菜单中单击"删除"命令。如果要删除一个工作表，可右键单击该工作表的工作表标签；如果要删除多个工作表，可右键单击选定的多个工作表中任一工作表的工作表标签。

【**实战演练**】在 Excel 2010 中，执行以下操作。

（1）创建一个新的空白工作簿。

（2）将工作表 Sheet1 移动到工作表 Sheet3 之后。

（3）将工作表 Sheet2 复制到工作表 Sheet3 之后，并将副本命名为 Sheet4。

（4）将工作表 Sheet1 和工作表 Sheet2 隐藏起来。

（5）依次取消对各个工作表的隐藏。

（6）删除工作表 Sheet4。

2.4.8　保护工作表

为了防止用户意外或故意更改、移动或删除重要数据，可以将某些工作表保护起来，此时可以使用也可以不使用密码。

若要保护工作表，可执行以下操作。

（1）在工作簿中，选择要保护的工作表。

（2）在"审阅"选项卡的"更改"组中单击"保护工作表"选项，如图 2.38 所示。

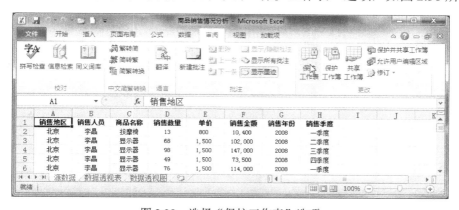

图 2.38　选择"保护工作表"选项

图 2.39　"保护工作表"对话框

提示：也可以用鼠标右键单击要保护的工作表，在快捷菜单中选择"保护工作表"命令。

（3）在如图 2.39 所示的"保护工作表"对话框中，选中"保护工作表及锁定的单元格内容"复选框。

（4）在"允许此工作表的所有用户进行"列表中，选择允许用户更改的元素。例如，如果选中"选定锁定单元格"复选框，则允许用户选择锁定的单元格；如果清除此复选框，则可防止用户选择锁定的单元格。

（5）在"取消工作表保护时使用的密码"框中，为工作表输入密码，单击"确定"按钮，然后重新输入密码进行确认。

注意：如果不提供密码，则任何用户都可以取消对工作表的保护并更改受保护的元素。请确保所选密码易于记忆，因为如果丢失了密码，则无法再访问工作表上受保护的元素。

本章小结

本章讨论了如何在 Excel 2010 中对工作簿和工作表进行各种基本操作，主要内容包括创建工作簿、保存工作簿、打开和关闭工作簿以及操作工作表等。

创建工作簿主要有 3 种方式：创建空白工作簿、基于模板创建工作簿以及基于现有工作簿创建新工作簿。

保存新工作簿时，将会显示"另存为"对话框，用户可指定存储位置和文件名。使用"保存"命令保存已有工作簿时，不会显示"另存为"对话框。但要保存工作簿的副本或更改文件的类型，则可以选择"另存为"命令。在"另存为"对话框中，还可以为工作簿设置打开权限密码和修改权限密码。

打开工作簿也有 3 种方式：打开原始工作簿、以只读方式打开工作簿以及以副本方式打开工作簿。

默认情况下，新建工作簿包含 3 个工作表。根据需要，可以在工作簿中插入工作表。新建工作表的名称总是单词"Sheet"后跟一个数字，为了标识工作表的内容应对工作表进行重命名。打开一个工作簿后，可以对其中包含的工作表进行移动和复制、隐藏和显示、删除和保护等操作。

习题 2

一、填空题

1. 默认情况下，创建一个新的空白工作簿时，它总是包含＿＿＿＿＿＿个工作表。

2. 模板是创建之后作为其他相似工作簿基础的_____。

3. 工作簿密码包括_____和_____。

4. 用键盘切换工作表时，按_____切换到上一个工作表，按_____切换到下一个工作表。

5. 若要选择两个或多个相邻的工作表，可单击第一个工作表的标签，在按住_____的同时单击要选择的最后一张工作表的标签。

6. 若要选择两个或多个不相邻的工作表，可单击第一个工作表的标签，在按住_____的同时依次单击要选择的其他工作表的标签。

7. 要复制工作表，可按住_____键，然后拖动所需的工作表；释放鼠标按钮，然后释放_____键。

8. 每次只能取消隐藏_____个工作表。

二、选择题

1. 在 Excel 2010 中，模板文件的扩展名为（　　　）。

    A. .xlt   B. .xltx

    C. .xltm   D. .xlsx

2. 若要另行保存工作簿，可使用组合键（　　　）。

    A. Ctrl+S   B. Alt+S

    C. F10   D. F12

3. 关闭工作簿的组合键是（　　　）。

    A. Ctrl+O   B.Ctrl+Tab

    C. Ctrl+W   D. Alt+F4

4. 要在现有工作表的末尾快速插入新工作表，可使用组合键（　　　）。

    A. Ctrl+F11   B. Shift+F11

    C. Ctrl+F10   D. Shift+F10

三、简答题

1. 在 Excel 2010 中，创建工作簿主要有哪几种方式？

2. "自动恢复"选项可以通过哪两种方式来帮助用户避免丢失工作？

3. 如何在工作簿中一次性插入多个工作表？

4. 在 Excel 2010 中打开工作簿有哪几种方式？

上机实验 2

1. 在 Excel 2010 中，设置默认文件位置为"D:\Excel 工作簿"并将保存自动恢复信息时间间隔设置为 15 分钟。

2. 创建一个空白工作簿，将其保存为"月度报告.xlsx"，并对该工作簿设置打开权限密码和修改权限密码，然后关闭该工作簿。

3. 打开工作簿"月度报告.xlsx"，然后在原有的 3 个工作表的基础上添加 9 个工作表。

4. 从左至右，将各个工作表依次命名为"1 月份"、"2 月份"……"12 月份"。

5. 设置工作表标签颜色，对 1～3、4～6、7～9、10～12 月份分别添加 4 种不同的颜色。

6. 通过移动操作调整来工作表顺序，从左至右依次为为"12月份"、"11月份"……"1月份"。

7. 将名称为"3月份"、"6月份"和"9月份"的3个工作表隐藏起来。

8. 重新显示已被隐藏的工作表，然后关闭该工作簿。

9. 打开"新建工作簿"对话框，从 Microsoft Office Online 下载以下工作簿模板。

(1)"业务"类别下的"账单"、"股票投资业绩"、"销量报告"。

(2)"学生"类别下的"分数记录表"、"成绩簿"、"每周出勤记录"。

(3)"小型企业"类别下的"供应商比较表"、"销售发票（蓝色简约设计)"、"小型企业费用表"。

10. 基于所下载的模板分别创建一个工作簿。

第 3 章

数据的输入和编辑

工作表是显示在工作簿窗口中的表格，可以用来存储和处理数据。在工作表中可以输入各种各样的数据，掌握快速输入和编辑数据的方法是制作工作表的基础。本章将着重讨论如何在工作表中输入和编辑数据，主要内容包括手动输入数据、自动填充数据、修改单元格数据、移动和复制数据以及插入或删除行、列和单元格等。

3.1　手动输入数据

工作表由排列成行和列的单元格组成，单元格是存储数据的基本单位。用户可以在单元格中手动输入各种类型的数据，包括数字、文本、日期或时间等。Excel 会自行判断用户输入的数据属于哪种类型，然后进行适当的处理。

3.1.1　输入文本

文本通常是指一些非数值性的文字，例如姓名、性别、单位或部门的名称等。此外，许多不代表数量、不需要进行数值计算的数字也可以作为文本来处理，例如学号、QQ 号码、电话号码以及身份证号码等。Excel 将许多不能理解为数值、日期时间和公式的数据都视为文本。文本不能用于数值计算，但可以比较大小。

若要在工作表中输入文本，可执行以下操作。

（1）在工作表中单击目标单元格，使其成为活动单元格。

（2）输入所需的文本，此时所输入的内容也会显示在编辑栏中。默认情况下，单元格中的文本会自动向左对齐，如图 3.1 所示。

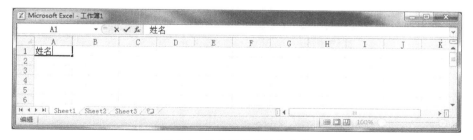

图 3.1　在单元格中输入文本

提示： 当输入的文本超过单元格宽度时，如果右侧相邻的单元格中没有内容，则超出的文本将延伸显示到右侧单元格中；如果右侧相邻的单元格中已包含内容，则超出的文本将被隐藏起来，此时可以增加列宽，也可以插入换行符。

（3）单击其他单元格，或者执行下列操作之一。

● 若要确认输入并向下移动一个单元格，可按 Enter 或↓键。

● 若要确认输入并向右移动一个单元格，可按 Tab 或→键。

● 若要确认输入并向左或向上移动一个单元格，可按←或↑键。

● 若要确认输入并保持当前活动单元格不变，可单击 ✓ 按钮。

● 若要取消本次输入的内容，可按 Esc 键或单击 × 按钮退出输入状态。

提示：如果按 Tab 键在一行中的多个单元格中输入数据，然后在该行末尾按 Enter 键，则此时将移动到下一行的开头。虽然单击 ✓ 按钮与按 Enter 键都可以对输入内容进行确认，但两者的效果并不完全相同。按 Enter 键确认输入后，Excel 会自动将下一个单元格激活为活动单元格，这为连续输入数据提供了便利；而当单击 ✓ 按钮确认输入后，Excel 并不会改变当前活动单元格。

（4）继续在其他单元格中输入内容。

默认情况下，在输入过程中按 Enter 键将向下移动一个单元格，但是也可以为 Enter 键指定不同的移动方向，具体设置方法如下。

（1）单击"文件"选项，然后选择"选项"命令。

（2）在"Excel 选项"对话框中，选择"高级"类别。

（3）在"编辑选项"中选择"按 Enter 键后移动所选内容"复选框，并在"方向"框中选择所需的方向，可以是"向下"、"向右"、"向上"或"向左"，如图 3.2 所示。

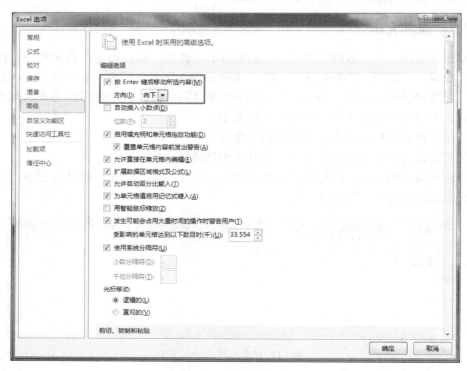

图 3.2　更改 Enter 键的方向

注意：如果在单元格中输入的文本是一个长单词，则这些字符不会换行。此时可以加大列宽或缩小字号来显示所有文本。如果在自动换行后并未显示所有文本，可能需要调整行高。

有时候需要在单元格中输入一串由数值组成的文本数据，如手机号、身份证号码等。如果直接在单元格中输入此类数据，Excel 会自动将输入内容作为数字型数据进行存储。例如，选择单元格 B2，输入手机号 "13689096699"，按 Enter 键后，单元格中会显示 "1.369E+10"，此时 Excel 将输入的内容处理为数值，并以科学计数法形式来显示，如图 3.3 所示。

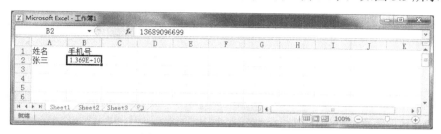

图 3.3　以科学计数法显示数字

对于此类由数字组成的文本数据，正确的输入方法是：在输入数字前首先输入先一个单撇号 """，然后再输入数字本身。例如，选择单元格 B2，输入 "'13689096699"，按 Enter 键，Excel 自动将该数据作为文本类型来处理，内容在单元格中左对齐，如图 3.4 所示。

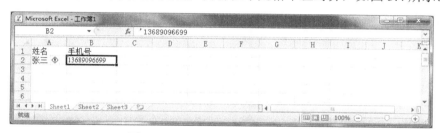

图 3.4　在单元格中输入数值型文本

当在一个单元格中以文本形式存储数值型数据时，该单元格的左上角会显示一个绿色的倒三角形标记▼，选中该单元格时会显示错误检查标记◈。

若要清除这种错误检查标记，可以执行下列操作之一。

● 如果只是需要清除当前单元格或选定单元格区域中的错误检查标记，可单击错误检查标记右侧的箭头，然后在下拉菜单中选择 "忽略错误" 命令，如图 3.5 所示。

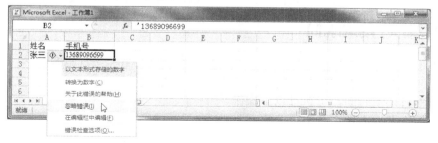

图 3.5　选择 "忽略错误" 命令

● 如果希望清除所有工作簿中的错误检查标记，可单击该标记右侧的箭头，在下拉菜单中选择 "错误检查选项" 命令，如图 3.6 所示；当弹出 "Excel 选项" 对话框时，单击 "公式" 类别，在 "错误检查规则" 中取消对 "文本格式的数字或者前面有撇号的数字" 复选框，然后单击 "确定" 按钮，如图 3.7 所示。

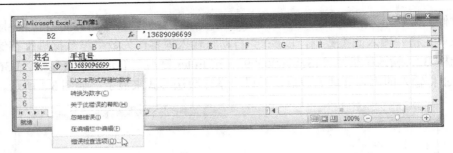

图 3.6 选择"错误检查选项"命令

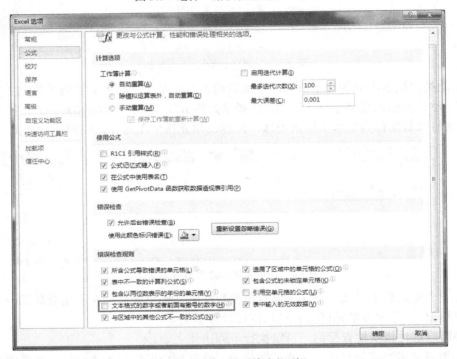

图 3.7 设置"错误检查规则"

返回工作表后，可以发现单元格 B2 中的错误检查标记已经被隐藏起来了。

3.1.2 输入日期和时间

日期由年、月、日组成，时间由时、分、秒组成。输入日期和时间的时候，必须在各个组成部分之间插入适当的分隔符。

若要输入日期或时间，可执行以下操作。

（1）在工作表中，单击一个单元格。

（2）按下列方式输入日期或时间：

● 对于日期，使用斜线"/"或连字符"-"分隔日期的各部分；例如，输入 1998-1-1 或 1998/1/1，如图 3.8 所示。若要输入当前日期，可按 Ctrl+;（分号）组合键。

● 对于时间，使用冒号":"分隔时间的各部分；例如，输入 11:18。若要输入当前时间，可按 Ctrl+Shift+:（冒号）组合键。

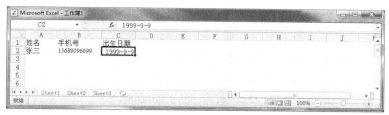

图 3.8　在单元格中输入日期

（3）若要在同一单元格中输入日期和时间，可使用空格来分隔它们。例如，若要插入当前日期和时间，可按 Ctrl+;（分号）组合键，然后按空格键，接着按 Ctrl+Shift+;（分号）组合键。

（4）若要输入在重新打开工作表时仍然能保持当前的日期或时间（即动态更新的日期或时间），可以使用 VBA 函数 TODAY 和 NOW，输入格式为 "=TODAY()" 或 "=NOW()"。

3.1.3　输入数字

数字是指所有代表数量的数值形式，例如企业的产值和利润、学生的成绩、个人的身高和体重等。数字可以是正数也可以是负数，但都可以用于进行数值计算，例如加减、求和、求平均值等。除了普通的数字 0~9 以外，还有一些带特殊符号的数字也会被 Excel 理解为数值，例如＋（正号）、－（负号）、百分号（%）、货币符号（$）、小数点（.）、千位分隔符（,）以及科学记数符号（e、E）等。

若要输入数字，可执行以下操作。

（1）在工作表中，单击一个单元格。

（2）在该单元格中输入所需的数字。当输入正数时，数字前面的正号 "＋" 可以省略；当输入负数时，应在数字前面添加负号 "－"，或者将数字放在圆括号内。默认情况下，输入的数字在单元格中向右对齐，如图 3.9 所示。

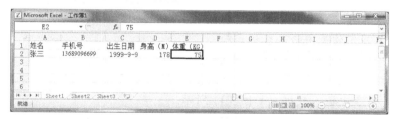

图 3.9　输入的数字在单元格中右对齐

（3）当输入分数时，为了避免将输入的分数视为日期，可在分数前面添加 "0" 和空格。例如输入 "0 1/3"。

（4）若要输入作为文本处理的数字（如职工编号、身份证号码、学号等），可输入一个单撇号 "'"，后跟输入数字。当单击 "输入" 按钮后，此内容将在单元格内向左对齐。

提示：当输入一个较长的数字时，如果在单元格中以科学记数法（例如 1.235689E+10）显示该数字或显示为 "#####"，则表明该单元格太窄了，不足以容纳整个数字，此时只需要增加列宽就可以了。

在 Excel 2010 中，通过设置编辑选项可输入具有自动设置小数点的数字，设置方法如下。

（1）单击 "文件" 选项，选择 "选项" 命令。

（2）在"Excel 选项"对话框中，单击"高级"选项。

（3）在"编辑选项"下选中"自动插入小数点"复选框，在"位数"框中输入一个正数表示小数点右边的位数，或者输入一个负数表示小数点左边的位数，如图 3.10 所示。例如，如果在"位数"框中输入 3，然后在单元格中输入 1839，则值自动变为 1.839。如果在"位数"框中输入-3，然后在单元格中输入 186，则值变为 186000。

图 3.10　设置"自动插入小数点"

（4）单击"确定"按钮。

注意：在选择"自动插入小数点"选项之前输入的数据不受影响。此外，若要暂时替代"自动插入小数点"选项，可在输入数字时输入小数点。

【实战演练】在工作表中输入数据。

（1）创建一个新的空白工作簿，然后将其保存为"学生成绩.xlsx"。

（2）将工作表 Sheet1 重命名为"计 1501 班计算机应用基础成绩"。

（3）在该工作表中输入数据，如图 3.11 所示。

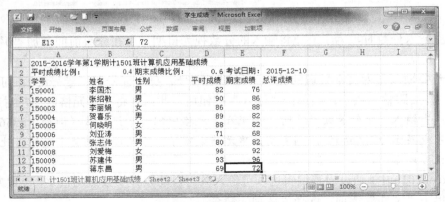

图 3.11　学生成绩工作表

3.1.4　输入符号

在实际工作中处理表格时，经常需要输入各种符号。有一些符号可以使用键盘直接输入，有一些符号则需要借助中文输入法的软键盘来输入，但还有一些符号无论通过物理键盘或软键盘都无法输入。在这种情况下，就需要使用"符号"对话框来插入符号，操作方法如下。

（1）在工作表中，单击要插入符号的单元格。

（2）在"插入"选项卡的"符号"组中单击"符号"命令，如图 3.12 所示。

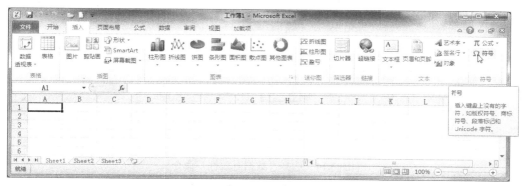

图 3.12　选择"符号"命令

（3）当出现"符号"对话框时，选择"符号"选项卡，在"子集"下拉列表中选择一个类别（例如"数学运算符"）等，如图 3.13 所示。

图 3.13　"符号"对话框

（4）在符号列表中单击要插入的符号，单击"插入"按钮。

（5）插入符号后，"取消"按钮即变成"关闭"按钮，单击它以关闭"符号"对话框。

3.1.5　设置数据有效性

数据有效性是 Excel 提供的一种功能，用于定义可以在单元格中输入或应该在单元格中输入哪些数据。通过配置数据有效性可以防止用户输入无效数据。如果愿意，可以允许用户输入无效数据，但当用户尝试在单元格中输入无效数据时会向其发出警告。此外，还可以提供一些消息，以定义期望在单元格中输入的内容，以及帮助用户更正错误的说明。

　　若要设置单元格数据的有效性，可执行以下操作。

　　（1）在工作表中，选定要设置数据有效性的单元格。

　　（2）在"数据"选项卡的"数据工具"组中单击"数据有效性"，单击"数据有效性"命令，如图 3.14 所示。

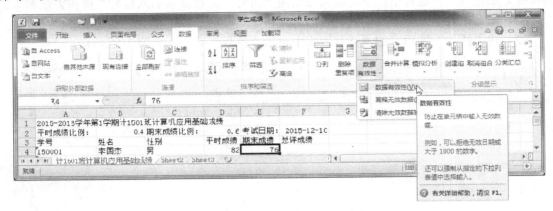

图 3.14　选择"数据有效性"命令

　　（3）在"数据有效性"对话框中，选择"设置"选项卡。

　　（4）从"允许"下拉列表中选择允许在单元格中输入的数据类型，可以是任何值、整数、小数、序列、日期或时间等，对于文本数据还可以选择文本长度。例如，要输入的数据是成绩，可以从"允许"下拉列表中选择"整数"，如图 3.15 所示。

　　（5）从"数据"列表框中选择所需的操作符，可以是介于、未介于、等于、不等于、大于、小于、大于或等于以及小于或等于。

　　（6）如果所选操作是介于或未介于，还应指定最小值和最大值。如果最小值和最大值来自某个单元格，可以单击 按钮，然后在工作表中进行选择。

　　（7）单击"输入信息"选项卡，选中"选定单元格时显示输入信息"复选框，然后指定标题并输入信息的内容，如图 3.16 所示。

　　提示：输入信息通常用于指导用户在单元格中可以输入的数据类型，该信息在用户选择单元格时显示。如果需要，也可以将此消息移走，但在移到其他单元格或按 Esc 键之前，该消息会一直保留。

图 3.15　设置数据"有效性条件"

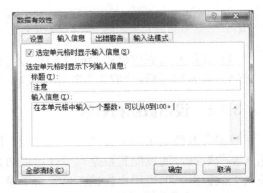

图 3.16　设置"输入信息"

（8）单击"出错警告"选项卡，从"样式"列表框中选择所需的样式，可以是"停止"、"警告"或"信息"，然后指定标题和错误信息的具体内容，如图 3.17 所示。

提示：出错警告有 3 种样式可供选择：①"停止"——阻止用户在单元格中输入无效数据，此类警告消息具有"重试"或"取消"两个选项；②"警告"——在用户输入无效数据时向其发出警告，但不会禁止他们输入无效数据，出现此类警告消息时，可以单击"是"接受无效输入、单击"否"编辑无

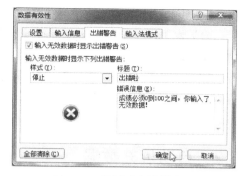

图 3.17　设置"出错警告"

效输入，或单击"取消"删除无效输入；③"信息"——通知用户输入了无效数据，但不会阻止他们输入无效数据，此类出错警告最为灵活，出现此类警告消息时可单击"确定"接受无效值，或单击"取消"拒绝无效值。与输入信息不同，出错警告仅在用户输入无效数据后才显示。

（9）单击"确定"按钮。

完成上述设置之后，只要单击设置了数据有效性的单元格，就会自动显示提示信息，如图 3.18 所示。

图 3.18　选定单元格时显示输入信息

如果在该单元格中输入了无效数据，则当离开该单元格时会弹出一个对话框，显示出所设置的出错警告，如图 3.19 所示。

图 3.19　输入无效数据时显示出错警告

【实战演练】 设置工作表数据的有效性。

（1）在 Excel 2010 中打开"学生成绩.xlsx"工作簿，选择"计 1501 班计算机应用基础成绩"工作表。

（2）选择用于输入平时成绩和期末成绩的单元格，将其有效性条件设置为介于 0 与 100 之间，然后设置输入信息和警告信息。

（3）通过输入或修改单元格数据，对数据有效性进行测试。

3.2　自动填充数据

在 Excel 2010 中除了在单元格中手动输入数据之外，还可以使用各种数据快速输入法，包括使用记忆式输入、填充相邻单元格、填充内置或自定义的数据序列、在多个单元格或工作表中输入相同数据以及在其他工作表中输入相同数据。

3.2.1　使用记忆式键入

在单元格中输入文本时，将会自动重复列中已输入的项目。这个功能称为单元格值的自动完成或记忆式键入。

（1）在单元格中输入的前几个字符与该列中已有的项相匹配，此时 Excel 会自动输入其余的字符，如图 3.20 所示。

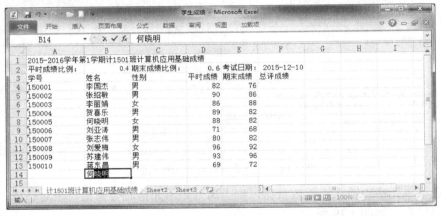

图 3.20　记忆式键入功能

（2）执行下列操作之一。

- 要接受建议的项，可按 Enter 键。自动完成的项完全采用已有项的大小写格式。
- 如果不想采用自动提供的字符，可继续输入。
- 如果要删除自动提供的字符，可按 Backspace 键。

注意： Excel 根据包含活动单元格的列提供可能的记忆式输入项的列表。在一行中重复的项不能自动完成。但 Excel 只能自动完成包含文字或文字与数字的组合的项。只包含数字、日期或时间的项不能自动完成。仅在插入点处于当前单元格内容的末尾时，才完成输入。

如果不希望自动完成输入的项，也可以关闭记忆式键入功能，设置方法如下。

（1）单击"文件"选项卡，单击"选项"命令。

（2）在"Excel 选项"对话框中，单击"高级"选项。

（3）在"编辑选项"中，清除对"为单元格值启用记忆式键入"复选框的选择，以关闭对单元格值的自动填写功能，如图 3.21 所示。

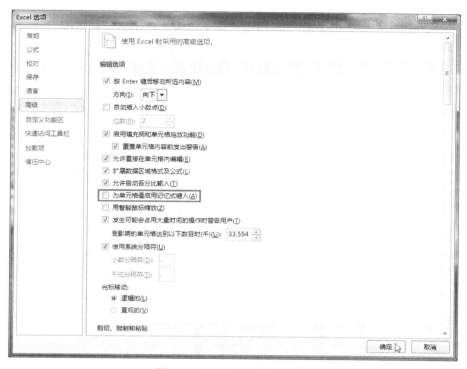

图 3.21 关闭记忆式键入功能

（4）单击"确定"按钮。

也可以从同一列中选择已输入内容的列表，操作方法是，按 Alt+↓ 组合键以显示该列的列表，然后从列表中选择所需的项，如图 3.22 所示。

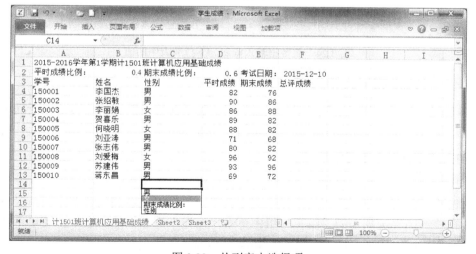

图 3.22 从列表中选择项

若要将数据输入限制为下拉列表中的值，可执行以下操作。

（1）选择一个或多个要进行验证的单元格。

（2）选择"数据"选项卡，在"数据工具"组中单击"数据有效性"命令。

（3）在"数据有效性"对话框中，单击"设置"选项卡。

图 3.23　将数据限制为下拉列表中的值

（4）在"允许"框中，选择"序列"选项。

（5）单击"来源"框，然后输入用 Windows 列表分隔符（默认情况下使用逗号）分隔的列表值。例如，若要将性别的输入限制在两个选择，可输入"男,女"，如图 3.23 所示。

（6）确保选中"提供下拉箭头"复选框，否则将无法看到单元格旁边的下拉箭头。

（7）如果需要，可以设置输入信息和出错警告。

（8）单击"确定"按钮。

完成上述设置后，单击所设置单元格旁的箭头时将出现一个列表，可以从中选择所需的值，如图 3.24 所示。

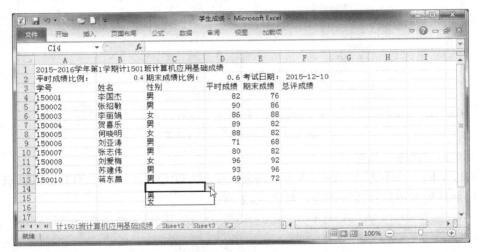

图 3.24　将数据输入限制为下拉列表中的值

3.2.2　填充相邻单元格内容

在 Excel 2010 中，可以使用"填充"命令用相邻单元格或区域的内容填充活动单元格或选定区域，也可以通过拖动填充柄快速填充相邻的单元格。

1. 使用"填充"命令进行填充

若要用相邻单元格的内容填充活动单元格，可执行以下操作。

（1）选中包含要填充的数据的单元格上方、下方、左侧或右侧的一个空白单元格。

（2）在"开始"选项卡的"编辑"组中单击"填充"选项，然后在下拉菜单中选择"向下"、"向右"、"向上"或"向左"选项，如图 3.25 所示。

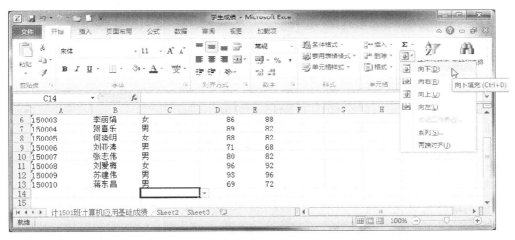

图 3.25　在下拉菜单中选择填充方向

提示：若要用某个单元格上方的内容快速填充该单元格，可以按 Ctrl+D 组合键；若要用某个单元格左侧的单元格中的内容快速填充该单元格，可以按 Ctrl+R 组合键。

2. 通过拖动填充柄进行填充

若要通过拖动填充柄来填充相邻单元格，可执行以下操作。

（1）选择包含要填充到相邻单元格中的数据的单元格。

（2）将填充柄 拖过要填充的单元格。

（3）要选择填充所选内容的方式，可单击"自动填充选项"按钮，然后单击所需的选项，如图 3.26 所示。

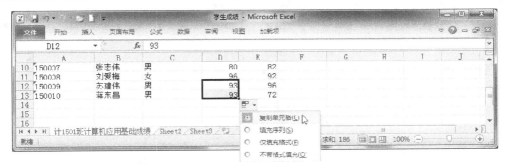

图 3.26　设置自动填充选项

3.2.3　填充内置序列

在 Excel 2010 中，提供了多种类型的可填充的内置序列。填充序列时，选定的内容会扩展，如下所示（用逗号分隔的各项放置到各个相邻单元格中）。

初始选择	扩展序列
1，2	3，4，5，6，…
9:00	10:00，11:00，12:00，…
星期一	星期二，星期三，星期四，…
一月	二月，三月，四月，…

第 1 季度	第 2 季度，第 3 季度，第 4 季度
一月，四月	七月，十月，一月，…
2016 年 1 月，2016 年 4 月	2016 年 7 月，2016 年 10 月，2016 年 1 月，…
1 月 15 日，4 月 15 日	7 月 15 日，10 月 15 日，…
1999，2000	2001，2002，2003，…
1 月 1 日，3 月 1 日	5 月 1 日，7 月 1 日，9 月 1 日，…
文本 1，文本 A	文本 2，文本 A，文本 3，文本 A，…
第 1 阶段	第 2 阶段，第 3 阶段，…
产品 1	产品 2，产品 3，…
'150026	'150027，'150028，'150029，…

1. 使用填充柄填充序列

通过填充柄可以快速用数字或日期序列或者日、工作日、月或年的内置数据序列填充某区域中的单元格，具体操作步骤如下。

（1）选择需要填充的区域中的第一个单元格，并输入序列的起始值。

（2）在下一个单元格中输入值以建立模式。例如，如果要使用序列 1、2、3、4、5……，可在前两个单元格中输入 1 和 2；如果要使用序列 2、4、6、8……，可输入 2 和 4；如果要使用序列 2、2、2、2……，可保留第二个单元格为空。

（3）用鼠标指针指向选定区域右下角的填充柄（小黑方块 ▭），此时鼠标的指针更改为黑"十"字，如图 3.27 所示。

（4）按住鼠标左键在要填充的区域上拖动，如图 3.28 所示。

- 若要按升序填充，可从上到下或从左到右拖动。
- 若要按降序填充，可从下到上或从右到左拖动。

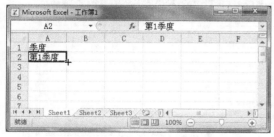　　　　　

图 3.27　鼠标指针更改为黑"十"字　　　　　图 3.28　通过拖动填充柄填充序列

（5）拖动填充柄之后，将会出现"自动填充选项"按钮 ▤，如图 3.29 所示；此时可单击"自动填充选项"按钮 ▤，然后选择如何填充所选内容，如图 3.30 所示。

- 若要将单元格数据复制到其他单元格中，可选择"复制单元格"选项。
- 若要按一定规则自动填充数据，可选择"填充序列"选项。
- 若只想填充单元格格式，可选择"仅填充格式"选项。
- 若只填充单元格的内容，可选择"不带格式填充"选项。

注意：如果在向上或向左拖动选定区域上的填充柄时停留在所选单元格中，而没有将其拖出选定区域的第 1 行或第 1 列，则 Excel 将删除选定区域中的数据。因此，必须将填充柄拖出选定区域之外，然后再释放鼠标按钮。

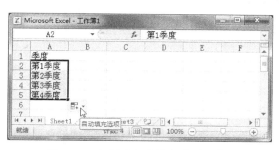

图 3.29　出现"自动填充选项"按钮

图 3.30　设置"自动填充"选项

也可以禁止"自动填充"功能，方法是按住 Ctrl 键同时拖动选定两个或更多单元格的填充柄，此时选定的值将复制到相邻的单元格，并且 Excel 不扩展序列。

在默认情况下是显示填充柄的，但是也可以把它隐藏起来。具体设置方法是，单击"文件"选项卡，选择"选项"命令，当弹出"Excel 选项"对话框时，单击"高级"类别，然后在"编辑选项"下清除"启用填充柄和单元格拖放功能"复选框以隐藏填充柄，如图 3.31 所示，然后单击"确定"按钮。

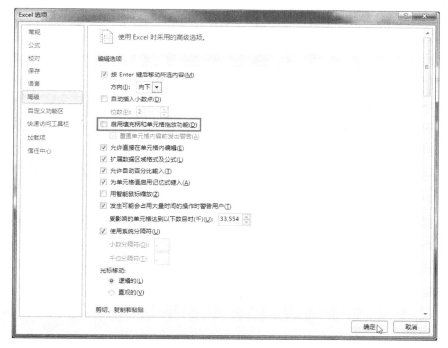

图 3.31　显示或隐藏填充柄

为了避免在拖动填充柄时替换现有数据，可确保选中了"覆盖单元格内容前发出警告"复选框。如果不想收到有关覆盖非空白单元格的消息，可清除此复选框。

如果不希望每次拖动填充柄时都显示"自动填充选项"按钮，也可以将它关闭。具体设置方法是，单击"文件"选项卡，单击"选项"命令，然后在"Excel 选项"对话框中单击"高级"选项，并在"剪切、复制和粘贴"中清除"粘贴内容时显示粘贴选项按钮"复选框，如图 3.32 所示。

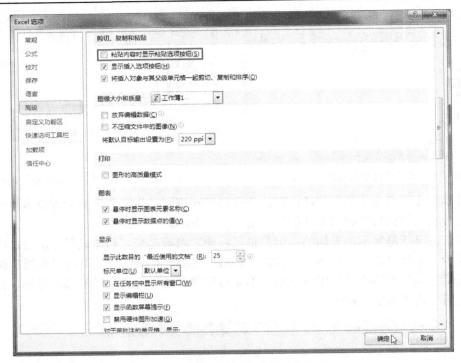

图 3.32　隐藏"自动填充选项"按钮

2. 使用"系列"命令填充序列

如果选定区域包含数字，则可以控制要创建的序列的类型，操作步骤如下。

（1）选定待填充区域的第一个单元格，并输入序列中的初始值。

（2）选定包含序列初始值的单元格区域。

（3）在"开始"选项上的"编辑"组中单击"填充"选项，然后选择"系列"命令，如图 3.33 所示。

图 3.33　选择"系列"命令

（4）当显示如图 3.34 所示的"序列"对话框时，在"序列产生在"中单击"行"或"列"，然后在"类型"中单击下列选项之一。

● 如果单击"等差序列"，则获得对每个单元格值依次添加"步长值"框中的值而计算出的序列。

- 如果单击"等比序列",则获得将"步长值"框中的值依次与每个单元格值相乘而计算出的序列。
- 如果单击"日期",则获得按照"步长值"框中的值以递增方式填充数据值的序列,该序列采用在"日期单位"下指定的单位。
- 如果单击"自动填充",则获得在拖动填充柄产生相同结果的序列。

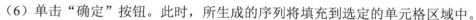

图 3.34　"序列"对话框

（5）在"步长值"框中输入一个正数或负数,在"终止值"框中指定序列的最后一个值。

（6）单击"确定"按钮。此时,所生成的序列将填充到选定的单元格区域中。

【实战演练】使用填充柄填充数据序列。

（1）创建一个新工作簿,将其保存为"填充序列.xlsx"。

（2）选择"Sheet1"工作表,然后通过拖动填充柄或使用"系列"命令在单元格中填充几个数据序列,结果如图 3.35 所示。

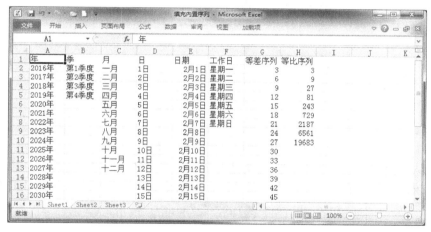

图 3.35　填充内置序列

3.2.4　填充自定义序列

为了更轻松地输入特定的数据序列（如名称或销售区域的列表）,可以创建自定义填充序列。自定义填充序列可以基于工作表中已有项目的列表,也可以从头开始输入列表。不能编辑或删除内置填充序列（如月和日的填充序列）,但是可以编辑或删除自定义填充序列。

自定义列表只能包含文字或混合数字的文本。对于只包含数字的自定义列表,例如从 0 到 100,必须首先创建一个设置为文本格式的数字列表。设置方法是,首先为要设置为文本格式的数字列表选择足够多的单元格,然后在"开始"选项卡的"数字"组中单击"数字格式"框旁的箭头,选择"文本"选项,接着在已经设置格式的单元格中输入数字列表。

1. 使用基于现有项目列表的自定义填充序列

若要使用现有项目列表创建自定义填充序列,可执行以下操作。

（1）在工作表中，选择要在填充序列中使用的项目列表。

（2）单击"文件"选项卡，然后选择"选项"命令。

（3）在"Excel 选项"对话框中单击"高级"选项，在"常规"中单击"编辑自定义列表"按钮，如图 3.36 所示。

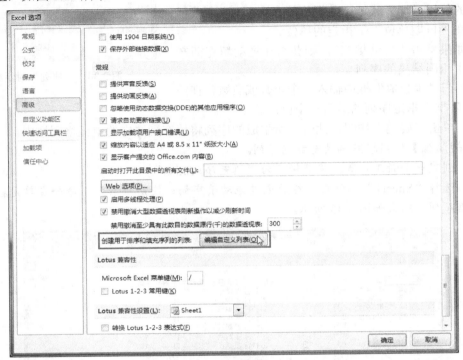

图 3.36　单击"编辑自定义列表"

（4）确认所选项目列表的单元格区域引用显示在"从单元格中导入序列"框中，然后单击"导入"按钮，所选的列表中的项目将添加到"自定义序列"框中，如图 3.37 所示。

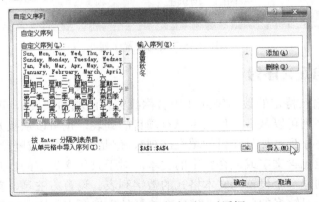

图 3.37　"自定义序列"对话框

（5）单击"确定"按钮，关闭"自定义序列"对话框。

（6）返回"Excel 选项"对话框，再次单击"确定"按钮。

创建自定义序列后，在工作表中单击一个单元格，然后输入要用作列表初始值的项目并将填充柄拖过要填充的单元格，即可填充自定义序列。

2. 使用基于新的项目列表的自定义填充序列

若要基于新的项目列表创建自定义填充序列，可执行以下操作。

（1）单击"文件"选项卡，然后选择"选项"命令。

（2）在"Excel 选项"对话框中单击"高级"类别，在"常规"下单击"编辑自定义列表"按钮。

（3）单击"自定义序列"框中的"新序列"选项，然后在"输入序列"框中从第一项开始输入各个项，并在输入每个项后按 Enter 键，如图 3.38 所示。

图 3.38　基于新的项目列表自定义填充序列

（4）当列表项输入完成后，单击"添加"按钮。

（5）单击"确定"按钮，返回"Excel 选项"对话框，再次单击"确定"按钮。

创建自定义序列后，可在工作表中单击一个单元格，并输入要用作列表初始值的项目，然后将填充柄拖过要填充的单元格，如此即可完成序列填充。

3. 编辑或删除自定义填充序列

创建自定义填充序列后，还可以对其进行编辑或删除，操作步骤如下。

（1）单击"文件"选项卡，然后单击"选项"命令。

（2）当出现"Excel 选项"对话框时，单击"常用"类别，在"常规"下单击"编辑自定义列表"按钮。

（3）在"自定义序列"框中选择要编辑或删除的列表，然后执行下列操作之一。

● 要编辑填充序列，可在"输入序列"框中进行所需的更改，单击"添加"按钮。

● 要删除填充序列，可单击"删除"按钮。

【实战演练】在 Excel 2010 中定义以下 3 个自定义序列，然后在工作表中填充这些序列。

（1）Word，Excel，PowerPoint，Outlook，Visio。

（2）计算机应用基础，Access 数据库基础，Photoshop 图像处理，Flash 动画制作。

（3）教授，副教授，讲师，助教。

3.2.5　快速输入相同数据

一般情况下，总是在当前活动单元格中输入数据。如果一些单元格、工作表包含相同的数据，则可以一次性完成输入工作，而不必逐个进行输入。

1. 在多个单元格中输入相同数据

若要同时在多个单元格中输入相同数据，可执行以下操作。

（1）选择要在其中输入相同数据的多个单元格。这些单元格可以相邻，也可以不相邻。

（2）在活动单元格中输入数据，然后按 Ctrl+Enter 组合键。

2. 在多个工作表中输入相同数据

在 Excel 2010 中，无须在每个工作表中重新输入或复制并粘贴文本，即可向若干个工作表中输入相同的数据。例如，假设希望将相同的标题文本放置到不同的工作表中，通常是在一个工作表中输入文本，然后将该文本复制并粘贴到其他工作表中。如果有多个工作表，这将是非常烦琐的事。完成此操作的更简单方法是使用 Ctrl 键对工作表进行分组。将工作表分组之后，对其中一个工作表进行的任何操作都会影响所有其他工作表。

若要在多个工作表中输入相同数据，可执行以下操作。

（1）在 Excel 2010 中打开一个工作簿。

（2）按住 Ctrl 键，然后单击各个工作表的标签。这将临时对工作表进行分组。在标题栏中，应该会看到工作簿的名称后面跟有"[工作组]"一词。

（3）选定其中一个工作表中的一个或多个单元格，输入数据后按 Ctrl+Enter 组合键。此时，输入的数据将会显示在每个工作表的相同单元格中。

3. 在其他工作表中输入相同数据

如果已在某个工作表中输入了数据，则可以快速将该数据填充到其他工作表的相应单元格中，具体操作步骤如下。

（1）单击包含该数据的工作表的标签，然后在按住 Ctrl 的同时单击要在其中填充数据的工作表的标签。

（2）在工作表中，选择包含已输入的数据的单元格。

（3）在"开始"选项卡的"编辑"组中单击"填充"命令，然后在下拉菜单中选择"同组工作表"命令，如图 3.39 所示。

（4）在"填充成组工作表"对话框中选择所需的填充选项，然后单击"确定"按钮，如图 3.40 所示。

图 3.39　选择"成组工作表"命令

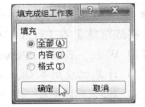

图 3.40　选择"填充"选项

在选定的全部工作表中所显示的输入数据可能会意外替换现有数据。要避免替换现有数据，需要同时查看各个工作表，具体操作方法如下。

（1）在"视图"选项卡的"窗口"组中，单击"新建窗口"选项，如图 3.41 所示。

（2）切换到新窗口，然后单击要查看的工作表的标签。

（3）对要查看的每个工作表，重复步骤（1）和（2）。

（4）在"视图"选项卡的"窗口"组中，单击"全部重排"选项，然后在"重排窗口"对话框中选择所需的排列方式，如图 3.42 所示。

图 3.41　选择"新建窗口"命令　　　　　图 3.42　选择"排列方式"

【实战演练】使用"同组工作表"命令复制数据。

（1）打开"学生成绩.xlsx"工作簿。

（2）将工作表 Sheet2 重命名为"计 1501 班图像处理成绩"。

（3）在"计 1501 班计算机应用基础成绩"工作表中，选择包含数据的所有单元格。

（4）在"开始"选项卡的"编辑"组中单击"填充"选项，单击"同组工作表"命令，在"填充成组工作表"对话框中选择"全部"选项，将所选数据复制到"计 1501 班图像处理成绩"工作表中。

3.3　修改单元格数据

在单元格中输入数据后，根据需要可以对单元格内容进行修改，也可以查找或替换工作表上的文本和数字，还可以进行撤销、恢复或重复操作。

3.3.1　编辑单元格内容

在 Excel 中，可以直接在单元格中编辑单元格内容，也可以在编辑栏中编辑单元格内容。在编辑模式下，许多功能区命令处于非活动状态，此时无法使用它们。

（1）要将单元格内容置于编辑模式下，可执行下列操作之一。

● 双击包含要编辑的数据的单元格。

● 单击包含要编辑的数据的单元格，然后单击编辑栏中的任何位置。

这将在单元格或编辑栏中定位插入点。若要将插入点移动到单元格内容的末尾，可单击该单元格，然后按 F2 键。

（2）要编辑单元格内容，可执行下列操作之一。

● 若要删除插入点左侧的字符，可按 Backspace 键；若要删除插入点右侧的字符，可按 Delete 键。

● 若要插入字符，可单击要插入字符的位置，然后输入新字符。

● 若要替换特定字符，可选择这些字符，然后输入新字符。

● 若要打开改写模式以便输入时用新字符替换现有字符，可按 Insert 键。

注意：仅当处于编辑模式时，才可以打开或关闭改写模式。当改写模式处于打开状态时，插入点右侧的字符会在编辑栏中突出显示，输入时会覆盖该字符。

● 若要在单元格中特定位置开始新的文本行，可在该位置单击并按 Alt+Enter 组合键。

（3）按 Enter 键，确认所做的更改。

提示：在按 Enter 键之前，可以通过按 Esc 键来取消所做的任何更改。在按 Enter 键后，可以通过单击"快速访问工具栏"上的"撤销"按钮 来取消所做的任何更改。

【实战演练】编辑单元格内容。

（1）打开"学生成绩.xlsx"工作簿。

（2）在"计 1501 班图像处理成绩"工作表中，对课程名称和成绩数据进行修改，结果如图 3.43 所示。

图 3.43　编辑后的图像处理成绩表

3.3.2　查找和替换

若要查找或替换工作表上的文本和数字，可执行以下操作。

（1）在工作表中，单击任意单元格。

（2）在"开始"选项卡的"编辑"组中，单击"查找和选择"选项，然后执行下列操作，如图 3.44 所示。

● 要查找文本或数字，可单击"查找"命令。

● 要查找和替换文本或数字，可单击"替换"命令。

图 3.44　查找和替换

（3）在如图 3.45 所示的"查找和替换"对话框中，在"查找内容"框中，输入要搜索的文本或数字，或者单击"查找内容"框中的箭头，然后在列表中单击一个最近的搜索。在搜索条件中可以使用通配符，例如星号（*）或问号（?）。

● 使用星号可查找任意字符串，例如用"s*d"可找到"sad"和"started"。

● 使用问号可查找任意单个字符，例如"s?t"可找到"sat"和"set"。

图 3.45　"查找和替换"对话框

提示：由于在查找时星号和问号可作为通配符使用，要在工作表数据中查找这些字符，输入搜索条件时应在星号和问号前面加波形符号（～）。例如，要查找包含"?"的数据，可输入"～?"作为搜索条件；要查找波形符号本身，可输入"～～"作为搜索条件。

（4）单击"选项"按钮，进一步定义搜索，然后执行下列任何一项操作，如图 3.46 所示。

- 若要在工作表或整个工作簿中搜索数据，可在"范围"框中选择"工作表"或"工作簿"选项。
- 若要搜索特定行或列中的数据，可在"搜索"框中单击"按行"或"按列"选项。
- 若要搜索带有特定详细信息的数据，可在"查找范围"框中单击"公式"、"值"或"批注"选项。
- 若要搜索区分大小写的数据，可选中"区分大小写"复选框。
- 若要搜索只包含在"查找内容"框中输入的字符的单元格，则可选中"单元格匹配"复选框。

图 3.46　设置搜索选项

（5）如果想要搜索同时具有特定格式的文本或数字，可单击"格式"按钮，然后在"查找格式"对话框中进行设置，如图 3.47 所示。

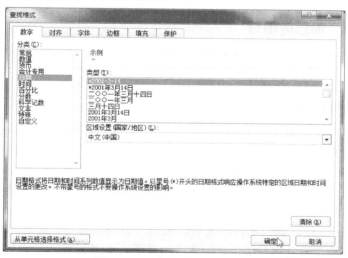

图 3.47　"查找格式"对话框

提示：如果想要查找只符合特定格式的单元格，则可以删除"查找内容"框中的所有条件，然后选择一个特定的单元格格式作为示例。单击"格式"旁的箭头，单击"从单元格选择格式"按钮，然后单击具有要搜索的格式的单元格。

（6）执行下列操作之一。

● 要查找文本或数字，可单击"查找全部"或"查找下一个"按钮。

提示：当单击"查找全部"时，搜索的条件的每个匹配项都将被列出，并且通过单击列表中某个特定的匹配项，可以使特定的单元格成为活动的。通过单击列标题可以对"查找全部"搜索的结果进行排序。

● 要替换文本或数字，可单击"替换"选项卡，然后在"替换为"框中输入替换字符（或将此框留空以便将字符替换成空，也就是删除该字符），并单击"查找"或"查找全部"按钮，如图 3.48 所示。如果需要，可以按 Esc 键来取消正在进行的搜索。

图 3.48　　"替换"选项卡

（7）要替换找到的字符的突出显示的重复项或者全部重复项，可单击"替换"或"全部替换"按钮。

提示：Excel 2010 会保存所定义的格式选项。如果再次在工作表中搜索数据，但是找不到已知道一定存在的字符，则可能需要清除上一次搜索的格式选项。具体操作方法是，在"查找"选项卡中，单击"选项"按钮以显示格式选项，单击"格式"旁的箭头，然后单击"清除"按钮。

3.3.3　撤销、恢复或重复

在 Excel 2010 中，可以撤销和恢复多达 100 项操作，并可以重复任意次数的操作。这为用户编辑工作表带来了很大的方便。

1. 撤销已执行的操作

要撤销操作，可执行下列一项或多项操作。

● 单击快速访问工具栏上的"撤销"命令 。
● 按 Ctrl+Z 组合键。
● 要同时撤销多项操作，可单击"撤销"旁的箭头，从列表中选择要撤销的操作，然后单击列表。所有选中的操作都会被撤销。
● 在按下 Enter 键前，要取消在单元格或编辑栏中的输入，可按 Esc 键。

注意：某些操作是无法撤销的，例如保存文件等。如果操作无法撤销，则"撤销"命令将变为"无法撤销"。

2. 恢复撤销的操作

若要恢复某个已撤销的操作，可执行以下操作之一。

● 单击快速访问工具栏上的"恢复"命令 。
● 按 Ctrl+Y 组合键。

3. 重复上一项操作

在 Excel 中，默认情况下，"重复"命令 ↺ 在快速访问工具栏上是不可用的。如果要重复上一项操作，首先需要将"重复"命令添加到快速访问工具栏中。

若要将"重复"命令添加到快速访问工具栏，可执行下列操作。

（1）单击"文件"选项卡，然后选择"选项"命令。

（2）在"Excel 选项"对话框中，单击"快速访问工具栏"选项。

（3）在"从下列位置选择命令"中，选择"常用命令"选项。

（4）在左边的命令列表中，单击"重复"选项，然后单击"添加"按钮，此时"重复"命令被添加到右边的命令列表中，如图 3.49 所示。

图 3.49　在快速访问工具栏上添加"重复"命令

（5）单击"确定"按钮。此时，"重复"命令 ↺ 将会被添加到快速访问工具栏上，如图 3.50 所示。

图 3.50　在快速访问工具栏上添加"重复"命令

若要重复上一项操作，可执行以下操作之一。

● 单击快速访问工具栏上的"重复"命令 ↺。

● 按 Ctrl+Y 组合键。

注意：某些操作是无法重复的，例如在单元格中使用函数。如果无法重复上一项操作，"重复"命令将变为"无法重复"。

3.4　移动和复制数据

在工作表中输入数据后，根据需要可以将某个单元格或单元格区域的数据移动或复制其他位置，以避免重复输入，提高工作效率。

3.4.1　选择单元格或区域

在 Excel 2010 中执行多数操作之前，需要在工作表中选择出一些单元格、区域、行或列作为操作的对象。选择的范围不同，操作方法也不一样。

（1）若要选择一个单元格，可单击该单元格或按箭头键移至该单元格。

（2）若要选择整行或整列，可执行下列操作之一。

● 单击行标题或列标题，如图 3.51 和图 3.52 所示。

● 也可以选择行或列中的单元格，方法是选择第一个单元格，然后按 Ctrl+Shift+箭头键组合键；对于行，可使用向右键→或向左键←；对于列，可使用向上键↑或向下键↓。

提示：如果行或列中包含数据，则按 Ctrl+Shift+组合键箭头键可选择到行或列中最后一个已使用单元格之前的部分。按 Ctrl+Shift+箭头键组合键 1 秒钟可选择整行或整列。

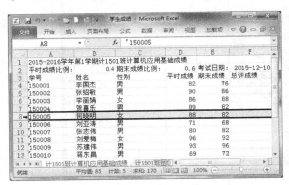

图 3.51　选择一行

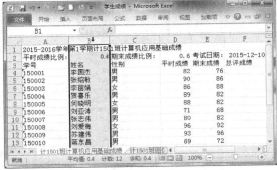

图 3.52　选择一列

（3）若要选择一个单元格区域，可执行下列操作之一。

● 单击该区域中的第一个单元格，拖至最后一个单元格，如图 3.53 所示。

● 在按住 Shift 键的同时按箭头键以扩展选定区域。

● 选择该区域中的第一个单元格，按 F8 键，使用箭头键扩展选定区域。

● 要停止扩展选定区域，可再次按 F8 键。

（4）若要选择不相邻的单元格或单元格区域，可执行下列操作之一。

● 选择第一个单元格或单元格区域，在按住 Ctrl 键的同时选择其他单元格或区域，如图 3.54 所示。

● 选择第一个单元格或单元格区域，按 Shift+F8 组合键将另一个不相邻的单元格或区域添加到选定区域中。

● 要停止向选定区域中添加单元格或区域，可再次按 Shift+F8 组合键。

注意：如果不取消整个选定区域，便无法取消对不相邻选定区域中某个单元格或单元格区域的选择。

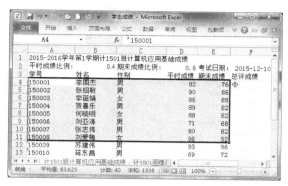

图 3.53　选择单元格区域

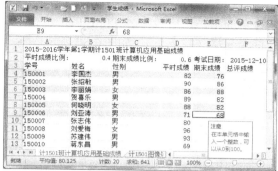

图 3.54　选择不相邻的单元格区域

（5）若要选择一个较大的单元格区域，可单击该区域中的第一个单元格，在按住 Shift 键的同时单击该区域中的最后一个单元格。可以使用滚动功能显示最后一个单元格。

（6）若要选择相邻行或列，可执行下列操作之一。

● 在行标题或列标题间拖动鼠标。

● 选择第一行或第一列，在按住 Shift 的同时选择最后一行或最后一列。

（7）若要选择不相邻的行或列，可单击选定区域中第一行的行标题或第一列的列标题，然后在按住 Ctrl 的同时单击要添加到选定区域中的其他行的行标题或其他列的列标题，如图 3.55 所示。

（8）若要选择工作表中的全部单元格，可执行下列操作之一。

● 单击"全选"按钮，如图 3.56 所示。

● 按 Ctrl+A 组合键。

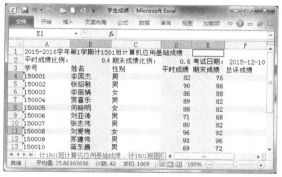

图 3.55　选择不相邻的行和列

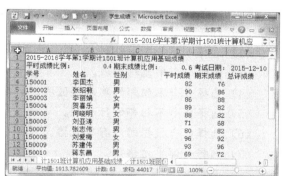

图 3.56　选择全部单元格

提示：如果工作表包含数据，则通过按 Ctrl+A 可选择当前区域。如果按住 Ctrl+A 1 秒钟，则可选择整个工作表。

（9）若要选择行或列中的第一个或最后一个单元格，可以选择行或列中的一个单元格，然后按 Ctrl+箭头键组合键；对于行，可以使用向右键→或←向左键；对于列，可以使用向上键↑或向下键↓。

（10）若要选择工作表中的第一个单元格，可按 Ctrl+Home 组合键；若要选择工作表中最后一个包含数据或格式设置的单元格，可按 Ctrl+End 组合键。

（11）若要选择工作表中最后一个使用的单元格（右下角）之前的单元格区域，可选择第一个单元格，然后按 Ctrl+Shift+End 组合键可将选定单元格区域扩展到工作表中最后一个使用的单元格（右下角），如图 3.57 所示。

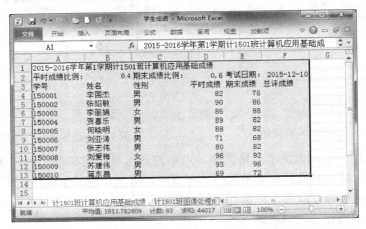

图 3.57　选择包含数据的所有单元格

（12）若要选择到工作表起始处的单元格区域，可选择第一个单元格，按 Ctrl+Shift+ Home 组合键将单元格选定区域扩展到工作表的起始处。

（13）若要增加或减少活动选定区域中的单元格，可在按住 Shift 键的同时单击要包含在新选定区域中的最后一个单元格。活动单元格和所单击的单元格之间的矩形区域将成为新的选定区域。

提示： 要取消选择的单元格区域，可单击工作表中的任意单元格。

【实战演练】 在工作表中选择单元格或区域。

（1）打开"学生成绩.xlsx"工作簿，选择"计 1501 班计算机应用基础成绩"工作表。

（2）选择一整行或一整列。

（3）选择一个单元格区域。

（4）选择多个不相邻的单元格区域。

（5）选择多个不相邻的行和列。

（6）选择包含数据的所有单元格。

（7）选择全部单元格。

3.4.2　使用剪贴板移动或复制单元格

当移动或复制整个单元格区域时，Excel 将移动或复制整个单元格内容，包括公式及其结果值、单元格格式和批注。

若要使用剪贴板移动或复制整个单元格区域，可执行以下操作。

（1）在工作表中，选择要移动或复制的单元格。

（2）选择"开始"选项卡，在如图 3.58 所示的"剪贴板"组中执行下列操作之一。

● 若要移动单元格，可单击"剪切" ✂ 或按 Ctrl+X 组合键。

● 若要复制单元格，可单击"复制" 📋 或按 Ctrl+C 组合键。

（3）选择位于粘贴区域左上角的单元格。若要将选定区域移动或复制到不同的工作表或工作簿，可单击另一个工作表切换到另一个工作簿，然后选择位于粘贴区域左上角的单元格。

图 3.58　"剪贴板"组

（4）在"开始"选项卡的"剪贴板"组中单击"粘贴" ，或按下 Ctrl+V 组合键。

（5）粘贴数据后，Excel 将会在工作表上显示"粘贴选项"按钮 ，以便在粘贴单元格时提供特殊选项，此时可单击此按钮右侧的向下箭头，然后在快捷菜单中选择所需的选项（关于这些选项的含义详见 3.4.6 节），如图 3.59 所示。

图 3.59　选择"粘贴"选项

使用剪贴板移动或复制整个单元格区域时，应注意以下两点。

- 当通过剪切和粘贴单元格来移动单元格时，Excel 将替换粘贴区域中的现有数据。
- 当复制单元格时，将会自动调整单元格引用。但当移动单元格时，不会调整单元格引用，这些单元格的内容以及指向它们的任何单元格的内容可能显示为引用错误。在这种情况下，需要手动调整引用。

默认情况下，当移动或复制单元格时，Excel 将会在工作表上显示"粘贴选项"按钮 ，如果不想在每次粘贴单元格时都显示"粘贴选项"按钮 ，也可以关闭此选项。设置方法是，单击"文件"选项卡，单击"选项"命令，在"Excel 选项"对话框中选择"高级"类别，并在"剪切、复制和粘贴"下清除"粘贴内容时显示粘贴选项按钮"复选框，如图 3.60 所示。

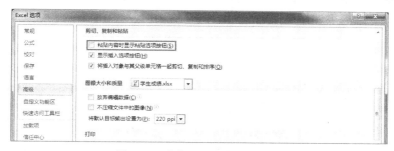

图 3.60　隐藏"粘贴选项"按钮

3.4.3　使用鼠标移动或复制单元格

默认情况下，Excel 2010 已经启用了拖放编辑功能。因此，用户可以使用鼠标来移动或复制单元格。

若要使用鼠标移动或复制整个单元格区域，可执行以下操作。

（1）选择要移动或复制的单元格或单元格区域。

（2）执行下列操作之一。

● 若要移动单元格或单元格区域，可指向选定区域的边框。当指针变成移动指针时，将单元格或单元格区域拖到另一个位置，如图 3.61 所示。

● 若要复制单元格或单元格区域，可按住 Ctrl 键，同时指向选定区域的边框。当指针变成复制指针时，将单元格或单元格区域拖到另一个位置。

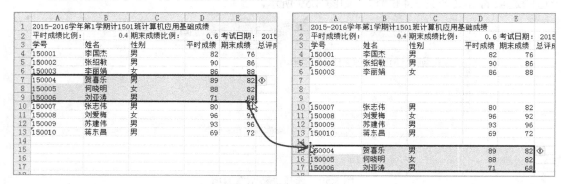

图 3.61　用鼠标移动单元格

3.4.4　以插入方式移动或复制单元格

当通过剪切、复制和粘贴单元格来移动或复制单元格时，Excel 将会替换粘贴区域中的现有数据。若要在现有单元格之间插入移动或复制的单元格，可执行以下操作。

（1）选择包含要移动或复制的数据的单元格或单元格区域。

（2）在"开始"选项卡的"剪贴板"组中，执行下列操作之一。

● 若要移动选定区域，可单击"剪切"命令或按 Ctrl+X 组合键。

● 若要复制选定区域，可单击"复制"命令或按 Ctrl+C 组合键。

（3）用鼠标右键单击粘贴区域左上角的单元格，然后在快捷菜单上单击"插入剪切的单元格"或"插入复制的单元格"命令，如图 3.62 所示。

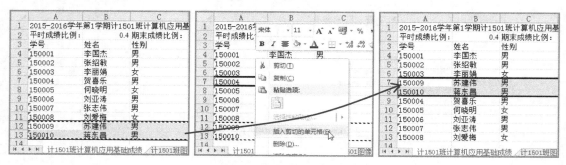

图 3.62　以插入方式移动单元格

提示：若要将选定区域移动或复制到不同的工作表或工作簿，可单击另一个工作表标签或切换到另一个工作簿，然后用鼠标右键单击粘贴区域左上角的单元格，并选择"插入剪切的单元格"或"插入复制的单元格"。

3.4.5　移动或复制单元格数据

当移动或复制整个单元格区域时，Excel 将移动或复制整个单元格，包括公式及其结果值、单元格格式和批注。如果只想对单元格数据进行移动或复制，可执行以下操作。

（1）双击包含要移动或复制的数据的单元格，或者在编辑栏中编辑和选择单元格数据。

（2）在单元格中，选择要移动或复制的字符。

● 双击该单元格，然后拖动鼠标，以选中要选择的单元格内容。

● 单击该单元格，然后在编辑栏拖动鼠标，以选中要选择的单元格内容。

● 按 F2 键编辑该单元格，使用箭头键定位插入点，然后按 Shift+箭头键选择内容。

（3）在"开始"选项卡的"剪贴板"组中，执行下列操作之一。

● 若要移动选定区域，可单击"剪切"命令或按 Ctrl+X 组合键。

● 若要复制选定区域，可单击"复制"命令或按 Ctrl+C 组合键。

（4）在单元格中，单击需要粘贴字符的位置，或者双击要将数据移动或复制到的另一单元格。

（5）在"开始"选项卡的"剪贴板"组中单击"粘贴"命令，或者按 Ctrl+V 组合键。

（6）按 Enter 键。

注意：如果双击某一单元格或者按 F2 键来编辑活动单元格，则箭头键只在该单元格内有效。如果要用箭头键从该单元格移动到其他单元格，可以先按 Enter 键，以结束对活动单元格的编辑。

3.4.6　复制特定单元格内容

在工作表中，可以使用"选择性粘贴"命令从剪贴板复制和粘贴特定单元格内容或属性（例如公式、格式或批注），具体操作步骤如下。

（1）在工作表上，选择包含要复制的数据或属性的单元格。

（2）在"开始"选项卡的"剪贴板"组中单击"复制"命令，或按 Ctrl+C 组合键。

（3）选择位于粘贴区域左上角的单元格。若要将所选单元格移动或复制到其他工作表或工作簿中，可单击另一个工作表标签或切换至另一个工作簿，然后选择位于粘贴区域左上角的单元格。

（4）在"开始"选项卡的"剪贴板"组中单击"粘贴"命令，然后单击"选择性粘贴"命令，或者按 Ctrl+Alt+V 组合键，如图 3.63 所示。

（5）在如图 3.64 所示的"选择性粘贴"对话框中，在"粘贴"中单击下列选项之一。

● "全部"：粘贴全部单元格内容和格式。

● "公式"：仅粘贴编辑栏中输入的公式。

● "数值"：仅粘贴单元格中显示的值。

● "格式"：仅粘贴单元格格式。

● "批注"：仅粘贴附加到单元格的批注。

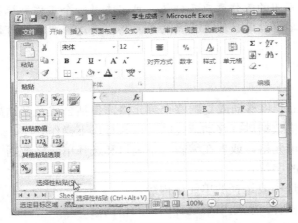

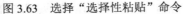

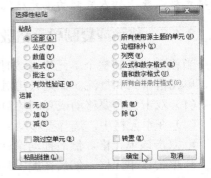

图 3.63　选择"选择性粘贴"命令　　　　图 3.64　"选择性粘贴"对话框

● "有效性验证"：将复制的单元格的数据有效性规则粘贴到粘贴区域。

● "所有使用源主题的单元"：使用应用于源数据的主题粘贴所有单元格内容和格式。

● "边框除外"：粘贴应用到复制数据的文档主题格式中的全部单元格内容。

● "列宽"：将一列或一组列的宽度粘贴到另一列或一组列。

● "公式和数字格式"：仅粘贴选定单元格的公式和数字格式选项。

● "值和数字格式"：仅粘贴选定单元格的值和数字格式选项。

（6）若要将复制区域的内容与粘贴区域的内容进行算术结合，可在"运算"中指定要应用到复制数据的数学运算。

● "无"：粘贴复制区域的内容，而不进行数学运算。

● "加"：将复制区域中的值与粘贴区域中的值相加。

● "减"：从粘贴区域中的值减去复制区域中的值。

● "乘"：将粘贴区域中的值乘以复制区域中的值。

● "除"：将粘贴区域中的值除以复制区域中的值。

注意：数学运算仅适用于数值。要使用除"无"之外的选项，必须选择"粘贴"下的"全部"、"数值"、"边框除外"或"值和数字格式"。

（7）若要避免在复制区域中出现空单元格时替换粘贴区域中的值，可选中"跳过空单元"复选框。

（8）若要将复制数据的列更改为行或将复制数据的行更改为列，可选择"转置"复选框。

注意：根据复制数据的类型以及选择的"粘贴"选项，特定选项可能不可用。

（9）如果要将粘贴的数据链接到原始数据，可单击"粘贴链接"按钮。当粘贴指向复制数据的链接时，Excel 会在新位置中输入对复制的单元格或单元格区域的绝对引用。

注意："粘贴链接"仅在选择"选择性粘贴"对话框中的"粘贴"中的"全部"或"边框除外"时可用。

【实战演练】通过选择性粘贴在每个学生的平时成绩上添加 3 分。

（1）打开"学生成绩.xlsx"工作簿。

（2）选择"计 1501 班计算机应用基础成绩"工作表。

（3）在一个空白单元格中输入数字 3，并选中该单元格。

（4）在"开始"选项卡的"剪贴板"组中单击"复制"命令，如图 3.65 所示。

（5）选择包含平时成绩的单元格区域。

（6）在"开始"选项卡的"剪贴板"组中单击"粘贴"选项，然后单击"选择性粘贴"命令，如图 3.66 所示。

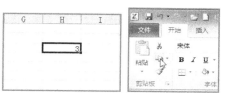

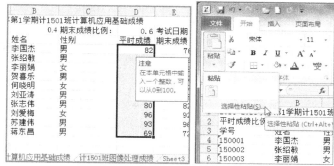

图 3.65　选择复制区域并进行复制　　　图 3.66　选择粘贴区域并选择"选择性粘贴"

（7）弹出"选择性粘贴"对话框时，在"运算"中选择"加"选项，如图 3.67 所示。

（8）单击"确定"按钮。

此时，每个学生的平时成绩都将增加 3 分，如图 3.68 所示。

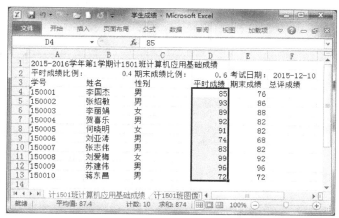

图 3.67　选择"加"运算　　　　　图 3.68　执行"选择性粘贴"后的工作表

3.5　插入行、列或单元格

在工作表中输入数据后，根据需要还可以在一行的上方插入新行，在一列的左侧插入新列，或者在活动单元格的上方或左侧插入空白单元格。

3.5.1　插入行

若要在工作表中插入行，可执行以下操作。

（1）执行下列操作之一。

● 若要插入单一行，可选择要在其上方插入新行的行或该行中的一个单元格。例如，要在第 3 行上方插入一个新行，可单击第 3 行中的一个单元格。

- 若要插入多行，请选择要在其上方插入新行的那些行。所选的行数应与要插入的行数相同。例如，要插入 3 个新行，需要选择 3 行。
- 若要插入不相邻的行，可按住 Ctrl 键同时选择不相邻的行。

（2）在"开始"选项卡的"单元格"组中，单击"插入"旁的箭头，然后单击"插入工作表行"命令，如图 3.69 所示。

图 3.69　选择"插入工作表行"命令

此时，新行将出现在选定行的上方，如图 3.70 所示。

图 3.70　新行出现在选定行上方

（3）若要快速重复插入行的操作，可单击要插入行的位置，然后按 Ctrl+Y 组合键。

3.5.2　插入列

若要在工作表中插入列，可执行以下操作。

（1）执行下列操作之一。

- 若要插入单一列，可选择要在紧靠其右侧插入新列的列或该列中的一个单元格。例如，要在 B 列左侧插入一列，可单击 B 列中的一个单元格。
- 若要插入多列，可选择要紧靠其右侧插入列的那些列。所选的列数应与要插入的列数相同。例如，要插入 3 个新列，需要选择 3 列。
- 若要插入不相邻的列，可按住 Ctrl 键同时选择不相邻的列。

（2）在"开始"选项卡的"单元格"组中，单击"插入"旁的箭头，在下拉菜单中单击"插入工作表列"命令，如图 3.71 所示。

图 3.71　选择"插入工作表列"命令

此时，新列将会出现在选定列的左侧，如图 3.72 所示。

图 3.72　新列出现在选定列左侧

（3）若要快速重复插入列的操作，可单击要插入列的位置，然后按 Ctrl+Y 组合键。

3.5.3　插入单元格

在 3.4.4 节中介绍了如何以插入方式移动或复制单元格，使用这种方法可以在工作表中插入包含内容的单元格。

若要在工作表中插入空白单元格，可执行以下操作。

（1）选取要插入新空白单元格的单元格或单元格区域。选取的单元格数量应与要插入的单元格数量相同。例如，要插入 5 个空白单元格，需要选取 5 个单元格。

（2）在"开始"选项卡的"单元格"组中单击"插入"旁的箭头，单击"插入单元格"命令（组合键为 Ctrl+Shift+=），如图 3.73 所示。

（3）在"插入"对话框中，选择要移动周围单元格的方向，单击"确定"按钮，如图 3.74 所示。

图 3.73　选择"插入单元格"命令

图 3.74　"插入"对话框

当在工作表中活动单元格的上方或左侧插入空白单元格时，会将同一列中的其他单元格下移或将同一行中的其他单元格右移，如图 3.75 所示。

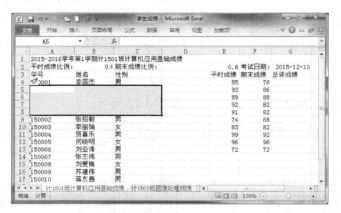

图 3.75　在工作表中插入空白单元格

（4）若要快速重复插入单元格的操作，可以单击要插入单元格的位置，然后按 Ctrl+Y 组合键。

3.6　删除行、列或单元格

当从工作表中删除选定的行、列或单元格时，周围的单元格将移动到删除的位置上，以填充留下的空间。

3.6.1　删除行

若要从工作表中删除行，可执行以下操作。

（1）在工作表中选择要删除的一行或多行。

（2）在"开始"选项卡的"单元格"组中，单击"删除"旁的箭头，单击"删除工作表行"命令，如图 3.76 所示。

图 3.76　选择"删除工作表行"命令

此时，下面的行将向上移动，以填充该空间。

3.6.2　删除列

若要从工作表中删除列，可执行以下操作。

（1）在工作表中选择要删除的一列或多列。

（2）在"开始"选项卡的"单元格"组中，单击"删除"旁的箭头，然后单击"删除工作表列"命令，如图 3.77 所示。

图 3.77　选择"删除工作表列"命令

此时，右侧的列将向左移动，以填充该空间。

3.6.3　删除单元格

若要从工作表中删除单元格，可执行以下操作。

（1）在工作表中选择要删除的一个或多个单元格。

（2）在"开始"选项卡的"单元格"组中，单击"删除"旁的箭头，单击"删除单元格"命令（组合键为 Ctrl+Shift+-），如图 3.78 所示。

（3）在"删除"对话框中，选择要移动周围单元格的方向，单击"确定"按钮，如图 3.79 所示。

图 3.78　删除单元格

图 3.79　"删除"对话框

此时，下（右）方的单元格将自动向上（左）移动，以填充被删除的区域。

本章小结

　　本章着重讨论了如何在工作表中输入和编辑数据，主要内容包括手动输入数据、自动填充数据、修改单元格数据、移动和复制数据以及插入或删除行、列和单元格等。这些内容都是制作电子表格的基础操作，必须熟练地加以掌握。

　　通常可以在工作表中手动输入各种类型的数据，包括文本、日期和时间以及数字。输入日期和时间时，要正确使用分隔符；当输入以文本形式存储的数字时，可以在数字前面加一个单撇号。不论输入哪种类型的数据，都可以设置有效性规则和相关的警告信息。为了提高工作效率，也可以使用 Excel 2010 提供的自动填充数据功能，包括记忆式键入、用相邻单元格进行填充、填充数据序列以及在多个单元格或工作表中输入相同数据。

　　在工作表中输入数据后，根据需要可以对单元格区域进行移动或复制，操作过程可以使用剪贴板或鼠标来实现。默认情况下，当通过剪切、复制和粘贴单元格来移动或复制单元格时，Excel 将会替换粘贴区域中的现有数据，但也可以以插入方式进行移动或复制。此外，还可以使用"选择性粘贴"命令从剪贴板复制和粘贴特定单元格内容或属性，并将复制区域单元格内容与粘贴区域单元格内容进行算术运算，或者实现行列的转置。

　　在工作表中活动单元格的上方或左侧可以插入空白单元格，并将同一列中的其他单元格下移或将同一行中的其他单元格右移，也可以在一行的上方插入多行和在一列的左边插入多列，还可以删除单元格、行和列。

习题 3

一、填空题

1. 默认情况下，单元格中的文本会自动向_____对齐；单元格中的数字会自动向_____对齐。

2. 在单元格中输入日期时，可使用_____或_____来分隔日期的各部分；输入时间时，可使用_____来分隔的时间的各部分；如果同时输入日期和时间，可使用_____来分隔日期和时间。

3. 若要从同一列中选择已输入内容的列表，可按_____来显示该列的列表。

4. 若要用一个单元格上方的单元格中的内容快速填充该单元格，可按_____；若要用该单元格左侧的单元格中的内容快速填充该单元格，可按_____。

5. 若要按升序填充，可从___到___或从左到右拖动；若要按降序填充，可从___到___或从___到___拖动。

6. 若要同时在多个单元格中输入相同数据，可在活动单元格中输入数据，然后按_____。

7. 若要在多个工作表中输入相同数据，可按住_____键单击各个工作表的标签，然后单击其中一个工作表中的某个单元格，然后输入数据。

8. 若要选择一个较大的单元格区域，可单击该区域中的第一个单元格，然后在按住_____键的同时单击该区域中的最后一个单元格。

9. 若要复制单元格或单元格区域，可按下_____键，同时指向选定区域的边框。当指针变成复制指针⯭时，将单元格或单元格区域拖到另一个位置。

10. 要撤销上一操作，可按下_____键；要恢复撤销的操作，可按下_____键；要重复上一个操作，可按下_____键。

二、选择题

1. 当活动单元格中按 Enter 键时，插入点（　　）移动一个单元格。

　　A. 向上　　　　　　　　　　　　B. 向下

　　C. 向左　　　　　　　　　　　　C. 向右

2. 若要在单元格中另起一行开始输入数据，可按（　　）组合键来输入一个换行符。

　　A. Alt+Enter　　　　　　　　　　B. Alt+↓

　　C. Alt+Tab　　　　　　　　　　　D. Shift+Enter

3. 若要在单元格中输入当前日期, 可按 (　　) 组合键。

A. Ctrl+Shift+:　　　　　　　　　　　　B. Ctrl+;

C. Ctrl+Shift+;　　　　　　　　　　　　D. Ctrl+:

4. 为了避免将输入的分数视为日期, 可在分数前面添加 (　　)。

A. 0　　　　　　　　　　　　　　　　　B. 空格

C. 0 和空格　　　　　　　　　　　　　　D. 什么也不用输入

5. 若要将插入点移动到单元格内容的末尾, 可单击该单元格, 然后按 (　　) 键。

A. F3　　　　　　　　　　　　　　　　　B. F5

C. F4　　　　　　　　　　　　　　　　　D. F2

三、简答题

1. 如何将复制区域的内容与粘贴区域的内容进行算术运算?

2. 如何将数据从列(行)重排(转置)到行(列)?

上机实验 3

1. 在 Excel 2010 中创建一个工作簿并保存为 "工资表.xlsx", 用于存储员工工资数据, 如图 3.80 所示。

(1) 在 "编号" 列中, 以文本形式存储数字并使用填充序列功能。

(2) 在 "职务" 列中, 从列表中选择所需的项。

(3) 在基本工资、绩效工资或所得税相同的情况下, 将上方单元格中的数据输入到当前单元格中。

	A	B	C	D	E	F	G
1	工资表						
2				2016-3-3			
3	职工编号	姓名	职务	基本工资	绩效工资	所得税	实发工资
4	1001	汪江涛	项目经理	5000	3000	825	
5	1002	梁志宏	业务主管	4500	2500	625	
6	1003	李国华	程序员	3000	2000	325	
7	1004	苏建军	程序员	3000	2000	325	
8	1005	张海洋	程序员	3000	2000	325	
9	1006	李慧芳	程序员	3000	2000	325	
10	1007	陈伟强	测试员	2500	1500	175	
11	1008	娄嘉仪	测试员	2500	1500	175	
12	1009	杨万里	测试员	2500	1500	175	
13	1010	徐红霞	测试员	2500	1500	175	

图 3.80　工资表

2. 在 Excel 2010 中创建一个工作簿, 在工作表 Sheet1 中用于存储区域销售额, 如图 3.81 所示。

	A	B	C	D	E	F	G
1							
2	区域销售额	华北	东北	华中	华南	西南	西北
3	第一季度	1296831	879615	1382967	1698359	895762	921836
4	第二季度	1632963	1169268	1589296	1882631	1126796	1082671
5	第三季度	1736251	1068216	1639235	1729683	1569876	1123982
6	第四季度	1968362	1329862	1896328	2029682	1296856	1693262

图 3.81　区域销售额

要求通过然后将组织在列中的区域销售数据在经过转置后会显示在行中, 如图 3.82 所示。

图 3.82　转置后的效果

（1）在 Excel 2010 中新建一个空白工作簿，将其保存为"区域销售额.xlsx"。

（2）在工作表上，选择包含这些数据的行中的单元格，如图 3.83 所示。

图 3.83　选择要转置的数据

（3）在"开始"选项卡的"剪贴板"组中，单击"复制"或按 Ctrl+C 组合键。在重排数据时只能使用"复制"命令。为了成功完成此过程，请不要使用"剪切"命令。

（4）在工作表上选择要重排已复制的数据的目标行或列的第一个单元格，这里选择工作表 Sheet2 的 A2 单元格。复制区域和粘贴区域不能重叠。应确保选定单元格所在的粘贴区域位于从中复制数据的区域的外部。

（5）在"开始"选项卡的"剪贴板"组中，单击"粘贴"下方的箭头，然后单击"选择性粘贴"命令。

（6）在如图 3.84 所示的"选择性粘贴"对话框中，在"粘贴"中选择"全部"选项，在"运算"中选择"无"选项，并选中"转置"复选框。

（7）单击"确定"按钮。此时数据被成功转置，如图 3.85 所示。

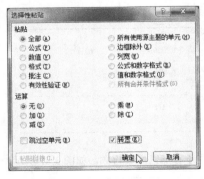

图 3.84　选中"转置"复选框

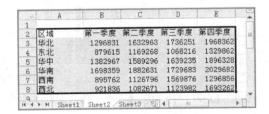

图 3.85　数据"转置"后的结果

第 4 章

工作表的格式化

在工作表中输入数据是使用电子表格处理数据的第一步。为了使工作表中的数据更加清晰美观，通常还需要对工作表的格式进行设置。本章将讨论如何在 Excel 2010 中对工作表的格式进行设置，主要内容包括设置单元格格式、设置条件格式、调整行高与列宽、使用单元格样式以及美化工作表等。

4.1 设置单元格格式

在单元格中输入数据后，将会自动采用默认的单元格格式。根据需要，还可以对单元格的字符格式、数字类型、对齐方式以及边框和底纹等选项进行设置。

4.1.1 设置字符格式

默认情况下，在单元格中输入数据时，所使用的字体均为"宋体"，字号均为"11"。为了突出显示某些数据，可以对单元格的字符格式进行设置。

（1）在工作表中，选择要设置格式的文本、行、列或单元格。

（2）单击"开始"选项卡，在如图 4.1 所示的"字体"组中执行以下任一操作。

A-字体　B-字号　C-增大字号　D-减小字号　E-加粗　F-倾斜　G-下画线

H-边框　I-填充颜色　J-字体颜色　K-显示或隐藏拼音字段　L-设置单元格格式：字体

图 4.1　"字体"组

- 单击"字体"框旁的箭头，然后将指针移到要预览的字体上。
- 单击"字号"框旁的箭头，然后将指针移到要预览的字号上。

提示：也可以使用"增大字号"或"减小字号"按钮来调整字号，单击"增大字号"按钮使字号增加 2，单击"减小字号"按钮使字号减小 2。

- 单击"填充颜色"按钮旁的箭头，然后将指针移到要预览的突出显示颜色或填充颜色上，如图 4.2 所示。
- 单击"字体颜色"按钮旁的箭头，然后将指针移到要预览的字体颜色上，如图 4.3

所示。

图 4.2　设置填充颜色

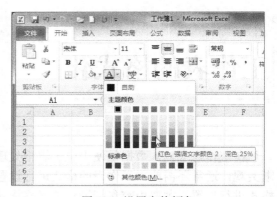

图 4.3　设置字体颜色

（3）在预览完格式选项后，执行下列操作之一。

● 要应用预览过的格式，可在列表中单击选定的字体名称、字号或颜色。

● 要取消实时预览而不应用任何更改，可按 Esc 键。

（4）若要设置字形，可执行以下任一操作。

● 单击"加粗"按钮 **B**，以加粗显示文本。

● 单击"倾斜"按钮 *I*，以倾斜显示文本。

● 单击"下画线"按钮 U，对文本添加下画线。要添加双下画线，可单击"下画线"按钮 U 旁的向下箭头，然后单击"双下画线"选项。

（5）如果想使用对话框设置字符格式，可在"开始"选项卡的"字体"组中单击"设置单元格格式"按钮或按 Ctrl+Shift+F 组合键，在"设置单元格格式"对话框中，在"字体"选项卡中对字体、字形、字号、下画线、特殊效果以及颜色进行设置，如图 4.4 所示。

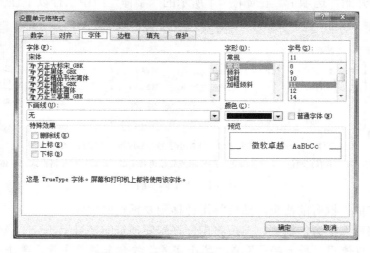

图 4.4　"设置单元格格式"对话框

【实战演练】设置单元格字符格式。

（1）打开"学生成绩.xlsx"工作簿，选择"计 1501 班计算机应用基础成绩"工作表。

（2）选择单元格 A1，将字体设置为"华文隶书"，字号为 16。

（3）选择单元格 A2、C2 和 E2，将字体设置为"华文新魏"。

（4）选择单元格 B2、D2 和 F2，将字体设置为 Georgia，字体颜色为深红色。

（5）选择单元格区域 A3:F3，将字体设置为"黑体"。

（6）选择单元格区域 A4:E13，将字体设置为"楷体"。

设置字符格式后的工作表效果如图 4.5 所示。

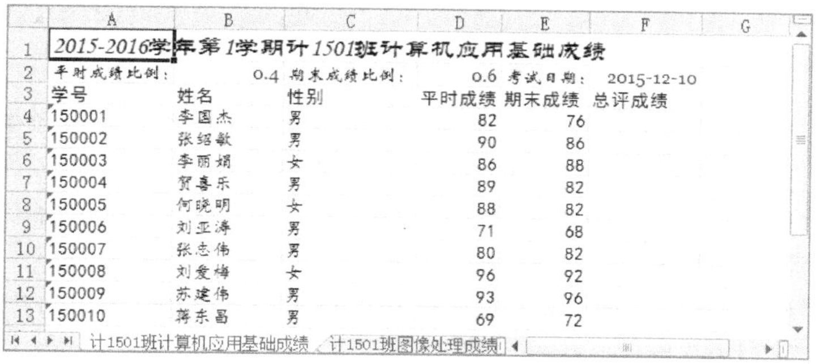

图 4.5　设置单元格字符格式

4.1.2　设置数字类型

在不同应用领域中，对数字类型有不同的要求。默认情况下，用户在单元格中输入的数字采用"常规"格式。为了对单元格中的数字格式进行设置，Excel 中提供了多种数字类型，包括数字、货币、会计专用、日期、时间、百分比、分数、科学计数以及文本等。

若要设置单元格的数字类型，可执行以下操作。

（1）在工作表中，选择要设置数字类型的单元格或单元格区域。

（2）在"开始"选项卡的"数字"组中，执行以下一项或多项操作。

- 若要设置数字格式，可单击"数字格式"框旁的箭头，然后从列表中选择所需的数字格式。例如，根据需要，可选择"数字"、"货币"、"长日期"、"短日期"以及"时间"等，如图 4.6 所示。

A-数字格式　B-会计数字格式　C-百分比样式　D-千位分隔样式

E-增加小数位数　F-减少小数位数　G-设置单元格格式：数字

图 4.6　"数字"组

- 若要设置会计数字格式，可单击"会计数字格式"按钮 旁的箭头，选择所需的货币格式（如人民币、英镑、欧元、瑞士法郎等），如图 4.7 所示。
- 若要将单元格值显示为百分比，可单击"数字"组中的"百分比样式"按钮 或按 Ctrl+Shift+%组合键。

图 4.7　选择货币格式

- 若要在显示单元格值时使用千位分隔符，可单击"数字"组中的"千位分隔符"按钮
  ，这会将单元格格式更改为不带货币符号的会计格式。
- 若要通过增加显示的小数位数，以较高精度显示单元格值，可单击"数字"组中的"增
  加小数位数"按钮。
- 若要通过减少显示的小数位数，以较低精度显示单元格值，可单击"数字"组中的"减
  少小数位数"按钮。

【实战演练】设置单元格的数字格式。

（1）打开"学生成绩.xlsx"工作簿，选择"计 1501 班计算机应用基础成绩"工作表。

（2）选择 B2 和 D2 单元格，在"开始"选项卡的"数字"组中单击"百分比样式"按钮
%。

（3）选择 F2 单元格，然后在"开始"选项卡的"数字"组中单击"数字格式"框旁的
箭头，并从下拉列表中选择"长日期"。

设置单元格格式后的工作表效果如图 4.8 所示。

	A	B	C	D	E	F
1	2015-2016学年第1学期计1501班计算机应用基础成绩					
2	平时成绩比例：	40%	期末成绩比例：	60%	考试日期：	2015年12月10日
3	学号	姓名	性别	平时成绩	期末成绩	总评成绩
4	150001	李国杰	男	82	76	
5	150002	张绍敏	男	90	86	
6	150003	李丽娟	女	86	88	
7	150004	贺专乐	男	89	82	
8	150005	何晓明	女	88	82	
9	150006	刘亚海	男	71	68	
10	150007	张志伟	男	80	82	
11	150008	刘爱梅	女	96	92	
12	150009	苏建伟	男	93	96	
13	150010	蒋东昌	男	69	72	

图 4.8　设置百分比和长日期格式

也可以使用"设置单元格格式"对话框来设置单元格的数字格式，操作步骤如下。

（1）选择要设置的单元格，在"开始"选项卡的"数字"组中单击"设置单元格格式：
数字"按钮，打开"设置单元格格式"对话框的"数字"选项卡。

（2）从"分类"列表框中选择所需的类别（例如"日期"或"百分比"），然后在"类型"
列表框中对其进行详细设置，如图 4.9 所示。

也可以将某些单元格数值以中文大写数字格式显示出来，操作步骤如下。

（1）选择要设置的单元格，然后在"开始"选项卡的"数字"组中单击"设置单元格格
式：数字"按钮，以打开"设置单元格格式"对话框的"数字"选项卡。

（2）从"分类"列表框中选择"特殊"，在"类型"列表框中单击"中文大写数字"，如
图 4.10 所示。

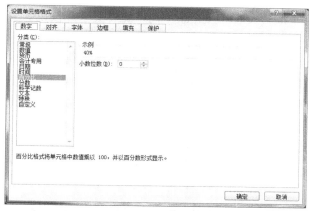

图 4.9　设置单元格值的"数字"格式

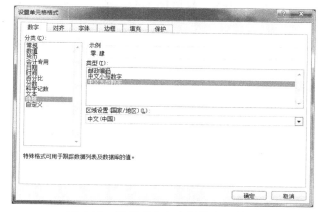

图 4.10　设置"中文大写数字"格式

4.1.3　重定位单元格数据

为了获得工作表数据的最佳显示效果，可能需要重定位单元格中的数据，包括更改单元格内容的对齐方式，使用缩进来获得更好的间距，或者通过旋转以不同的角度显示数据。

若要重定位单元格中的数据，可执行以下操作。

（1）在工作表中，选择要设置对齐方式的单元格或单元格区域。

（2）单击"开始"选项卡，然后在"对齐方式"组中执行下列一项或多项操作，如图 4.11 所示。

* 若要设置单元格内容的垂直对齐方式，可单击"顶端对齐"按钮、"居中对齐"按钮或"底端对齐"按钮。
* 若要设置单元格内容的水平对齐方式，可单击"文本左对齐"按钮、"居中"按钮或"文本右对齐"按钮。
* 若要增加单元格内容的缩进量，可单击"增加缩进量"按钮或按 Ctrl+Alt+Tab 组合键。
* 若要减少单元格内容的缩进量，可单击"减少缩进量"按钮或按 Ctrl+Alt+Shift +Tab 组合键。
* 若要旋转单元格内容，可单击"方向"按钮旁的箭头，然后选择所需的旋转选项，可以是"逆时针角度"按钮、"顺时针角度"按钮、"竖排文字"按钮、"向上旋转文

字"按钮、"向下旋转文字"按钮或"向下旋转文字"按钮等。

A-顶端对齐　B-居中对齐　C-底端对齐　D-自动换行　E-文本左对齐　F-文本居中对齐

G-文本右对齐　H-合并后居中　I-减少缩进量　J-增加缩进量　K-方向　L-设置单元格格式：对齐方式

图 4.11　"对齐方式"组

- 若要使用其他文本对齐方式选项，可单击"对齐方式"组右下角的"对话框启动器"按钮，在"设置单元格格式"对话框中的"对齐"选项卡中选择所需的选项，如图 4.12 所示。

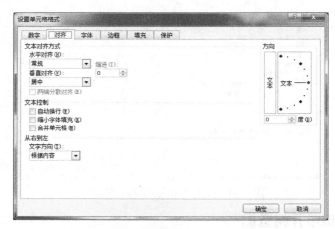

图 4.12　设置单元格内容的"对齐"方式

【实战演练】设置单元格内容的对齐方式。

（1）打开"学生成绩.xlsx"工作簿，选择"计 1501 班计算机应用基础"工作表。

（2）选择 A2:F13 单元格区域，将水平对齐方式设置为"居中"。

设置对齐方式后的工作表效果如图 4.13 所示。

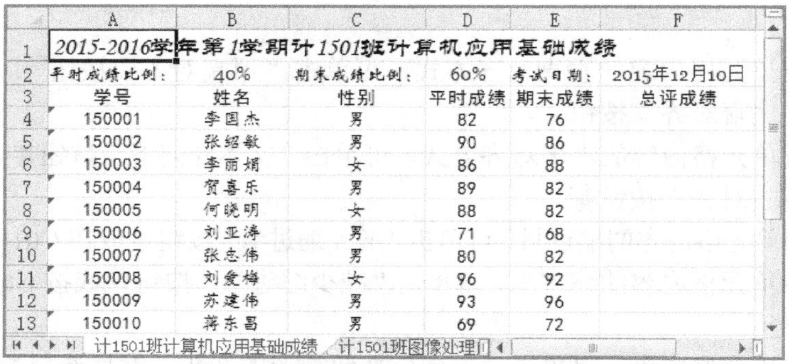

	A	B	C	D	E	F
1	2015-2016学年第1学期计1501班计算机应用基础成绩					
2	平时成绩比例：	40%	期末成绩比例：	60%	考试日期：	2015年12月10日
3	学号	姓名	性别	平时成绩	期末成绩	总评成绩
4	150001	李国杰	男	82	76	
5	150002	张绍敏	男	90	86	
6	150003	李丽娟	女	86	88	
7	150004	贺喜乐	男	89	82	
8	150005	何晓明	女	88	82	
9	150006	刘亚涛	男	71	68	
10	150007	张志伟	男	80	82	
11	150008	刘爱梅	女	96	92	
12	150009	苏建伟	男	93	96	
13	150010	蒋东昌	男	69	72	

图 4.13　设置单元格内容的对齐方式示例

4.1.4　合并单元格

所谓合并单元格，就是由两个或多个选定单元格创建的单个单元格。合并单元格的单元格引用是原始选定区域的左上角单元格。

若要居中或对齐跨越多列或多行的数据（例如列标签和行标签），可执行以下操作。

（1）在工作表中，选择要合并的单元格区域。

（2）在"开始"选项卡的"对齐方式"组中，单击"合并及居中"按钮，以合并选定的单元格区域。

（3）对单元格内容进行重定位。

【实战演练】在工作表中合并单元格区域。

（1）打开"学生成绩.xlsx"工作簿，选择"计 1501 班计算机应用基础成绩"工作表。

（2）选择 A1:F1 单元格区域，在"开始"选项卡的"对齐方式"组中单击"合并及居中"按钮，效果如图 4.14 所示。

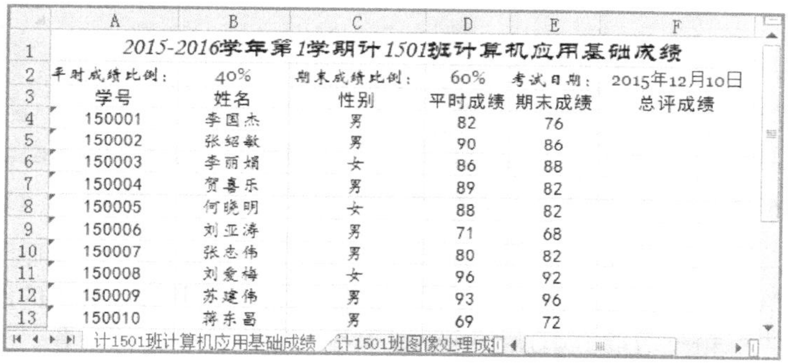

图 4.14　合并及居中单元格内容

4.1.5　设置单元格边框

在 Excel 2010 中，使用预定义的边框样式可以在单元格或单元格区域的周围快速添加边框。如果预定义的单元格边框不符合要求，还可以创建自定义边框。设置的单元格边框会在打印的页面上出现。

若要应用预定义的单元格边框，可执行以下操作。

（1）在工作表中，选择要为其添加边框、更改边框样式或者删除其边框的单元格或单元格区域。

（2）在"开始"选项卡的"字体"组中单击"边框"旁的箭头，在下拉菜单中选择所需选项。

- 若要应用新的样式或其他边框样式，可单击所需的边框样式（例如"所有框线"），如图 4.15 所示。
- 若要删除单元格边框，可单击"无边框"。
- 若要设置边框的线条颜色，可在"绘制边框"下指向"线条颜色"，然后在调色板上单击所需颜色，如图 4.16 所示。
- 若要设置边框的线型，可在"绘制边框"下指向"线型"，然后在子菜单中单击所需线型，如图 4.17 所示。

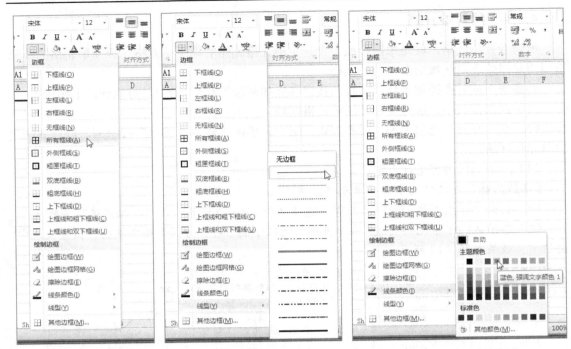

图 4.15　设置边框样式　　　图 4.16　设置边框线型　　　图 4.17　设置线条颜色

- 若要应用自定义的边框样式或斜向边框，可单击"其他边框"选项，在如图 4.18 所示的"设置单元格格式"对话框中，在"边框"选项卡中选择所需的线条样式和颜色，并在"预置"和"边框"中单击一个或多个按钮以指明边框位置。

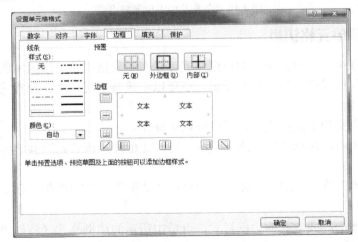

图 4.18　使用"设置单元格格式"对话框设置单元格边框

- 若要添加斜向边框按钮，可在"边框"下单击◢或◣按钮。

提示：设置单元格边框样式时，"边框"按钮显示最近使用的边框样式。通过单击"边框"按钮（不是箭头！）可以直接应用该样式。

设置单元格边框时，还应注意以下几点。

- 如果对选定的单元格应用边框，该边框还将应用于共用单元格边框的相邻单元格。例如，如果应用框线来包围区域 B1:C5，则单元格 D1:D5 将具有左边框。

● 如果对共用的单元格边框应用两种不同的边框类型，则显示最新应用的边框。

● 选定的单元格区域作为一个完整的单元格块来设置格式。如果对单元格区域 B1:C5 应用右边框，边框只显示在单元格 C1:C5 的右边。

默认情况下，在工作表上总是显示单元格网格线的。不过，也可以根据实际需要来决定是隐藏还是显示网格线。

若要隐藏或显示工作表上的单元格网格线，可执行以下操作。

（1）在工作簿中选择一个或多个工作表。

（2）在"视图"选项卡的"显示/隐藏"组中，清除或选中"网格线"复选框以隐藏或显示网格线，如图 4.19 所示。

图 4.19　隐藏网格线

如果不使用单元格边框，但又希望打印的页面上出现工作表网格线边框，可以使打印的工作表和工作簿的单元格周围显示网格线，设置方法如下。

（1）在工作簿中选择要打印的一个或多个工作表。

（2）在"页面布局"选项卡的"工作表选项"组中，选中"网格线"下的"打印"复选框，如图 4.20 所示。

图 4.20　打印网格线

（3）若要打印工作表，可单击"文件"，然后单击"打印"，或者按 Ctrl+P 组合键。

【实战演练】在工作表中设置单元格边框样式。

（1）在 Excel 2010 中打开"学生成绩.xlsx"工作簿。

（2）选择"计 1501 班计算机应用基础成绩"工作表。

（3）选择单元格区域 A3:F15，在"开始"选项卡的"字体"组中，单击"边框" 旁的箭头，然后单击"所有边框"。

（4）在"开始"选项卡的"字体"组中，单击"边框" 旁的箭头，然后单击"粗匣框线"。

（5）在"视图"选项卡的"显示/隐藏"组中，清除"网格线"复选框以隐藏工作表中的网格线。

设置边框后的工作表效果如图 4.21 所示。

2015-2016学年第1学期计1501班计算机应用基础成绩					
平时成绩比例：	40%	期末成绩比例：	60%	考试日期：	2015年12月10日
学号	姓名	性别	平时成绩	期末成绩	总评成绩
150001	李国杰	男	82	76	
150002	张绍敏	男	90	86	
150003	李丽娟	女	86	88	
150004	贺喜乐	男	89	82	
150005	何晓明	女	88	82	
150006	刘亚涛	男	71	68	
150007	张志伟	男	80	82	
150008	刘爱梅	女	96	92	
150009	苏建伟	男	93	96	
150010	蒋东昌	男	69	72	

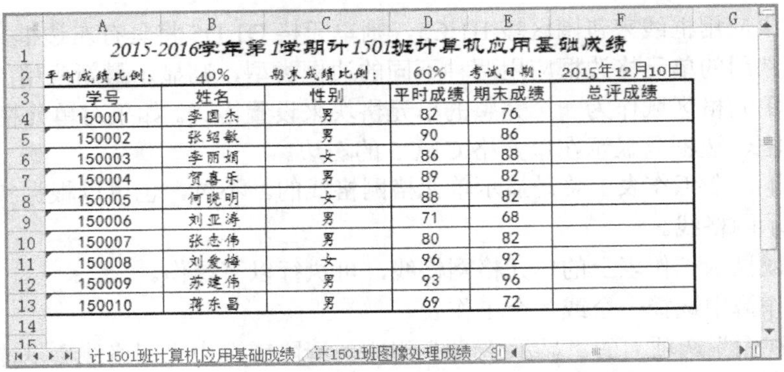

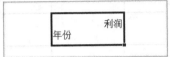

图 4.21　设置单元格边框样式示例（隐藏网格线）

【实战演练】 在单元格中插入斜线。

（1）创建一个新的空白工作簿，并将其保存为“斜向边框.xlsx”。

（2）在一个空白单元格中输入几个空格，输入文字作为第 1 个标题。

（3）按 Alt+Enter 组合键换行，输入第 2 个标题，单元格内容如图 4.22 所示。

图 4.22　在单元格中输入标题

（4）在工作表中，选择上述包含标题的单元格。

（5）在“开始”选项卡的“字体”组中单击“边框”旁的箭头，然后单击“其他边框”。

（6）在“设置单元格格式”对话框中，选择“边框”选项卡，单击“边框”中的下斜向边框按钮，如图 4.23 所示。

（7）单击“确定”按钮。

此时，将在单元格内添加一个斜线边框，如图 4.24 所示。

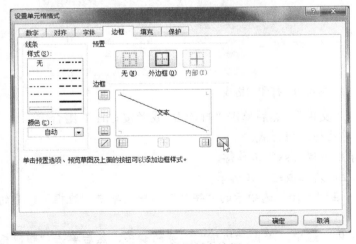

图 4.23　设置斜向边框

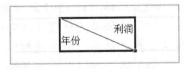

图 4.24　在单元格中添加斜线

4.1.6　设置单元格底纹

在 Excel 2010 中，可以通过使用纯色或特定图案填充单元格来为单元格添加底纹。当不再需要单元格底纹时，还可以将其删除。

若要用纯色填充单元格，可执行以下操作。

（1）在工作表中，选择要应用或删除底纹的单元格或单元格区域。

（2）在"开始"选项卡的"字体"组中，执行下列操作之一。

● 若要用纯色填充单元格，可在"字体"组中单击"填充颜色" 旁的箭头，在调色板
上单击所需的颜色，如图 4.25。

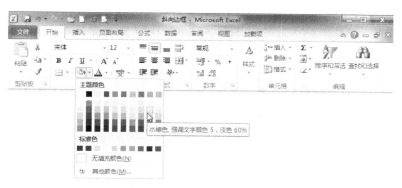

图 4.25　用纯色填充单元格

● 若要应用最近选择的颜色，可直接单击"填充颜色" 。

若要用图案填充单元格，可执行以下操作。

（1）在工作表中，选择要用图案填充的单元格或单元格区域。

（2）在"开始"选项卡的"字体"组中，单击"字体"旁边的"对话框启动器"按钮 。

（3）当出现"设置单元格格式"对话框时，单击"填充"选项卡，在"背景色"下单击
要使用的背景色，如图 4.26 所示。

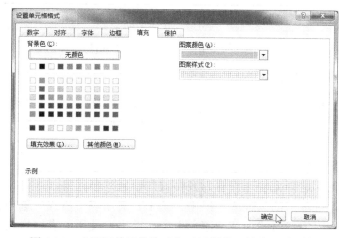

图 4.26　"设置单元格格式"对话框的"填充"选项卡

（4）执行下列操作之一。

● 若要使用包含两种颜色的图案，可在"图案颜色"框中单击另一种颜色，在"图案样
式"框中选择图案样式。

● 若要使用具有特殊效果的图案，可单击"填充效果"，在"填充效果"对话框中的设
置颜色和底纹样式，如图 4.27 所示。

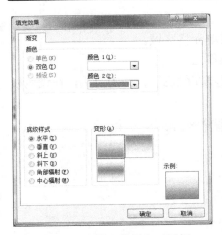

图 4.27　"填充效果"对话框

若要删除单元格底纹,可执行以下操作。

(1) 选择含有填充颜色或填充图案的单元格。

(2) 在"开始"选项卡的"字体"组中,单击"填充颜色" 旁的箭头,然后单击"无填充"选项。

【实战演练】设置标题单元格底纹样式。

(1) 打开"学生成绩.xlsx"工作簿。

(2) 选择"计 1501 班计算机应用基础成绩"工作表。

(3) 选择 A3:F3 单元格区域。

(4) 在"开始"选项的"字体"组中,单击"填充颜色" 旁的箭头,然后在调色板上单击"橄榄色 强调文字颜色 3 淡色 60%"。

设置效果如图 4.28 所示。

	学号	姓名	性别	平时成绩	期末成绩	总评成绩
	150001	李国杰	男	82	76	
	150002	张绍敏	男	90	86	
	150003	李丽娟	女	86	88	
	150004	贺喜乐	男	89	82	
	150005	何晓明	女	88	82	
	150006	刘亚涛	男	71	68	
	150007	张志伟	男	80	82	
	150008	刘爱梅	女	96	92	
	150009	苏建伟	男	93	96	
	150010	蒋东昌	男	69	72	

2015-2016学年第1学期计1501班计算机应用基础成绩

平时成绩比例: 40%　期末成绩比例: 60%　考试日期: 2015年12月10日

计1501班计算机应用基础成绩　计1501班图像处理成绩

图 4.28　用纯色填充单元格示例

4.1.7　套用表格格式

为便于管理和分析相关数据组,可以将单元格区域转换为 Excel 表格。Excel 2010 提供了许多预定义的表格样式,使用这些样式可快速套用表格格式。表格通常在一系列已套用表格格式的工作表行和列中包含相关数据。

若要在创建表格时选择表格格式,可执行以下操作。

(1) 在工作表上,选择要快速设置为表格式的一系列单元格。

(2) 在"开始"选项卡的"样式"组中,单击"套用表格格式"选项。

(3) 在"浅色"、"中等深浅"或"深色"中,单击要使用的表格格式,如图 4.29 所示。

(4) 在如图 4.30 所示的"套用表格式"对话框中,确认表数据的来源,单击"确定"按钮。

此时,Excel 将会自动插入一个表格。

如果不想在表格中处理数据,则可以将表格转换为普通区域,同时保留所应用的表格格式设置。为此,可以用鼠标右键单击要转换的表格,选择"表格"命令组,单击"转换为区域"命令,如图 4.31 所示。

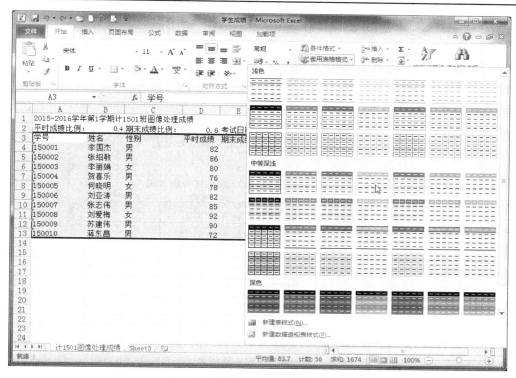

图 4.29　选择要应用的表格格式

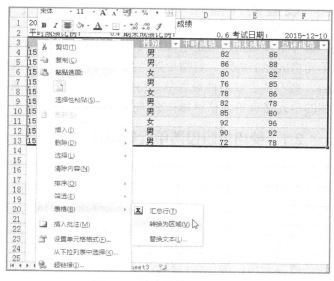

图 4.30　"套用表格式"对话框

图 4.31　将表格转换为普通区域

（5）在如图 4.32 所示的对话框中，单击"是"按钮，确认将表格转换为普通区域。

【实战演练】套用表格格式。

（1）打开"学生成绩.xlsx"工作簿。

（2）选择"计 1501 班图像处理成绩"工作表。

图 4.32　确认将表转换为普通区域

（3）对此工作表第 1 行和第 2 行的单元格格式进行设置。

（4）选择 A3:F13 单元格区域。

（5）对选定的单元格区域套用一种表格格式，此时会将在插入一个表格。

（6）将表格转换为普通区域，同时保留所应用的表格格式设置。

设置结果如图 4.33 所示。

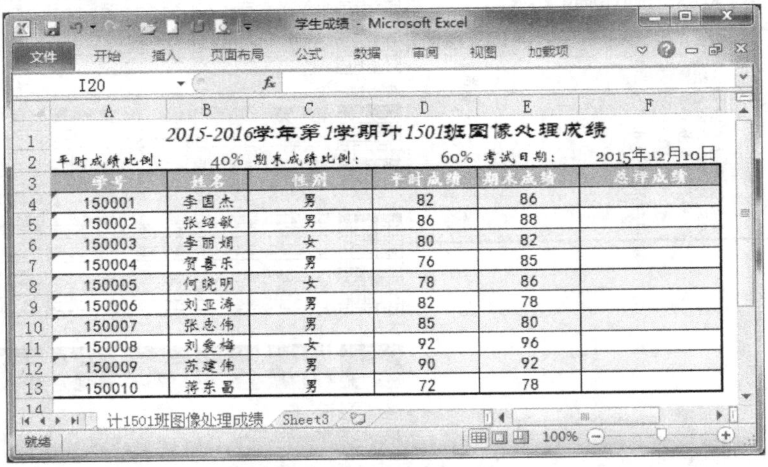

图 4.33　套用表格格式

4.2　设置条件格式

条件格式是指当指定条件为真时 Excel 自动应用于单元格的格式。条件格式基于条件更改单元格区域的外观。若指定条件为 True，则基于该条件设置单元格区域的格式；若条件为 False，则不基于该条件设置单元格区域的格式。使用条件格式可达到以下效果：突出显示所关注的单元格或单元格区域；强调异常值；使用数据条、色阶和图标集来直观地显示数据。

4.2.1　使用色阶设置单元格格式

色阶作为一种直观的指示，可以帮助用户了解数据分布和数据变化。色阶刻度使用两种或三种颜色的渐变来帮助用户比较单元格区域。颜色的深浅表示值的高低。例如，在绿色、黄色和红色的三色刻度中，可以指定较高值单元格的颜色为绿色，中间值单元格的颜色为黄色，而较低值单元格的颜色为红色。

若要使用色阶快速设置单元格的格式，可以执行以下操作。

（1）在工作表中，选择一个单元格区域。

（2）在"开始"选项卡的"样式"组中单击"条件格式"命令，单击"色阶"选项，然后将鼠标指针悬停在色阶图标上，以预览设置效果，如图 4.34 所示。

图 4.34　用色阶设置条件格式

（3）单击所需的双色或三色刻度。此时，条件格式将应用于选定的单元格区域。

提示：若要清除条件格式，可选择应用此格式的区域，然后在“开始”选项卡的“样式”组中单击“条件格式”，单击“清除规则”，再单击“清除所选单元格区域的规则”或“清除整个工作表的规则”。

【实战演练】使用色阶设置单元格格式。

（1）打开“学生成绩.xlsx”工作簿，选择“计 1501 班计算机应用基础成绩”工作表。

（2）使用三色刻度色阶设置“平时成绩”和“期末成绩”列的格式，效果如图 4.35 所示。

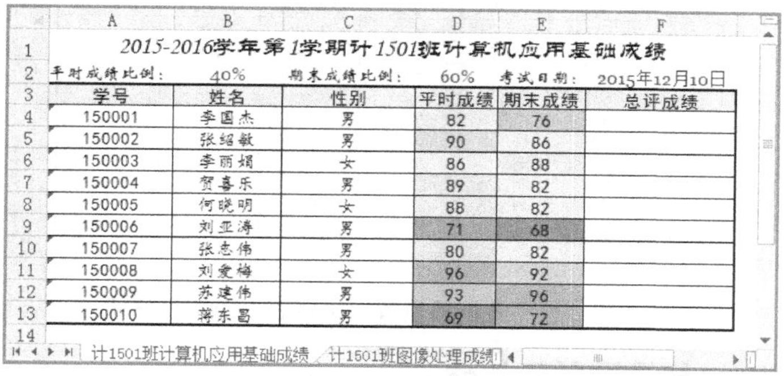

学号	姓名	性别	平时成绩	期末成绩	总评成绩
150001	李国杰	男	82	76	
150002	张绍敏	男	90	86	
150003	李丽娟	女	86	88	
150004	贺喜乐	男	89	82	
150005	何晓明	女	88	82	
150006	刘亚涛	男	71	68	
150007	张志伟	男	80	82	
150008	刘爱梅	女	96	92	
150009	苏建伟	男	93	96	
150010	蒋东昌	男	69	72	

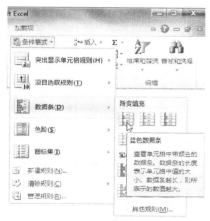

图 4.35　使用色阶设置单元格格式的效果

4.2.2　使用数据条设置单元格格式

数据条可以帮助用户查看某个单元格相对于其他单元格的值。数据条的长度代表单元格中的值。数据条越长，表示值越高，数据条越短，表示值越低。在观察大量数据中的较高值和较低值时，数据条尤其有用。

若要使用数据条快速设置单元格的格式，可执行以下操作。

（1）在工作表中，选择一个单元格区域。

（2）在“开始”选项卡的“样式”组中单击“条件格式”命令，在下拉菜单中单击“数据条”选项，然后将鼠标指针悬停在色阶图标上，以预览设置效果，如图 4.36 所示。

（3）选择所需的数据条图标。此时，条件格式将应用于选定的单元格区域，设置效果如图 4.37 所示。

图 4.36　用数据条设置条件格式

学号	姓名	性别	平时成绩	期末成绩	总评成绩
150001	李国杰	男	82	86	
150002	张绍敏	男	86	88	
150003	李丽娟	女	80	82	
150004	贺喜乐	男	76	85	
150005	何晓明	女	78	86	
150006	刘亚涛	男	82	78	
150007	张志伟	男	85	80	
150008	刘爱梅	女	92	96	
150009	苏建伟	男	90	92	
150010	蒋东昌	男	72	78	

图 4.37　用数据条设置单元格格式的效果

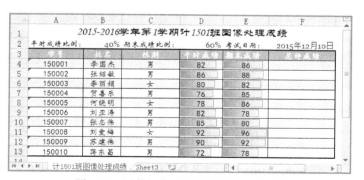

【**实战演练**】使用数据条设置单元格格式。

（1）打开"工资表.xlsx"工作簿。

（2）选择"工资表"工作表。

（3）选择区域 D4:F13，使用数据条设置该区域的格式。

设置效果如图 4.38 所示。

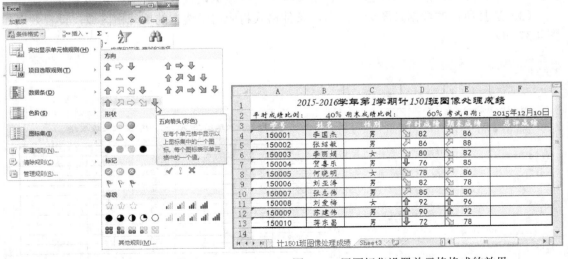

	A	B	C	D	E	F	G
1				工资表			
2							2016年3月3日
3	职工编号	姓名	职务	基本工资	绩效工资	所得税	实发工资
4	1001	汪江涛	项目经理	5000	3000	825	
5	1002	梁志宏	业务主管	4500	2500	625	
6	1003	李国华	程序员	3000	2000	325	
7	1004	苏海军	程序员	3000	2000	325	
8	1005	张海洋	程序员	3000	2000	325	
9	1006	李慧芳	程序员	3000	2000	325	
10	1007	陈伟强	测试员	2500	1500	175	
11	1008	娄嘉仪	测试员	2500	1500	175	
12	1009	杨万里	测试员	2500	1500	175	
13	1010	徐红霞	测试员	2500	1500	175	

图 4.38　使用数据条设置"工资表"单元格格式

4.2.3　使用图标集设置单元格格式

使用图标集可以对数据进行注释，并可以按阈值将数据分为 3 到 5 个类别。每个图标代表一个值的范围。例如，在三向箭头图标集中，绿色的上箭头代表较高值，黄色的横向箭头代表中间值，红色的下箭头代表较低值。

若要使用图标集快速设置单元格格式，可执行以下操作。

（1）在工作表中，选择一个单元格区域。

（2）在"开始"选项卡的"样式"组中单击"条件格式"命令，单击"图标集"选项，将鼠标指针悬停在图标集上，以预览设置效果，如图 4.39 所示。

（3）选择所需的图标集。此时条件格式将应用于选定的单元格区域，效果如图 4.40 所示。

图 4.39　用图标集设置条件格式　　　　　图 4.40　用图标集设置单元格格式的效果

4.2.4　突出显示单元格

为了方便地查找单元格区域中的特定单元格，可以基于比较运算符设置这些特定单元格的格式，具体操作步骤如下。

（1）在工作表中，选择一个单元格区域。

（2）在“开始”选项卡的“样式”组中单击“条件格式”命令，然后在下一级子菜单中选择“突出显示单元格规则”选项。

（3）从子菜单中选择所需的命令，例如“大于”、“小于”或“介于”等，如图 4.41 所示。

（4）在随后出现的对话框中，输入要使用的值并选择所需的格式，单击“确定”按钮，如图 4.42 所示。

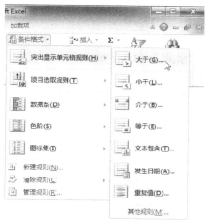

图 4.41　突出显示单元格规则

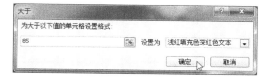

图 4.42　输入值并选择格式

（5）单击“确定”按钮。此时，不同的图标出现在相应的单元格中。

【实战演练】突出显示成绩高于 85 的单元格。

（1）打开“学生成绩.xlsx”工作簿。

（2）选择“计 1501 班图像处理成绩”工作表。

（3）选择单元格区域 D4:E13。

（4）设置单元格的格式，突出显示成绩高于 85 的单元格。

设置效果如图 4.43 所示。

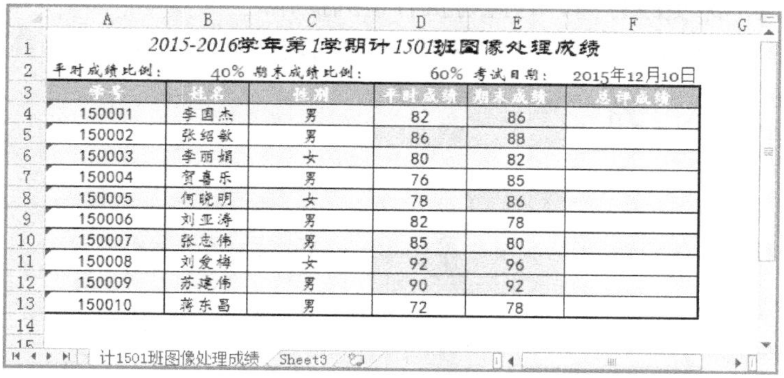

2015-2016学年第1学期计1501班图像处理成绩

平时成绩比例: 40%　期末成绩比例: 60%　考试日期: 2015年12月10日

学号	姓名	性别	平时成绩	期末成绩	总评成绩
150001	李国杰	男	82	86	
150002	张绍敏	男	86	88	
150003	李丽娟	女	80	82	
150004	贺喜乐	男	76	85	
150005	何晓明	女	78	86	
150006	刘亚涛	男	82	78	
150007	张志伟	男	85	80	
150008	刘爱梅	女	92	96	
150009	苏建伟	男	90	92	
150010	蒋东昌	男	72	78	

计1501班图像处理成绩　Sheet3

图 4.43　突出显示成绩高于 85 的单元格

4.3 调整行高与列宽

　　新建工作簿时，工作表中每行的高度都相同，每列的宽度也都相同。当在单元格中输入内容时，行的高度通常会随着显示字号的变化而自动调整，但也可以根据需要来调整行高。如果输入的单元内容过长，则会有部分内容不能显示出来，在这种情况下就应该对列宽进行调整，以便显示出所有内容。

4.3.1 调整行高

　　在工作表中，可以将行高指定为 0 到 409。此值以磅（1 磅约等于 0.035 厘米）表示高度测量值。默认行高为 12.75 磅（约 0.4 厘米）。如果某行的行高为 0，则该行会被隐藏。

　　若要将行设置为指定高度，可执行以下操作。

　　（1）在工作表中，选择要更改高度的行。

　　（2）在"开始"选项卡的"单元格"组中，单击"格式"命令。

　　（3）在"单元格大小"中单击"行高"命令，如图 4.44 所示。

　　（4）在"行高"对话框中，输入所需的值，如图 4.45 所示。

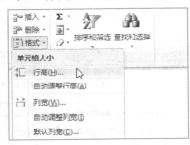

图 4.44　选择"行高"命令

图 4.45　指定"行高"值

　　若要更改行高以适合内容，可执行以下操作。

　　（1）在工作表中，选择要更改的行。

　　（2）在"开始"选项卡的"单元格"组中，单击"格式"命令。

　　（3）在"单元格大小"中单击"自动调整行高"命令，如图 4.46 所示。

　　提示：若要快速自动调整工作表中的所有行，可单击"全选"按钮，然后双击行标题之一下面的边界。

　　也可以使用鼠标来更改行高，为此可执行下列操作之一。

　　● 若要更改某一行的行高，可拖动行标题下面的边界直到达到所需行高，如图 4.47 所示。

图 4.46　"自动调整行高"命令

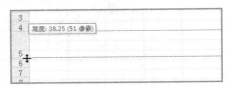

图 4.47　用鼠标拖动调整行高

- 若要更改多行的行高，可选择要更改的行，然后拖动所选行标题之一下面的边界。
- 若要更改工作表中所有行的行高，可单击"全选"按钮，然后拖动任意行标题下面的边界，如图 4.48 所示。

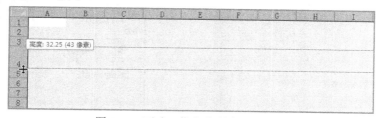

图 4.48　更改工作表中所有行的行高

- 若要更改行高以适合内容，可双击行标题下面的边界。

4.3.2　调整列宽

在工作表中，可以将列宽指定为 0 到 255。此值表示可在用标准字体进行格式设置的单元格中显示的字符数。默认列宽是 8.43 个字符。如果某列的列宽为 0，该列将被隐藏。

若要将列设置为特定宽度，可执行以下操作。

（1）在工作表中，选择要更改的列。

（2）在"开始"选项卡的"单元格"组中，单击"格式"命令。

（3）在"单元格大小"中单击"列宽"命令，如图 4.49 所示。

（4）在"列宽"对话框中输入所需的值，如图 4.50 所示。

图 4.49　选择"列宽"命令

图 4.50　指定"列宽"值

若要更改列宽以自动适合内容（即自动调整），可执行以下操作。

（1）在工作表中，选择要更改的列。

（2）在"开始"选项卡的"单元格"组中，单击"格式"命令。

（3）在"单元格大小"中单击"自动调整列宽"命令，如图 4.51 所示。

提示： 若要快速自动调整工作表中的所有列，可单击"全选"按钮，然后双击两个列标题之间的任意边界。

若要将列宽与另一列匹配，可执行以下操作。

（1）在具有所需列宽的列中选择一个单元格。

（2）在"开始"选项卡的"剪贴板"组中，单击"复制"命令，然后选择目标列。

（3）在"开始"选项卡的"剪贴板"组中，单击"粘贴"旁的箭头，然后单击"选择性粘贴"命令。

（4）在如图 4.52 所示的"选择性粘贴"对话框中，在"粘贴"中选择"列宽"选项。

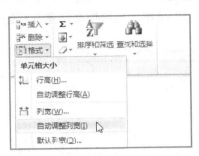

图 4.51　"自动调整列宽"命令

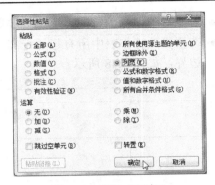

图 4.52　粘贴"列宽"

也可以使用鼠标更改列宽，为此可执行下列操作之一。

- 若要更改某一列的宽度，可以拖动列标题的右侧边界，直到达到所需列宽，如图 4.53 所示。
- 若要更改多列的宽度，可选择要更改的列，然后拖动所选列标题的右侧边界。
- 若要更改列宽以适合内容，可选择要更改的列，然后双击所选列标题的右侧边界。
- 若要更改工作表中所有列的宽度，可单击"全选"按钮，然后拖动任意列标题的边界，如图 4.54 所示。

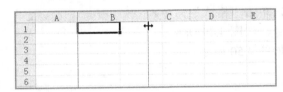

图 4.53　用鼠标调整列宽

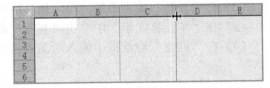

图 4.54　调整工作表中所有列的宽度

若要更改工作表或工作簿中所有列的默认宽度，可执行以下操作。

（1）执行下列操作之一。

- 若要更改工作表的默认列宽，可单击其工作表标签。
- 若要更改整个工作簿的默认列宽，请右键单击工作表标签，单击快捷菜单上的"选定全部工作表"命令。

（2）在"开始"选项卡的"单元格"组中，单击"格式"命令。

（3）在"单元格大小"中单击"默认宽度"命令，如图 4.55 所示。

（4）在"默认列宽"对话框中输入新的度量值，然后单击"确定"按钮，如图 4.56 所示。

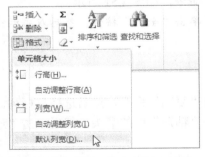

图 4.55　单击"默认列宽"命令

图 4.56　输入"标准列宽"值

4.3.3　隐藏行或列

在 Excel 2010 中，可以使用"隐藏"命令隐藏行或列，也可以通过将行高或列宽更改为 0 来隐藏行或列。对于已隐藏的行或列，可以使用"取消隐藏"命令使其再次显示。

若要隐藏行或列，可执行以下操作。

（1）在工作表中，选择要隐藏的行或列。

（2）在"开始"选项卡上的"单元格"组中，单击"格式"命令。

（3）执行下列操作之一。

- 在"可见性"组中，指向"隐藏和取消隐藏"命令组，然后单击"隐藏行"或"隐藏列"命令，如图 4.57 所示。
- 在"单元格大小"组中，单击"行高"或"列宽"命令，然后在"行高"或"列宽"框中输入 0。

提示：也可以右键单击一行或一列（或者选择多行或多列），在弹出的快捷菜单中单击"隐藏"命令。此外，还可以使用组合键来隐藏行或列，"隐藏行"命令的组合键是 Ctrl+9，"隐藏列"命令的组合键是 Ctrl+0。

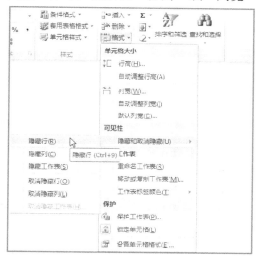

图 4.57　单击"隐藏列"命令

若要显示隐藏的行或列，可执行以下操作。

（1）执行下列操作之一。

- 要显示隐藏的行，可选择要显示的行的上一行和下一行。
- 要显示隐藏的列，可选择要显示的列两边的相邻列。
- 要显示工作表中第一个隐藏的行或列，可在编辑栏旁的"名称框"中输入"A1"来选择它。

提示：也可以使用"定位"对话框来选择它。在"开始"选项卡的"编辑"组中，单击"查找和选择"命令，然后单击"定位"命令；在"引用"框中，输入"A1"，再单击"确定"按钮。

（2）在"开始"选项卡的"单元格"组中，单击"格式"命令。

（3）执行下列操作之一。

- 在"可见性"组中，指向"隐藏和取消隐藏"命令组，然后单击"取消隐藏行"或"取消隐藏列"命令。
- 在"单元格大小"组中，单击"行高"或"列宽"命令，然后在"行高"或"列宽"中输入所需的值。

4.3.4　冻结行或列

在文档窗口中，通过以垂直或水平条为界限可以拆分出窗格，并由此与其他部分分隔开。通过冻结窗格可以锁定一个区域中的选定行或列，在工作表中滚动时这些行或列仍然可见。例如，当一个工作表中包含数据比较多时，可以通过冻结窗格使行标签和列标签在工作表滚动时保持可见。

若要冻结行或列，可执行以下操作。

（1）在工作表中，执行下列操作之一。

● 若要锁定行，可选择其下方要出现拆分的行。

● 若要锁定列，可选择其右侧要出现拆分的列。

● 若要同时锁定行和列，可单击其下方和右侧要出现拆分的单元格。

（2）在"视图"选项卡的"窗口"组中单击"冻结窗格"命令，然后单击所需的选项，如图 4.58 所示。

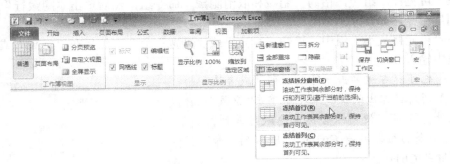

图 4.58　选择"冻结首行"命令

● 若要在滚动时保持选定的行和列可见，可单击"冻结拆分窗格"命令。

● 若要滚动时保持首行可见，可单击"冻结首行"命令。

● 若要滚动时保持首列可见，可单击"冻结首列"命令。

如此设置以后，如果使用滚动条来查看工作表，则锁定的行或列将始终保持可见，如图 4.59 所示。

	A	B	C	D	E	F	G
1	产品	客户	第 1 季度	第 2 季度	第 3 季度	第 4 季度	合计
8	蒙古大草原绿色羊肉	HUNGC	¥ 62.40	¥ —	¥ —	¥ —	62.4
9	蒙古大草原绿色羊肉	PICCO	¥ —	¥ 1,560.00	¥ 936.00	¥ —	2496
10	蒙古大草原绿色羊肉	RATTC	¥ —	¥ 592.80	¥ —	¥ —	592.8
11	蒙古大草原绿色羊肉	REGGC	¥ —	¥ —	¥ —	¥ 741.00	741
12	蒙古大草原绿色羊肉	SAVEA	¥ —	¥ —	¥ 3,900.00	¥ 789.75	4689.75
13	蒙古大草原绿色羊肉	SEVES	¥ —	¥ 877.50	¥ —	¥ —	877.5
14	蒙古大草原绿色羊肉	WHITC	¥ —	¥ —	¥ —	¥ 780.00	780
15	大茴香籽调味汁	ALFKI	¥ —	¥ —	¥ —	¥ 60.00	60
16	大茴香籽调味汁	BOTTM	¥ —	¥ —	¥ —	¥ 200.00	200
17	大茴香籽调味汁	ERNSH	¥ —	¥ —	¥ —	¥ 180.00	180
18	大茴香籽调味汁	LINOD	¥ 544.00	¥ —	¥ —	¥ —	544
19	大茴香籽调味汁	QUICK	¥ —	¥ 600.00	¥ —	¥ —	600
20	大茴香籽调味汁	VAFFE	¥ —	¥ —	¥ 140.00	¥ —	140
21	上海大闸蟹	ANTON	¥ —	¥ 165.60	¥ —	¥ —	165.6
22	上海大闸蟹	BERGS	¥ —	¥ 920.00	¥ —	¥ —	920
23	上海大闸蟹	BONAP	¥ —	¥ 248.40	¥ 524.40	¥ —	772.8
24	上海大闸蟹	BOTTM	¥ 551.25	¥ —	¥ —	¥ —	551.25
25	上海大闸蟹	BSBEV	¥ 147.00	¥ —	¥ —	¥ —	147
26	上海大闸蟹	FRANS	¥ —	¥ —	¥ —	¥ 18.40	18.4

图 4.59　列标签在工作表滚动时保持可见（冻结首行）

4.4　使用单元格样式

单元格样式是指一组已定义的格式特征，例如字体和字号、数字格式、单元格边框和单元格底纹等。若要在一个步骤中应用几种格式并确保各个单元格格式一致，可以使用单元格样式。若要防止任何人对特定单元格进行更改，还可以锁定单元格的单元格样式。

4.4.1　应用单元格样式

Excel 2010 提供了一些预定义的内置单元格样式，可以用来快速设置单元格格式，具体操作步骤如下。

（1）在工作表中，选择要设置格式的单元格。

（2）在"开始"选项卡的"样式"组中，单击"单元格样式"选项。

（3）单击要应用的单元格样式，如图 4.60 所示。

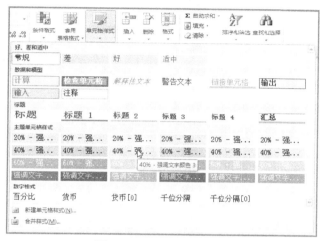

图 4.60　应用单元格样式

4.4.2　新建单元格样式

如果内置单元格样式不能满足需要，还可以创建自定义单元格样式，或者通过修改或复制单元格样式来创建自己的自定义单元格样式。

若要创建自定义单元格样式，可执行以下操作。

（1）在"开始"选项卡的"样式"组中，单击"单元格样式"选项，然后单击"新建单元格样式"选项，如图 4.61 所示。

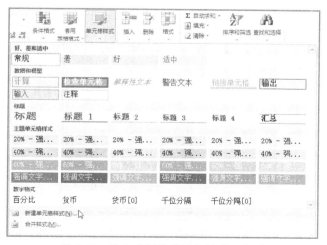

图 4.61　单击"新建单元格样式"选项

（2）在如图 4.62 所示的"样式"对话框中，在"样式名"框中为新单元格样式输入适当的名称，然后单击"格式"按钮。

（3）在如图 4.63 所示的"设置单元格格式"对话框中，在各个选项卡上选择所需的格式，然后单击"确定"按钮。

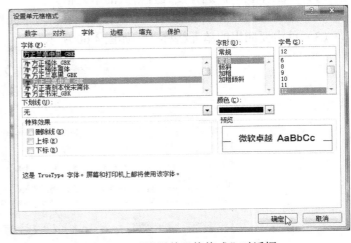

图 4.62　"样式"对话框　　　　　图 4.63　"设置单元格格式"对话框

（4）在"样式"对话框的"包括样式（例子）"中，清除不希望包含在单元格样式中的格式所对应的复选框。

（5）单击"确定"按钮。

此时，若在"开始"选项卡的"样式"组中单击"单元格样式"选项，则会在"自定义"中看到所创建的自定义单元格样式，如图 4.64 所示。单击该样式，即可将其应用已选定的单元格或单元格区域。

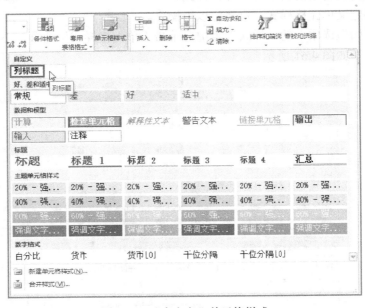

图 4.64　"自定义"单元格样式

也可以通过修改现有的单元格样式来创建单元格样式，具体操作步骤如下。

（1）在"开始"选项卡的"样式"组中，单击"单元格样式"选项。

（2）执行下列操作之一。

● 若要修改现有的单元格样式，可以用右键单击该单元格样式，在快捷菜单中单击"修改"命令，如图 4.65 所示。

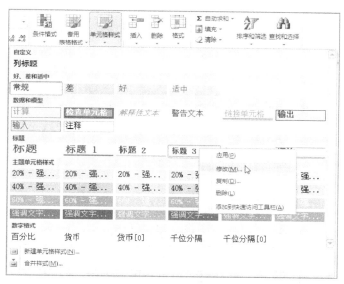

图 4.65　修改现有的单元格样式

● 若要创建现有的单元格样式的副本，可用右键单击该单元格样式，在快捷菜单中单击"复制"命令。

（3）在"样式"对话框的"样式名"框中，为新单元格样式输入适当的名称。

注意：复制的单元格样式和重命名的单元格样式将会添加到自定义单元格样式的列表中。如果不重命名内置单元格样式，该内置单元格样式将随着所做的更改而更新。

（4）若要修改单元格样式，可在"样式"对话框中单击"格式"按钮。

（5）在"设置单元格格式"对话框中的各个选项卡上选择所需的格式，然后单击"确定"按钮。

（6）在"样式"对话框中的"包括样式（例子）"中，选中要包括在单元格样式中的格式所对应的复选框，或者清除与不想包括在单元格样式中的格式所对应的复选框，然后单击"确定"按钮。

4.4.3　删除单元格样式

删除单元格样式分为两种情况，即从数据中删除单元格格式和删除单元格格式本身。

从数据删除单元格样式时，将从选定单元格中的数据删除单元格格式，但不会删除单元格样式本身。

若要从数据中删除单元格样式，可执行以下操作。

（1）在工作表中，选择已应用要删除样式的单元格。

（2）在"开始"选项卡的"样式"组中，单击"单元格样式"选项。

（3）在"好、差和适中"中单击"常规"选项，如图 4.66 所示。

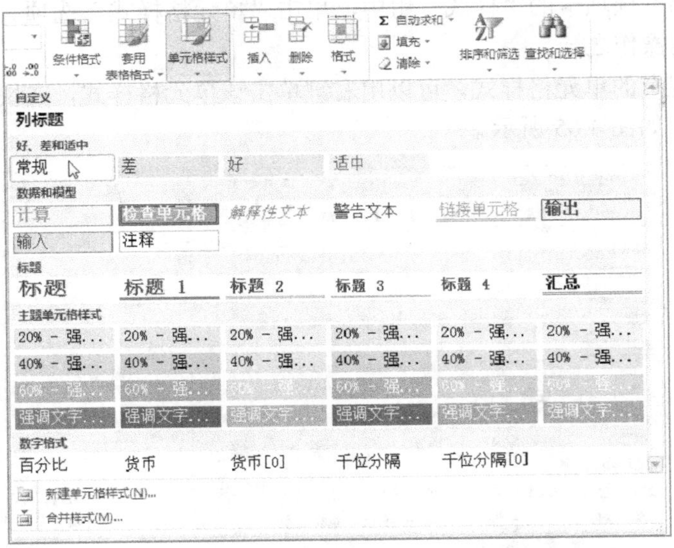

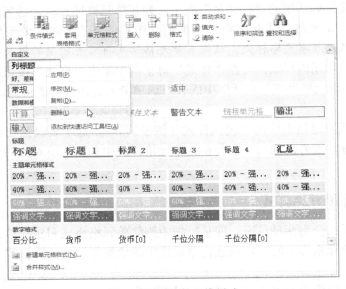

图 4.66　从数据中删除单元格样式

在 Excel 2010 中，可以删除预定义或自定义单元格样式以将其从可用单元格样式列表中删除。当删除某个单元格样式时，该单元格样式也会从应用该样式的所有单元格删除。

若要删除预定义或自定义单元格样式，可执行以下操作。

（1）在"开始"选项卡的"样式"组中，单击"单元格样式"选项。

（2）若要删除预定义或自定义单元格样式并从应用该样式的所有单元格删除它，可右键单击该单元格样式，在快捷菜单中单击"删除"命令，如图 4.67 所示。

图 4.67　删除单元格样式

注意：不能删除"常规"单元格样式。

【**实战演练**】创建和删除自定义单元格样式。

（1）打开"学生成绩.xlsx"工作簿。

（2）选择"计 1501 班计算机应用基础成绩"工作表。

（3）在工作表中选择 A1 单元格，然后对其应用"标题 1"单元格样式。

（4）创建一个自定义单元格样式并命名为"列标题"，对其字体、字号和填充格式进行设置，然后将该样式应用于 A3:F3 单元格区域。

（5）删除自定义单元格样式"列标题"。

4.5　美化工作表

为了提高工作表的阅读性，还可以在工作表中插入图片、剪贴画、自选图形、SmartArt 图形以及艺术字等，以美化工作表，使其更加生动形象。

4.5.1　插入图片

在 Excel 2010 中，可以将来自文件的图片插入到工作表中，操作步骤如下。

（1）在工作表中，单击要插入图片的位置。

（2）单击"插入"选项卡，在"插图"组中单击"图片"选项，如图 4.68 所示。

图 4.68　选择"图片"选项

（3）在"插入图片"对话框中，找到要插入的图片并双击它，如图 4.69 所示。

图 4.69　"插入图片"对话框

（4）要添加多张图片，可在按住 Ctrl 键同时单击要插入的图片，然后单击"插入"按钮。

注意：从文件插入的图片将嵌入到工作簿中。也可以通过链接到图片来减小文件的大小，为此可在"插入图片"对话框中单击要插入的图片，单击"插入"旁的箭头，然后单击"链接到文件"命令，如图 4.70 所示。

图 4.70　连接到图片文件

默认情况下，插入的图片将以原始大小悬浮于数据上方。图片插入工作表后，将自动打开"图片工具"的"格式"选项卡，该选项卡包含"调整"、"图片样式"、"排列"以及"大小" 4 个组，如图 4.71 所示。根据实际需要，可以利用该选项卡中提供的各种工具对插入的图片进行设置。

图 4.71　"图片工具"的"格式"选项卡

【实战演练】在工作表中插入图片。

（1）创建一个新的空白工作簿。

（2）在工作表 Sheet1 中插入两个图片并对图片样式进行设置，效果如图 4.72 所示。

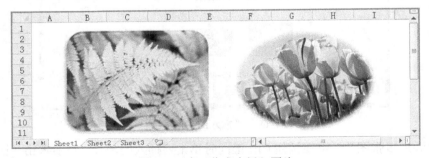

图 4.72　在工作表中插入图片

4.5.2　插入剪贴画

剪贴画是一张现成的图片，它经常以位置或绘图图形的组合的形式出现。在 Excel 2010 中，通过在工作表中插入剪贴画可以展示特定的概念。

若要插入剪贴画，可执行以下操作。

（1）在工作表中，单击要插入剪贴画的位置。

（2）在"插入"选项卡的"插图"组中，单击"剪贴画"选项，如图 4.73 所示。

图 4.73　选择"剪贴画"选项

（3）在如图 4.74 所示的"剪贴画"任务窗格中，输入搜索文字，然后单击"搜索"按钮。

图 4.74　在"剪贴画"任务窗格中进行搜索

（4）在搜索结果列表中单击所需的剪贴画，将其插入工作表中。

（5）根据需要，对插入的剪贴画进行设置。

【实战演练】在工作表中插入剪贴画。

（1）创建一个新的空白工作簿。

（2）在工作表 Sheet1 中插入 3 张剪贴画，效果如图 4.75 所示。

图 4.75　在工作表中插入剪贴画

4.5.3　插入自选图形

在 Excel 2010 中，可向工作表添加各种各样的自选图形，也可以合并多个图形以生成一个绘图或一个更为复杂的形状。可用的图形包括线条、基本几何形状、箭头、公式形状、流程图形状、星、旗帜和标注。添加一个或多个形状后，根据需要还可以在其中添加文字。

若要向工作表添加一个自选图形，可执行以下操作。

（1）在"插入"选项卡的"插图"组中单击"形状"选项，然后单击所需的形状，如图 4.76 所示。

（2）在工作表中单击任意位置，接着拖动以放置形状。若要创建规范的正方形或圆形或限制其他形状的尺寸，可在拖动的同时按住 Shift 键。

若要向工作表添加多个自选图形，可执行以下操作。

（1）在"插入"选项卡的"插图"组中，单击"形状"选项。

（2）用右键单击要添加的形状，在快捷菜单中单击"锁定绘图模式"命令，如图 4.77 所示。

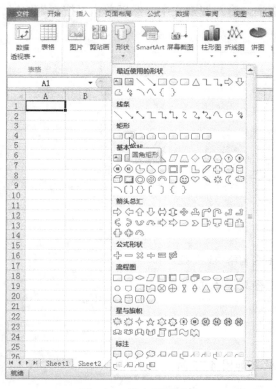

图 4.76　单击所需形状

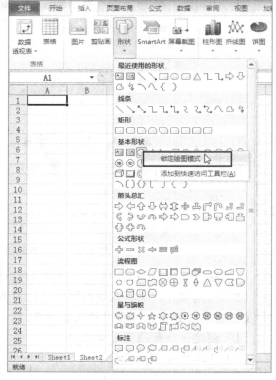

图 4.77　锁定绘图模式

（3）单击文档中的任意位置，然后拖动以放置形状。若要创建规范的正方形或圆形或限制其他形状的尺寸，可在拖动的同时按住 Shift 键。

（4）对要添加的每个形状，重复步骤（3）中的操作。

（5）添加所需的所有形状后，按 Esc 键。

自选图形添加到工作表后，将自动出现"绘图工具"的"格式"选项卡，利用此选项卡可对图形的样式、填充、轮廓和效果进行设置，如图 4.78 所示。

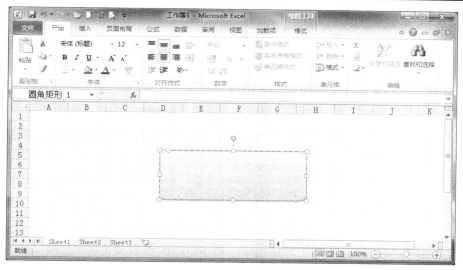

图 4.78　在工作表中插入圆角矩形

　　若要向自选图形中添加文字，可单击要向其添加文字的形状，然后输入文字，如图 4.79 所示。所添加的文字将成为形状的一部分，如果旋转或翻转形状，文字也会随之旋转或翻转。此时，可利用"绘图工具"的"格式"选项卡中的"快速样式"选项对文字的格式进行设置。

　　若要调整形状的大小，可单击该形状，然后拖动它的尺寸控点，如图 4.80 所示。

图 4.79　在图形中添加文字

图 4.80　调整形状大小

　　若要从工作表中删除形状，可单击要删除的形状，然后按 Delete 键。

　　【实战演练】在工作表中插入自选图形。

　　（1）创建一个新的空白工作簿。

　　（2）在工作表 Sheet1 中插入同侧角矩形、圆角矩形、椭圆、三角形、菱形、五角星和爆炸形，并在图形中添加文字并对其样式和效果进行设置，如图 4.81 所示。

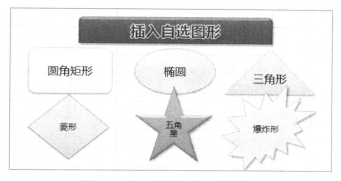

图 4.81　在工作表中插入自选图形

4.5.4 插入 SmartArt 图形

SmartArt 图形是信息的视觉表示形式，可以从多种不同布局中进行选择，从而快速轻松地创建所需形式，以便有效地传达信息或观点。

若要创建 SmartArt 图形，可执行以下操作。

（1）在"插入"选项卡的"插图"组中，单击"SmartArt"选项，如图 4.82 所示。

图 4.82　选择"SmartArt"选项

（2）在"选择 SmartArt 图形"对话框中，单击所需的类型和布局，如图 4.83 所示。

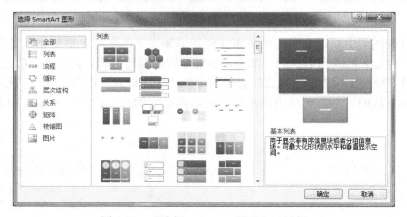

图 4.83　"选择 SmartArt 图形"对话框

（3）执行下列操作之一以便输入文字。

● 单击"文本"窗格中的"[文本]"框，然后输入或粘贴文字，如图 4.84 所示。

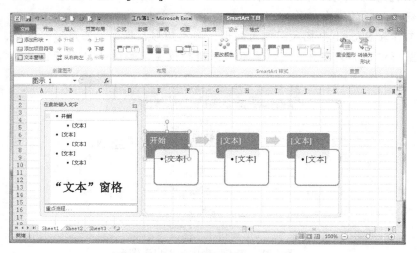

图 4.84　在"文本"窗格中输入文字

- 单击 SmartArt 图形中的一个形状,然后输入文本。
- 从其他程序复制文字,单击"[文本]"框,然后粘贴到"文本"窗格中。

如果看不到"文本"窗格,则单击 SmartArt 图形。在"SmartArt 工具"中的"设计"选项卡中,单击"创建图形"组中的"文本窗格"选项。

插入 SmartArt 图形后,将自动显示"SmartArt 工具"的"格式"选项卡,可用来对 SmartArt 图形的样式进行设置。此外,也可以选择"SmartArt 工具"的"设计"选项卡,然后对 SmartArt 图形的布局、颜色和样式进行设置,如图 4.85 所示。

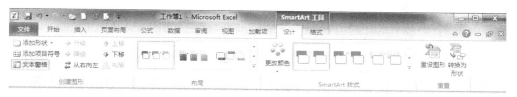

图 4.85　"SmartArt 工具"的"设计"选项卡

【实战演练】在工作表中插入 SmartArt 图形。

(1)创建一个新的空白工作簿。

(2)在工作表 Sheet1 中,插入一个类型为"垂直图片列表"的 SmartArt 图形。

(3)在该图形中插入图片输入并文字,并对其颜色进行设置,效果如图 4.86 所示。

图 4.86　在工作表中插入 SmartArt 图形

4.5.5　插入艺术字

艺术字是一个文字样式库,可以将艺术字添加到 Excel 2010 工作簿中以制作出装饰性效果,例如带阴影的文字或镜像(反射)文字。

若要在工作表中添加艺术字,可执行以下操作。

(1)在"插入"选项卡的"文本"组中,单击"艺术字"选项,然后单击所需艺术字样式,如图 4.87 所示。

(2)输入所需的文字,如图 4.88 所示。

当删除文字的艺术字样式时,文字会保留下来,改为普通文字。若要删除艺术字样式,可执行以下操作。

(1)选定要删除其艺术字样式的艺术字。

(2)在"绘图工具"中单击"格式"选项卡,在"艺术字样式"组中单击"艺术字"选项,然后单击"清除艺术字"命令,如图 4.89 所示。

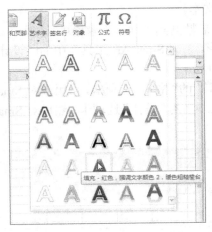

图 4.87　单击所需艺术字样式

请在此放置您的文字

图 4.88　输入文字内容

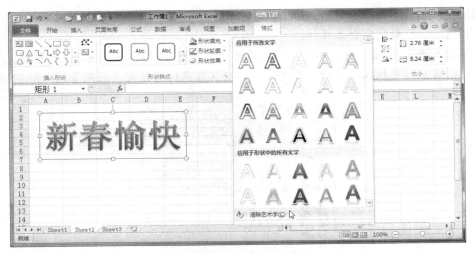

图 4.89　删除艺术字样式

提示：要删除部分文字的艺术字样式，可选定要删除其艺术字样式的文字，然后执行上述步骤。若要删除艺术字，可选择要删除的艺术字，然后按 Delete 键。

【实战演练】在工作表中插入艺术字。

（1）创建一个新的空白工作簿。

（2）在工作表 Sheet1 中插入艺术字，并对其字体进行设置，效果如图 4.90 所示。

图 4.90　在工作表中插入艺术字

本章小结

　　本章讨论了如何在 Excel 2010 中对工作表的格式进行设置，主要包括设置单元格格式和条件格式、调整行高与列宽、使用单元格样式以及美化工作表。

　　在工作表中输入数据后，可以对单元格的字体、字号、字体颜色、背景颜色、对齐方式、边框和底纹进行设置。如果单元格中存储的是数字，还可以设置为不同的数字类型。为便于管理和分析相关数据组，可以将单元格区域转换为 Excel 表格并对其套用表格格式。根据需要，有时还可将多个单元格合并成一个单元格。

　　条件格式基于条件更改单元格区域的外观。若指定条件为 True，则基于该条件设置单元格区域的格式；若条件为 False，则不基于该条件设置单元格区域的格式。使用条件格式可达到以下效果：突出显示所关注的单元格或单元格区域；强调异常值；使用数据条、色阶和图标集来直观地显示数据。

　　在 Excel 2010 中，可以使用多种方法来设置行高和列宽，也可以根据需要将某个行或列隐藏或冻结起来，以便于查看数据。

　　单元格样式是指一组已定义的格式特征，例如字体和字号、数字格式、单元格边框和单元格底纹等。在 Excel 2010 中，可以使用预定义的内置单元格样式来快速设置单元格格式，也可以创建自定义单元格样式，或者通过修改或复制单元格样式来创建自己的自定义单元格样式。

　　在 Excel 2010 中，通过插入图片、剪贴画、自选图形、SmartArt 图形和艺术字，都可以达到美化工作表的目的。

习题 4

一、填空题

1. 使用＿＿＿＿＿＿选项卡中的＿＿＿＿＿＿组中的命令可以设置单元格的字符格式。

2. 使用＿＿＿＿＿＿＿框可设置长日期格式。

3. 若要居中或对齐跨越多列或多行的数据，可在＿＿＿＿＿＿＿＿＿选项卡中的＿＿＿＿＿＿＿＿组中单击＿＿＿＿＿＿＿＿。

4. 若要隐藏或显示工作表上的单元格网格线，可在工作簿中选择一个或多个工作表，然后在＿＿＿＿选项卡中的＿＿＿＿＿＿＿组中清除或选中＿＿＿＿＿＿＿复选框。

5. 条件格式是指当＿＿＿＿＿＿＿＿＿＿时 Excel 自动应用于单元格的格式。

6. 若要突出显示某些单元格，可在工作表中选择一个单元格区域，在"开始"选项卡的"样式"组中，单击＿＿＿＿＿＿＿＿＿旁的箭头，然后单击＿＿＿＿＿＿＿＿＿＿。

7. 若要更改行高以适合内容，可在工作表中选择要更改的行，在"开始"选项卡的＿＿＿＿＿＿＿组中单击＿＿＿＿＿＿，在＿＿＿＿＿＿＿＿＿中单击＿＿＿＿＿＿＿＿命令。

8. 若要隐藏工作表行，可按＿＿＿＿＿＿＿组合键；若要隐藏工作表列，可按＿＿＿＿＿＿＿组合键。

二、选择题

1. 单击"增大字号"按钮可使字号增加（　　）。

    A. 1　　　　　　　　　　　B. 2

    C. 3　　　　　　　　　　　D. 4

2. 若要增加单元格内容的缩进量，可按（　　）组合键。

    A. Tab　　　　　　　　　　B. Ctrl+Tab

    C. Alt+Tab　　　　　　　　D. Ctrl+Alt+Tab

3. 若要打开"单元格格式"对话框，可按（　　）组合键。

    A. Ctrl+F　　　　　　　　　B. Ctrl+Shift+F

    C. Alt+F　　　　　　　　　D. Ctrl+Alt+F

4. 若要创建规范的正方形或圆形，可在拖动的同时按住（　　）键。

    A. Shift　　　　　　　　　　B. Alt

    C. Ctrl　　　　　　　　　　D. Alt+Shift

三、简答题

1. 如何将某些单元格的值以中文大写数字格式显示出来？

2. 如何在单元格中添加斜线边框？

3. 如何在将表格转换为普通区域的同时保留所应用的表格格式设置？

4. 使用条件格式可以达到什么效果？

5. 冻结行或列有什么作用？

6. 什么是单元格样式？

7. 美化工作表有哪些方法？

8. 如何将艺术字变成普通文字？

上机实验 4

1. 在 Excel 2010 中打开"工资表.xlsx"工作簿，然后使用数据条来设置"基本工资"、"绩效工资"和"所得税"列的格式，并突出显示基本工资低于 3000 的单元格，效果如图 4.91 所示。

	A	B	C	D	E	F	G
1			工资表				
2						2016年3月3日	
3	职工编号	姓名	职务	基本工资	绩效工资	所得税	实发工资
4	1001	汪江涛	项目经理	5000	3000	825	
5	1002	梁志宏	业务主管	4500	2500	625	
6	1003	李国华	程序员	3000	2000	325	
7	1004	苏建军	程序员	3000	2000	325	
8	1005	张海洋	程序员	3000	2000	325	
9	1006	李慧芳	程序员	3000	2000	325	
10	1007	陈伟强	测试员	2500	1500	175	
11	1008	娄嘉仪	测试员	2500	1500	175	
12	1009	杨万里	测试员	2500	1500	175	
13	1010	徐红霞	测试员	2500	1500	175	
14							

工资表 / Sheet2 / Sheet3

图 4.91　设置工资表格式

2. 在 Excel 2010 中打开 "学生成绩.xlsx" 工作簿，在 "计 1501 班计算机应用基础成绩" 工作表左边插入一个新工作表并命名为 "学生信息"，然后执行以下操作。

（1）在 "学生信息" 工作表中插入剪贴画和艺术字。

（2）在该工作表中输入学生信息，包括学号、姓名、性别、出生日期、班级、专业、电子信箱和 QQ 号。

（3）在该工作表中选择包含数据的单元格区域，然后套用表格格式。

（4）将表格转换为普通的单元格区域。工作表效果如图 4.92 所示。

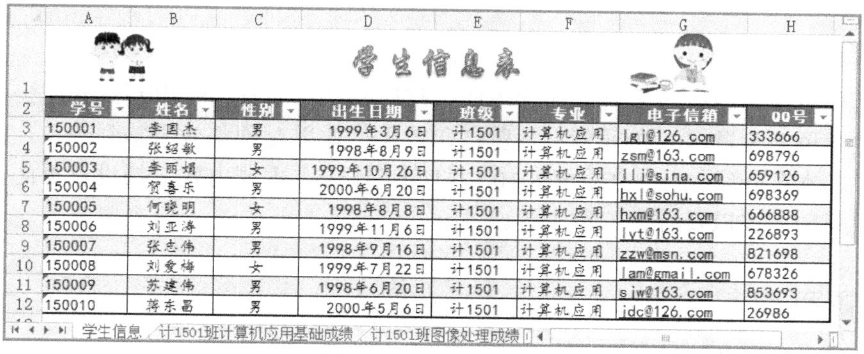

学号	姓名	性别	出生日期	班级	专业	电子信箱	QQ号
150001	李国杰	男	1999年3月6日	计1501	计算机应用	lgj@126.com	333666
150002	张绍敏	男	1998年8月9日	计1501	计算机应用	zsm@163.com	698796
150003	李丽娟	女	1999年10月26日	计1501	计算机应用	lli@sina.com	659126
150004	贺喜乐	男	2000年6月20日	计1501	计算机应用	hx@sohu.com	698369
150005	何晓明	女	1998年8月8日	计1501	计算机应用	hxm@163.com	666888
150006	刘亚涛	男	1999年11月6日	计1501	计算机应用	lyt@163.com	226893
150007	张志伟	男	1998年9月16日	计1501	计算机应用	zzw@msn.com	821698
150008	刘爱梅	女	1999年7月22日	计1501	计算机应用	lam@gmail.com	678326
150009	苏建伟	男	1998年6月20日	计1501	计算机应用	sjw@163.com	853693
150010	蒋东昌	男	2000年5月6日	计1501	计算机应用	jdc@126.com	26986

图 4.92　学生信息表

第 5 章

工作表的打印

创建工作表并完成排版之后，通常还要用打印机把结果打印输出到纸介质上。为此需要对工作表进行页面设置，并在屏幕上预览打印效果。如果对预览效果感到满意，就可以正式进行打印了。本章介绍如何在 Excel 2010 中打印工作表，主要内容包括设置页面、设置文档主题、使用视图方式以及打印工作表等。

5.1 设置页面

为了得到理想的打印效果，在打印工作表之前通常需要进行页面设置。页面设置的内容主要包括页边距、纸张方向、纸张大小、打印区域、打印标题、页眉页脚以及分隔符等。

5.1.1 设置页边距

页边距是指是工作表数据与打印页面边缘之间的空白，也就是页面上打印区域之外的空白空间。根据需要，可以将一些内容（如页眉、页脚及页码）放入页边距。要使工作表在打印页面上更好地对齐，可以使用预定义边距、指定自定义边距或者使工作表在页面上水平或垂直居中。保存工作簿时，在给定工作表中定义的页边距将与该工作表一起存储。新工作簿的默认页边距是无法更改的。

若要设置页边距，可执行以下操作。

（1）在工作簿中选择要打印的一个或多个工作表。

（2）单击"页面布局"选项卡，在"页面设置"组中单击"页边距"选项。

（3）执行下列操作之一。

● 若要使用预定义边距，可单击"普通"、"宽"或"窄"选项，如图 5.1 所示。

● 若要使用先前使用的自定义边距设置，可单击"上次的自定义设置"选项。

● 若要指定自定义页边距，可单击"自定义边距"选项，然后在"上"、"下"、"左"和"右"框中输入所需边距大小，如图 5.2 所示。

● 若要设置页眉或页脚边距，可单击"自定义边距"选项，然后在"页眉"或"页脚"框中输入新的边距大小。

注意：设置页眉或页脚边距会更改从纸张的上边缘到页眉的距离或者从纸张的下边缘到页脚的距离。页眉和页脚设置应该比上边距设置和下边距设置小，但是要大于或等于最小打印机边距。

● 若要使页面水平或垂直居中，可单击"自定义边距"选项，然后在弹出的"页面设置"对话框的"居中方式"中选择"水平"或"垂直"复选框。

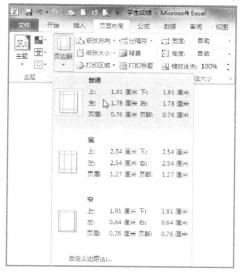

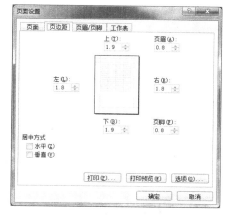

图 5.1   单击所需的页边距   图 5.2   "页面设置"对话框

若要查看新边距对打印的工作表有何影响，可单击"页面设置"对话框中"边距"选项卡的"打印预览"按钮。要在打印预览中调整边距，可单击"显示边距"按钮🖹，然后拖动任意一条边上以及页面顶部的黑色边距控点，如图 5.3 所示。

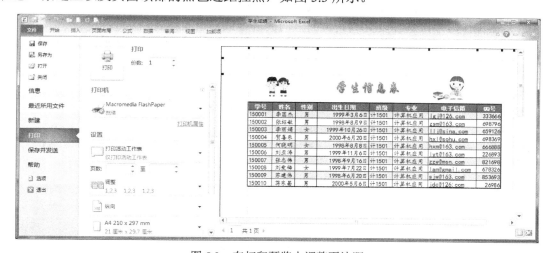

图 5.3   在打印预览中调整页边距

【实战演练】对工作表进行打印预览。

（1）打开"工资表.xlsx"工作簿，选择工作表 Sheet1。

（2）在"页面布局"选项卡的"页面设置"组中单击"页边距"选项，然后单击"宽"选项。

（3）在"页面布局"选项卡上的"页面设置"组中单击"页边距"选项，单击"自定义边距"命令，然后在弹出的"页面设置"对话框的"居中方式"中选择"水平"复选框。

（4）在"页面设置"对话框的"边距"选项卡中单击"打印预览"按钮，在打印预览状态下查看工作表页面设置效果，如图 5.4 所示。

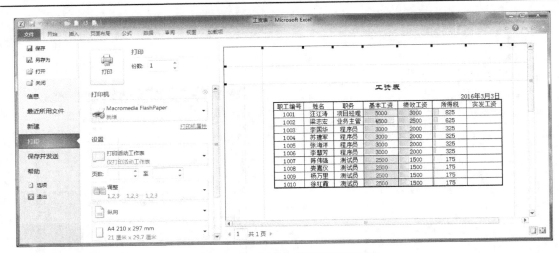

图 5.4　"工资表"的打印预览效果

5.1.2　设置纸张方向

　　纸张方向是指是横向或纵向打印工作表。如果工作表包含较多的行而列比较窄，可使用纵向打印；如果工作表包含较多的列而行比较少，可使用横向打印。当保存工作簿时，方向设置将与工作表一起保存。

　　若要在工作表中更改页面方向，可执行以下操作。

　　（1）在工作簿中，选择要更改其页面方向的一个或多个工作表。

　　（2）在功能区中选择"页面布局"选项卡，在"页面设置"组中单击"纸张方向"选项，然后执行下列操作之一。

- 若要将打印页面设置为纵向，可单击"纵向"命令，如图 5.5 所示。
- 若要将打印页面设置为横向，可单击"横向"命令。

图 5.5　设置"纸张方向"

　　Excel 将调整工作表中的自动分页符，以便可以准确地了解适合打印页面的行数和列数。

5.1.3　设置纸张大小

　　默认情况下，Excel 2010 使用的纸张大小为 A4。在实际应用中，也可以根据需要来设置打印工作表时所用的纸张大小，具体操作步骤如下。

　　（1）在工作簿中，选择要设置其纸张大小的一个或多个工作表。

　　（2）在"页面布局"选项卡的"页面设置"组中，单击"纸张大小"选项。

　　（3）执行下列操作之一。

- 若要使用预定义纸张大小，可单击"信纸"、"法律专用纸"、"A3　297×420mm"、"A4 210×297mm"、"A5 148×210mm"等选项，如图 5.6 所示。
- 若要使用自定义纸张大小，可单击"其他纸张大小"选项，当出现"页面设置"对话框时，选择"页面"选项卡，在"纸张大小"列表框中选择所需纸张大小，如图 5.7 所示。

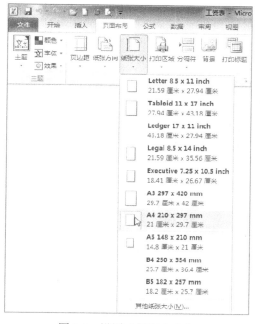

图 5.6　设置"纸张大小"

图 5.7　"页面设置"对话框

（4）在"页面设置"对话框的"页面"选项卡中，还可以设置以下选项。

- 若要缩放打印工作表，可在"缩放比例"框中输入所需的百分比，或者选中"调整为"单选框，然后输入页宽和页高的值。
- 若要指定工作表的打印质量，可在"打印质量"列表中选择所需的打印质量，例如 600 点/英寸。
- 若要指定工作表开始打印时的页码，可在"起始页码"框输入页码。

（5）完成设置后，单击"确定"按钮。

5.1.4　设置打印区域

打印工作表时，通常是将整个工作表中的数据全部打印输出。不过，在某些情况下可能需要打印工作表中的部分单元格区域。在这种场合，应将单元格区域设置为打印区域，具体操作步骤如下。

（1）在工作表中，选择要打印的单元格区域。

（2）在"页面布局"选项卡的"页面设置"组中，单击"打印区域"选项，然后单击"设置打印区域"命令，如图 5.8 所示。

这样设置之后，不论是打印预览还是打印输出，其内容都是所选定的单元格区域。

若要取消先前设置的打印区域，可在"页面布局"选项卡的"页面设置"组中单击"打印区域"选项,然后单击"取消打印区域"命令,如图 5.9 所示。

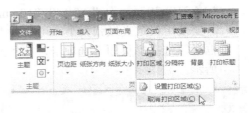

图 5.8　"设置打印区域"命令　　　　　　图 5.9　"取消打印区域"命令

5.1.5　设置打印标题

为了使行和列在打印输出中更易于识别,可以在每一页上都打印行列标题或行列标签。行标题是工作表左侧的行号;列标题是工作表上列顶部显示的字母或数字。也可以通过指定要在每个打印页的顶部或左侧重复出现的行和列,在每页上打印列或行标签。

若要打印行和列标题,可执行以下操作。

(1)在工作簿中,选择要打印的一个或多个工作表。

(2)在"页面布局"选项卡的"工作表选项"组中,选中"标题"中的"打印"复选框,如图 5.10 所示。

图 5.10　打印标题

若要在每一页上打印行或列标签,可执行以下操作。

(1)在工作簿中,选择要打印的一个或多个工作表。

(2)单击"页面布局"选项卡,在"页面设置"组中单击"打印标题"选项,如图 5.11 所示。

图 5.11　单击"打印标题"选项

(3)在"页面设置"对话框中的"工作表"选项卡中,执行以下一项或两项操作。

● 在"顶端标题行"框中,输入包含列标签的行的引用,如图 5.12 所示。

● 在"左端标题列"框中,输入包含行标签的列的引用。

提示:也可以单击位于"顶端标题行"和"左端标题列"框的最右边的 按钮,然后选择要在工作表中重复显示的标题行或标题列。完成选择标题行或标题列后,再次单击 按钮以返回到"页面设置"对话框。

● 若要打印网格线,可在"打印"中选中"网格线"复选框。

图 5.12　设置标题行和标题列

- 若要打印行号列标，可在"打印"中选中"行号列标"复选框。
- 若要设置打印顺序，可在"打印顺序"中单击"先列后行"或"先行后列"单选框。

（4）完成设置后，单击"确定"按钮。

【实战演练】在工作表中设置打印标题。

（1）在 Excel 2010 中，基于"销量报表"该模板创建一个工作簿。

（2）选择"源数据"工作表。

（3）在"页面设置"对话框的"页边距"选项卡中，设置水平居中对齐。

（4）在"页面设计"对话框的"工作表"选项卡中，将工作表第一行作为顶端标题行（可使用$1:$1 来引用第一行中的全部单元格），并设置打印网格线。

（5）单击"打印预览"按钮，可以看到每页都显示了标题行，如图 5.13 和图 5.14 所示。

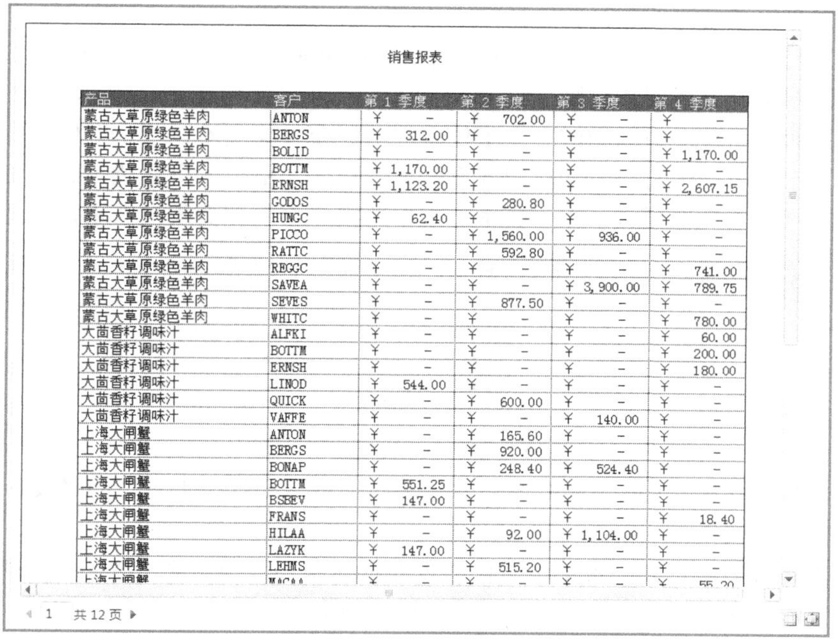

产品	客户	第 1 季度	第 2 季度	第 3 季度	第 4 季度
蒙古大草原绿色羊肉	ANTON	¥ －	¥ 702.00	¥ －	¥ －
蒙古大草原绿色羊肉	BERGS	¥ 312.00	¥ －	¥ －	¥ －
蒙古大草原绿色羊肉	BOLID	¥ －	¥ －	¥ －	¥ 1,170.00
蒙古大草原绿色羊肉	BOTTM	¥ 1,170.00	¥ －	¥ －	¥ －
蒙古大草原绿色羊肉	ERNSH	¥ 1,123.20	¥ －	¥ －	¥ 2,607.15
蒙古大草原绿色羊肉	GODOS	¥ －	¥ 280.80	¥ －	¥ －
蒙古大草原绿色羊肉	HUNGC	¥ 62.40	¥ －	¥ －	¥ －
蒙古大草原绿色羊肉	PICCO	¥ －	¥ 1,560.00	¥ 936.00	¥ －
蒙古大草原绿色羊肉	RATTC	¥ －	¥ 592.80	¥ －	¥ －
蒙古大草原绿色羊肉	REGGC	¥ －	¥ －	¥ －	¥ 741.00
蒙古大草原绿色羊肉	SAVEA	¥ －	¥ －	¥ 3,900.00	¥ 789.75
蒙古大草原绿色羊肉	SEVES	¥ －	¥ 877.50	¥ －	¥ －
蒙古大草原绿色羊肉	WHITC	¥ －	¥ －	¥ －	¥ 780.00
大茴香籽调味汁	ALFKI	¥ －	¥ －	¥ －	¥ 60.00
大茴香籽调味汁	BOTTM	¥ －	¥ －	¥ －	¥ 200.00
大茴香籽调味汁	ERNSH	¥ －	¥ －	¥ －	¥ 180.00
大茴香籽调味汁	LINOD	¥ 544.00	¥ －	¥ －	¥ －
大茴香籽调味汁	QUICK	¥ －	¥ 600.00	¥ －	¥ －
大茴香籽调味汁	VAFFE	¥ －	¥ －	¥ 140.00	¥ －
上海大闸蟹	ANTON	¥ －	¥ 165.60	¥ －	¥ －
上海大闸蟹	BERGS	¥ －	¥ 920.00	¥ －	¥ －
上海大闸蟹	BONAP	¥ －	¥ 248.40	¥ 524.40	¥ －
上海大闸蟹	BOTTM	¥ 551.25	¥ －	¥ －	¥ －
上海大闸蟹	BSBEV	¥ 147.00	¥ －	¥ －	¥ －
上海大闸蟹	FRANS	¥ －	¥ －	¥ －	¥ 18.40
上海大闸蟹	HILAA	¥ －	¥ 92.00	¥ 1,104.00	¥ －
上海大闸蟹	LAZYK	¥ 147.00	¥ －	¥ －	¥ －
上海大闸蟹	LEHMS	¥ －	¥ 515.20	¥ －	¥ －
上海大闸蟹	MACＧＧ	¥ －	¥ －	¥ －	¥ 55.20

1　共 12 页

图 5.13　这是第 1 页

销售报表

产品	客户	第 1 季度	第 2 季度	第 3 季度	第 4 季度
法国卡门贝干酪	QUEEN	¥ —	¥ —	¥ —	¥ 510.00
法国卡门贝干酪	QUICK	¥ —	¥ 2,427.60	¥ 1,776.50	¥ —
法国卡门贝干酪	RICAR	¥ 1,088.00	¥ —	¥ —	¥ —
法国卡门贝干酪	RICSU	¥ 1,550.40	¥ —	¥ —	¥ —
法国卡门贝干酪	SAVEA	¥ —	¥ —	¥ 2,380.00	¥ —
法国卡门贝干酪	WARTH	¥ —	¥ 693.60	¥ —	¥ —
法国卡门贝干酪	WOLZA	¥ —	¥ —	¥ 510.00	¥ —
王大义十三香	BERGS	¥ —	¥ —	¥ —	¥ 237.60
王大义十三香	BONAP	¥ —	¥ 935.00	¥ —	¥ —
王大义十三香	EASTC	¥ —	¥ —	¥ —	¥ 550.00
王大义十三香	FOLKO	¥ —	¥ 1,045.00	¥ —	¥ —
王大义十三香	FURIB	¥ 225.28	¥ —	¥ —	¥ —
王大义十三香	MAGAA	¥ —	¥ —	¥ 198.00	¥ —
王大义十三香	QUEEN	¥ —	¥ —	¥ —	¥ 132.00
王大义十三香	QUICK	¥ —	¥ 990.00	¥ —	¥ —
王大义十三香	TRADH	¥ —	¥ —	¥ 352.00	¥ —
王大义十三香	WARTH	¥ —	¥ —	¥ 550.00	¥ —
秋葵汤	MAGAA	¥ —	¥ —	¥ 288.22	¥ —
秋葵汤	THEBI	¥ —	¥ —	¥ —	¥ 85.40
馄饨皮	AROUT	¥ —	¥ 210.00	¥ —	¥ 56.00
馄饨皮	BERGS	¥ —	¥ —	¥ —	¥ 175.00
馄饨皮	BLONP	¥ 112.00	¥ —	¥ —	¥ —
馄饨皮	DUMON	¥ —	¥ —	¥ 63.00	¥ —
馄饨皮	FAMIA	¥ —	¥ —	¥ —	¥ 28.00
馄饨皮	LAUGB	¥ —	¥ —	¥ 35.00	¥ —
馄饨皮	NORTS	¥ —	¥ 42.00	¥ —	¥ —
馄饨皮	OLDWO	¥ —	¥ —	¥ 168.00	¥ —
馄饨皮	REGGC	¥ —	¥ —	¥ 23.80	¥ —
馄饨皮	RICAR	¥ —	¥ 490.00	¥ —	¥ —

‹ 2 共 12 页 ›

图 5.14　这是第 2 页

5.1.6　设置页眉和页脚

在 Excel 2010 中，可以快速添加或更改页眉或页脚，以便在工作表打印输出中提供有用的信息。既可以添加预定义页眉和页脚信息，也可以插入各种元素，例如页码、日期和时间以及文件名等。通过设置相应的页眉和页脚选项，可以定义页眉或页脚应在打印输出中出现的位置以及它们的缩放比例和对齐方式。

对于工作表，可以在页面布局视图中设置页眉和页脚。对于其他工作表类型，可以在“页面设置”对话框中设置页眉和页脚。

若要在页面布局视图中添加或更改工作表的页眉或页脚文本，可执行以下操作。

（1）在工作簿中，单击要添加页眉或页脚或者包含要更改的页眉或页脚的工作表。

（2）单击“插入”选项卡，在“文本”组中单击“页眉和页脚”选项，如图 5.15 所示。

图 5.15　单击“页眉和页脚”选项

此时 Excel 将切换到页面布局视图，并显示出“页眉和页脚工具”的“设计”选项卡。

（3）执行下列操作之一。

● 若要添加页眉或页脚，可单击工作表页面顶部或底部的左侧、中间或右侧的页眉或页脚文本框，然后输入所需的文本，如图 5.16 所示。

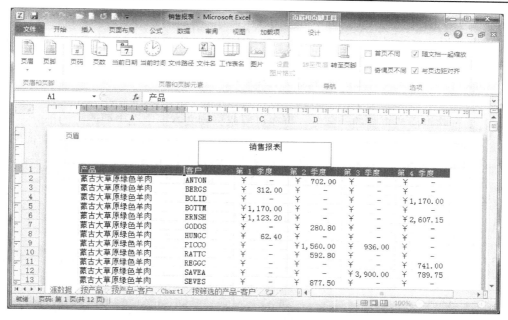

图 5.16　在工作表中添加页眉

- 若要更改页眉或页脚，可单击工作表页面顶部或底部的包含页眉或页脚文本的页眉或页脚文本框，然后选择需要更改的文本并输入所需的文本。

（4）若要预定义页眉或页脚，可在"设计"选项卡的"页眉和页脚"组中单击"页眉"或"页脚"命令，然后单击所需的页眉或页脚，如图 5.17 所示。

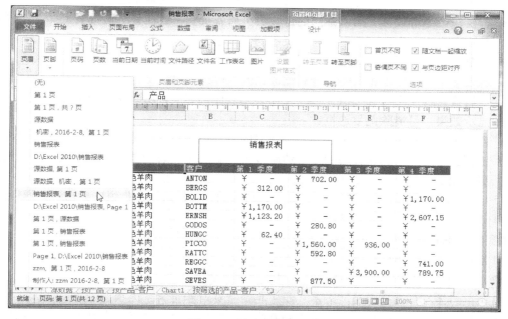

图 5.17　插入预定义页眉

（5）若要在页眉或页脚中插入特定元素，可在"设计"选项上的"页眉和页脚元素"组中单击所需的元素，例如页码、页数、当前日期、当前时间等。

（6）若要关闭页眉或页脚，可单击工作表中的任何位置，或按 Esc 键。

（7）若要返回普通视图，可在"视图"选项卡的"工作簿视图"组中单击"普通"选项，或者单击状态栏上的"普通"按钮 ▤。

添加或修改页眉和页脚时，应注意以下几点。

- 若要在页眉或页脚文本框中另起一行，可按 Enter 键。
- 若要删除页眉或页脚的一部分，可在页眉或页脚文本框中选中要删除的部分，然后按 Delete 或 Backspace 键。也可以在文本中单击，然后按 Backspace 键删除前面的字符。
- 若要在页眉或页脚的文本中包含一个与号（&），可使用两个与号。例如，要在页眉中包含"Subcontractors & Services"，应输入"Subcontractors && Services"。

若要设置工作表的页眉和页脚选项，可执行以下操作。

（1）在工作簿中，单击要为其选择页眉和页脚选项的工作表。

（2）在"插入"选项卡的"文本"组中，单击"页眉和页脚"选项。

（3）单击工作表页面顶部或底部的左、中或右页眉或页脚文本框，以选择页眉或页脚并显示"页眉和页脚工具"，其中增加了"设计"选项卡，如图 5.18 所示。

图 5.18　设置页眉页脚选项

（4）在"设计"选项卡的"选项"组中，选择下列一个或多个选项。

- 若要在某个奇数页上插入不同的奇数页页眉或页脚，或在某个偶数页上插入不同的偶数页页眉或页脚，可选中"奇偶页不同"复选框。
- 若要从打印首页中删除页眉和页脚，可选中"首页不同"复选框。
- 若要使用与工作表相同的字号和缩放比例，可选中"随文档一起缩放"复选框。要使页眉或页脚的字号和缩放比例与工作表缩放比例无关，从而在多个页面上获得一致的显示效果，可清除此复选框。
- 若要确保页眉边距或页脚边距与工作表的左右边距对齐，可选中"与页边距对齐"复选框。若要为页眉和页脚的左右边距设置一个与工作表的左右边距无关的特定值，可清除此复选框。

（5）若要返回普通视图，可在"视图"选项卡的"工作簿视图"组中单击"普通"选项，或者单击状态栏上的"普通"按钮 ▤。

【实战演练】 在工作表中设置页眉。

（1）打开"学生成绩.xlsx"工作簿。

（2）选择"计 1501 班计算机应用基础成绩"工作表。

（3）在"插入"选项卡的"文本"组中单击"页眉和页脚"选项。

（4）利用"设计"选项卡中"页眉和页脚元素"组的命令在页眉中插入工作表标签名和页码，效果如图 5.19 所示。

计1501班计算机应用基础成绩					第 1 页
2015-2016学年第1学期计1501班计算机应用基础成绩					
平时成绩比例：40%		期末成绩比例：60%		考试日期：2015年12月10日	
学号	姓名	性别	平时成绩	期末成绩	总评成绩
150001	李国杰	男	82	76	
150002	张绍敏	男	90	86	
150003	李丽娟	女	86	88	
150004	贺喜乐	男	89	82	
150005	何晓明	女	88	82	
150006	刘亚涛	男	71	68	
150007	张志伟	男	80	82	
150008	刘爱梅	女	96	92	
150009	苏建伟	男	93	96	
150010	蒋东哥	男	69	72	

图 5.19　在页眉中输入文本并插入工作表名和文件路径

5.1.7　设置分页符

为了便于打印，可使用分页符将一张工作表分隔为多页。Excel 根据纸张的大小、页边距的设置、缩放选项和插入的任何手动分页符的位置来插入自动分页符。也可以根据需要来添加、删除或移动分页符。

若要打印所需的准确页数，可以使用分页预览视图来快速调整分页符。在这个视图中，手动插入的分页符以实线显示，虚线则指示 Excel 自动分页的位置。

若要添加、删除或移动分页符，可执行以下操作。

（1）在"视图"选项卡的"工作簿视图"组中，单击"分页预览"选项，如图 5.20 所示。

图 5.20　选择"分页预览"选项

（2）在如图 5.21 所示的对话框中，单击"确定"按钮。

图 5.21　确认进入"分页预览"视图

此时将切换到"分页预览"视图，这个视图对于查看做出的其他更改（如页面方向和格式更改）对自动分页的影响特别有用。例如，更改行高和列宽会影响自动分页符的位置。在"分页预览"视图中，还可以对受当前打印机驱动程序的页边距设置影响的分页符进行更改。

（3）执行下列操作之一。

● 若要移动分页符，可将其拖至新的位置，如图 5.22 所示。移动自动分页符会将其变为手动分页符。

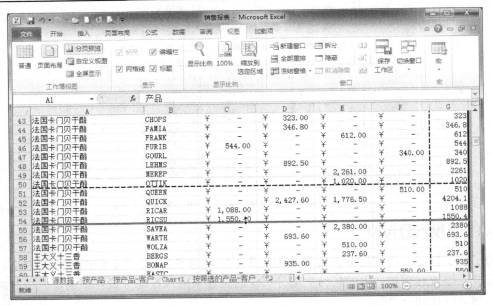

图 5.22　移动自动分页符

- 要插入垂直或水平分页符，可在要插入分页符的位置的下面或右边选中一行或一列，然后单击鼠标右键，并在快捷菜单中单击"插入分页符"命令，如图 5.23 所示。

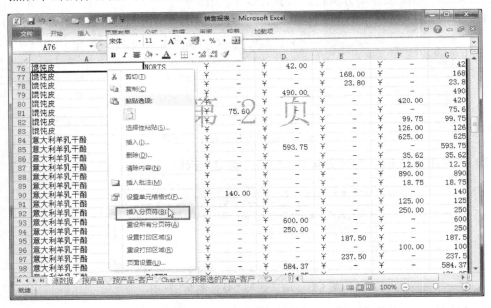

图 5.23　插入分页符

- 要删除手动分页符，可将其拖至分页预览区域之外。
- 要删除所有手动分页符，可右键单击工作表上的任一单元格，然后单击快捷菜单中的"重设所有分页符"命令。

（4）完成分页符操作后，若要返回普通视图，可在"视图"选项卡的"工作簿视图"组中单击"普通"选项。

5.2　设置文档主题

文档主题是一组格式选项，包括一组主题颜色、一组主题字体（包括标题字体和正文字体）和一组主题效果（包括线条和填充效果）。通过应用文档主题可以快速而轻松地设置整个文档的格式，赋予它专业和时尚的外观。

5.2.1　应用文档主题

默认情况下，用户创建的工作表都使用默认的主题，即"Office 主题"。也可以根据需要选择另一个预定义主题，更改工作表主题将会立即影响工作表中使用的样式。

若要应用文档主题，可执行以下操作。

（1）在工作簿中，选择要设置打印主题的工作表。

（2）在"页面布局"选项卡的"主题"组中，单击"主题"选项。

（3）执行下列操作之一。

● 若要应用预定义的文档主题，可在"内置"中单击要使用的文档主题，如图 5.24 所示。

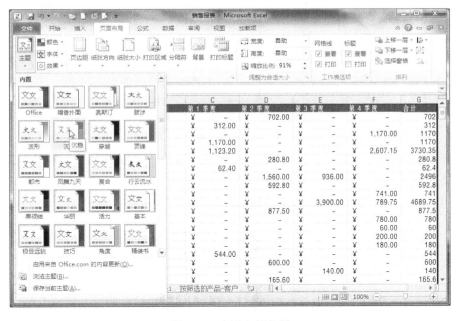

图 5.24　应用文档主题

● 若要应用自定义文档主题，可在"自定义"中单击要使用的文档主题。

注意：只有在已经创建一个或多个自定义文档主题时"自定义"才是可用的。

● 若未列出要使用的主题，可单击"浏览主题"以在本地计算机或网络上查找它。

5.2.2　自定义文档主题

除了使用内置的文档主题外，也可以自定义文档主题，方法是更改已使用的颜色、字体或线条和填充效果。对一个或多个主题组件所做的更改将立即影响活动文档中已经应用的样式。如果要将这些更改应用到新文档，可以将它们另存为自定义文档主题。

1. 自定义主题颜色

主题颜色包括 4 种文本和背景颜色、6 种强调文字颜色以及两种超链接颜色。"主题颜色"按钮█中的颜色代表当前文本和背景颜色。

若要自定义主题颜色，可执行以下操作。

（1）在"页面布局"选项卡的在"主题"组中单击"主题颜色"选项，然后单击"新建主题颜色"命令，如图 5.25 所示。

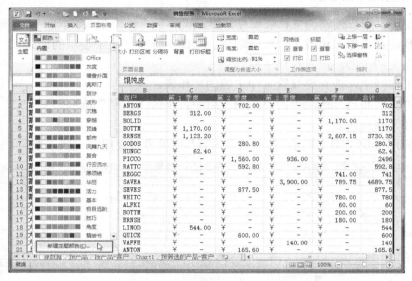

图 5.25　单击"新建主题颜色"命令

（2）在如图 5.26 所示的"新建主题颜色"对话框中，在"主题颜色"中单击要更改的主题颜色元素对应的按钮，例如"文字/背景-深色 1"选项。

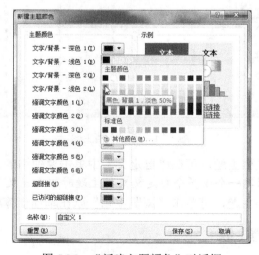

图 5.26　"新建主题颜色"对话框

（3）在"主题颜色"中选择要使用的颜色。此时可在"示例"中看到所做更改的效果。

（4）为要更改的所有主题颜色元素重复步骤（2）和步骤（3）。

（5）在"名称"框中为新的主题颜色输入一个适当的名称，然后单击"保存"按钮。

2．自定义主题字体

主题字体包含标题字体和正文字体。单击"主题字体"按钮Ａ时，可以在"主题字体"名称下看到用于每种主题字体的标题字体和正文字体的名称。通过更改这两种字体可以创建自己的一组主题字体，具体操作步骤如下。

（1）在"页面布局"选项卡的"主题"组中单击"主题字体"选项，然后单击"新建主题字体"命令，如图 5.27 所示。

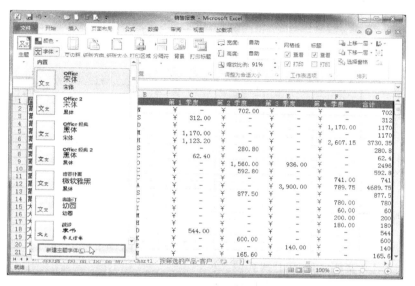

图 5.27　单击"新建主题字体"命令

（2）在如图 5.28 所示的"新建主题字体"对话框中，在"标题字体"和"正文字体"框中选择要使用的字体，"示例"框将使用所选择的字体进行更新。

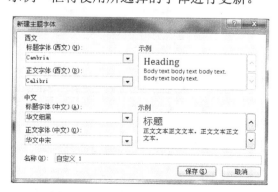

图 5.28　"新建主题字体"对话框

（3）在"名称"框中为新的主题字体输入一个适当的名称，然后单击"保存"按钮。

3．选择一组主题效果

主题效果是线条和填充效果的组合。在单击"主题效果"按钮⚪时，可以在与"主题效果"名称一起显示的图形中看到用于每组主题效果的线条和填充效果。虽然不能创建自己的一组主题效果，但是可以选择想要在自己的文档主题中使用的主题效果。

若要选择一组主题效果，可在"页面布局"选项卡的"主题"组中单击"主题效果"选项，然后选择要使用的效果，如图 5.29 所示。

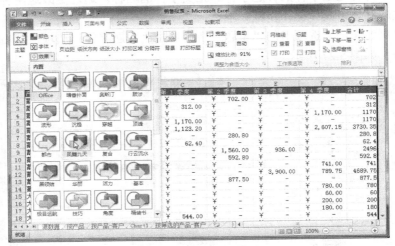

图 5.29　设置主题效果

5.2.3　保存文档主题

对文档主题的颜色、字体或线条和填充效果的任何更改都可以另存为自定义文档主题，然后可以将该自定义文档主题应用到其他文档。

若要保存文档主题，可执行以下操作。

（1）在"页面布局"选项卡的"主题"组中单击"主题"选项，然后单击"保存当前主题"命令，如图 5.30 所示。

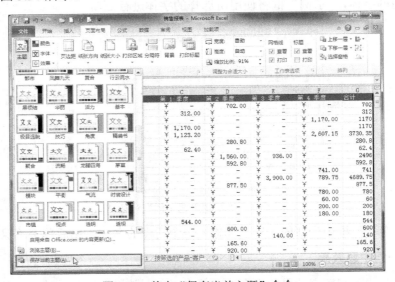

图 5.30　单击"保存当前主题"命令

（2）在如图 5.31 所示的"保存当前主题"对话框中，在"文件名"框中为主题输入一个适当的名称（扩展名为.thmx）。

图 5.31　"保存当前主题"对话框

（3）单击"保存"按钮。

此时自定义文档主题将保存在"文档主题"文件夹中，并且会自动添加到自定义主题列表中，从而可以将该自定义主题应用于其他文档。

【实战演练】创建自定义文档主题。

（1）创建一个新的空白工作簿。

（2）新建一组主题颜色并对文本颜色、背景颜色、强调文字颜色以及超链接颜色进行设置，然后将该主题颜色保存为"时尚"。

（3）新建一组主题字体，要求西文标题和正文字体分别为 Arial 和 Times New Roman，中文标题和正文字体分别为"华文行楷"和"微软雅黑"，然后将该主题字体保存为"时尚"。

（4）选择主题效果为"华丽"。

（5）将当前主题保存为"时尚"。

5.3　使用视图方式

Excel 2010 提供了多种工作视图，主要包括普通视图、页面布局视图、分页预览视图以及打印预览视图等。每种视图都有其特定的功能。

5.3.1　普通视图

普通视图主要用于输入和编辑工作表数据，也可以用于设置工作表的格式。但在普通视图中不能查看和设置工作表的页眉和页脚。

若要切换到普通视图，可执行以下操作。

（1）在工作簿中，选择一个或多个工作表。

（2）执行下列操作之一。

● 在"视图"选项卡的"工作簿视图"组中单击"普通"选项，如图 5.32 所示。

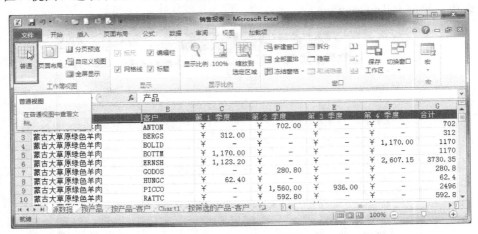

图 5.32　　"普通"视图

● 在状态栏上单击"普通"按钮 。

5.3.2　页面布局视图

在页面布局图中，可以如同在普通视图中那样更改数据的布局和格式。此外，还可以使用标尺测量数据的宽度和高度，更改页面方向，添加或更改页眉和页脚，设置打印边距以及隐藏或显示行标题与列标题。

若要切换到页面布局视图，可执行以下操作。

（1）在工作簿中，选择一个或多个工作表。

（2）执行下列操作之一。

● 在"视图"选项卡的"工作簿视图"组中，单击"页面布局"选项，如图 5.33 所示。

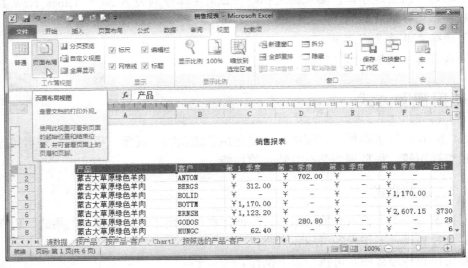

图 5.33　　"页面布局"视图

● 在状态栏上单击"页面布局"按钮 。

5.3.3　分页预览视图

分页预览视图对于查看页面方向和格式更改对自动分页的影响特别有用。例如，更改行高和列宽会影响自动分页符的位置。

若要切换到分页预览视图，可执行下列操作之一。

● 在"视图"选项卡的"工作簿视图"组中单击"分页预览"选项，如图 5.34 所示。

图 5.34　分页预览视图

● 在状态栏上单击"分页预览"按钮 。

提示：在"分页预览"视图中可以添加和删除分页符，也可以移动现有分页符的位置。若要删除人工分页符，可单击要删除水平分页符下方的单元格或垂直分页符右侧的单元格，然后单击"删除分页符"。自动分页符不能删除。

5.3.4　打印预览视图

打印预览视图用于在查看工作表的打印效果。为了得到预期的打印效果，通常应当在正式打印之前使用此视图来查看各个页面。

若要切换到打印预览视图，可执行下列操作之一。

● 单击"文件"选项卡，然后单击"打印"命令，如图 5.35 所示。

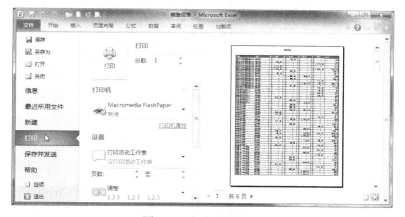

图 5.35　打印预览视图

● 在"页面设置"对话框中，单击"打印预览"按钮，如图 5.36 所示。

进入打印预览视图后，可通过单击导航按钮在不同页面之间切换；若要打印工作表，可单击"打印"按钮；若要退出打印预览状态，可在功能区单击其他选项卡。

【实战演练】使用各种视图方式查看工作表。

（1）打开"学生成绩.xlsx"工作簿。

（2）分别在普通视图、布局视图、分页预览视图及打印预览视图中查看各个工作表包含的内容。

5.4　打印工作表

如果对工作表的打印预览效果感到满意，即可正式打印输出该工作表。在 Excel 2010 中，可以根据实际需要来选择要打印的内容，可以打印一个工作表中的选定区域，也可以打印一个或多个工作表，还可以打印整个工作簿。

5.4.1　打印部分内容

如果只需要打印工作表中的一个或多个单元格区域，则应首先将这些区域设置为打印区域，然后进行打印操作。

若要打印选定的区域，可执行以下操作。

（1）在工作表中选择要打印的单元格区域，然后在"页面布局"选项卡的"页面设置"组中单击"打印区域"选项，再单击"设置打印区域"命令，如图 5.36 所示。

图 5.36　"设置打印区域"命令

（2）若要向打印区域中添加更多的单元格，可在工作表中选择新的单元格区域，然后在"页面布局"选项卡的"页面设置"组中单击"打印区域"选项，再单击"添加到打印区域"命令，如图 5.37 所示。

图 5.37　将更多单元格"添加到打印区域"

（3）单击"文件"选项卡，然后单击"打印"选项，或者按下 Ctrl+P 组合键。

（4）进入 Backstage 视图后，在"设置"中选择"打印选定区域"命令，如图 5.38 所示。

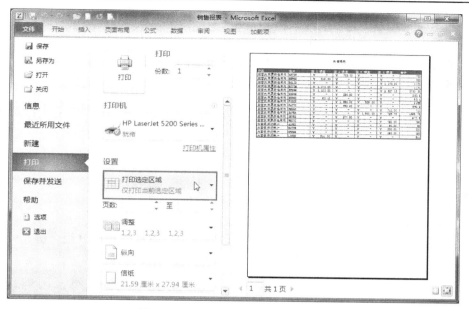

图 5.38　选择"打印选定区域"命令

（5）单击"打印"按钮。

5.4.2　打印工作表

若要打印一个或多个工作表，可执行以下操作。

（1）在工作簿中，选择要打印的一个或多个工作表。

（2）单击"文件"选项卡，然后单击"打印"选项，或者按 Ctrl+P 组合键。

（3）在"设置"中选择"打印活动工作表"命令，如图 5.39 所示。

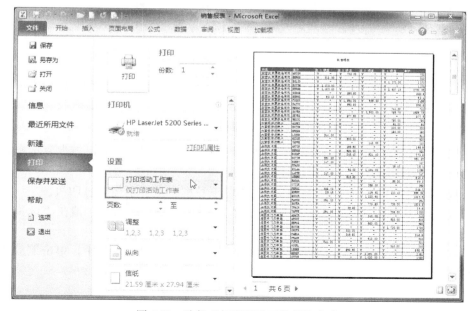

图 5.39　选择"打印活动工作簿"命令

（4）如果已经在工作表中定义了打印区域，则应选中"忽略打印区域"复选框。

（5）执行下列一项或多项操作。

● 若要更改打印机，请单击"打印机"中的下拉框，选择所需的打印机。

● 若要更改页面设置（包括更改页面方向、纸张大小和页边距），请在"设置"中选择所需的选项。

● 若要缩放整个工作表以适合单个打印页的大小，请在"设置"中，单击缩放选项下拉框中所需的选项。

（6）单击"打印"按钮。

5.4.3 打印工作簿

若要打印整个工作簿，可执行以下操作。

（1）单击"文件"选项卡，然后单击"打印"选项，或者按 Ctrl+P 组合键。

（2）在"设置"中选择"打印整个工作簿"命令，如图 5.40 所示。

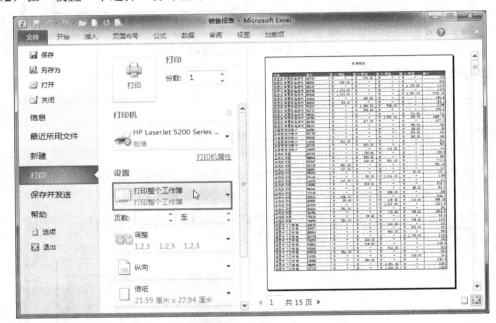

图 5.40 选择"打印整个工作簿"命令

（3）如果已经在工作表中定义了打印区域，则应选中"忽略打印区域"复选框。

（4）执行下列一项或多项操作。

● 若要更改打印机，请单击"打印机"中的下拉框，选择所需的打印机。

● 若要更改页面设置（包括更改页面方向、纸张大小和页边距），请在"设置"中选择所需的选项。

● 若要缩放整个工作表以适合单个打印页的大小，请在"设置"中，单击缩放选项下拉框中所需的选项。

（5）单击"打印"按钮。

本章小结

本章讨论了如何在 Excel 2010 中打印工作表，主要内容包括设置页面、设置文档主题、使用视图方式以及打印工作表等。

为了得到理想的打印效果，在打印工作表之前通常需要进行页面设置，包括设置页边距、纸张方向、纸张大小、打印区域、打印标题、页眉页脚以及分隔符等。

在 Excel 2010 中，既可以将内置文档主题应用于工作表，也可以对当前主题的颜色、字体和效果进行修改，还可以将对文档主题的更改另存为自定义文档主题，然后将其应用于其他文档。

Excel 2010 提供了多种工作簿视图，主要包括普通视图、页面布局视图、分页预览视图以及打印预览视图等，每种视图都有其特定的功能。创建和编辑工作表时，可根据需要选择适当的视图。

在 Excel 2010 中，可以根据实际需要来选择打印的内容，既可以打印一个工作表中的选定区域，也可以打印一个或多个工作表，还可以打印整个工作簿。

习题 5

一、填空题

1. 页边距是指是_____与_____之间的空白，也就是页面上_____之外的空白空间。

2. 要设置页边距，可在_____选项卡的_____组中单击_____。

3. 如果工作表包含较多的行而列比较窄，可使用_____打印；如果工作表包含较多的列而行比较少，可使用_____打印。

4. 若要设置打印区域，可在工作表中选择要打印的单元格区域，然后在"页面布局"选项卡的"页面设置"组中单击_____，然后单击_____。

5. 在分页预览视图中，实线表示_____，虚线表示_____。

6. 文档主题是一组格式选项，包括一组_____、一组_____和一组_____。

7. 主题字体包含_____和_____。

8. 主题效果是_____和_____效果的组合。

9. 要保存文档主题，可在"页面布局"选项卡的"主题"组中单击_____，然后单击_____。

二、选择题

1. 在工作表中添加或编辑页眉页脚时，应切换到（　　）。

　　A. 普通视图　　　　　　　　　　　　B. 分页预览视图

　　C. 页面布局视图　　　　　　　　　　D. 全屏视图

2. 要关闭页眉或页脚，可按（　　）键。

　　A. Enter　　　　　　　　　　　　　　B. Tab

　　C. Alt+Enter　　　　　　　　　　　　D. Esc

3. 主题颜色一共包括（　　　）种颜色。

  A. 3　　　　　　　　　　　　　　　B. 4

  C. 8　　　　　　　　　　　　　　　D. 12

4. 在（　　　）视图中，可显示水平标尺和垂直标尺。

  A. 普通视图　　　　　　　　　　　B. 页面布局视图

  C. 分页预览视图　　　　　　　　　D. 打印预览视图

三、简答题

1. 如何使工作表页面水平居中？

2. 如何缩放打印工作表？

3. 如何在每一页上都打印行标签？

上机实验 5

  1. 在 Excel 2010 中打开"学生成绩.xlsx"工作簿，选择"计 1501 班计算机应用基础成绩"和"计 1501 班图像处理成绩"两个工作表，然后执行以下操作。

  （1）将工作表的页边距设置为预定义页边距"宽"选项。

  （2）将工作表的对齐方式设置为水平居中对齐。

  （3）在页面布局视图中查看工作表并为其添加页眉。

  （4）在分页预览视图中查看工作表。

  （5）在打印预览视图中查看工作表。

  2. 在 Excel 2010 中打开"销售报表.xlsx"工作簿，选择"源数据"工作表，然后执行以下操作。

  （1）将主题"凤舞九天"应用于该工作表。

  （2）对该主题的颜色和字体进行修改，然后将当前主题保存为"报表.thmx"。

  （3）切换到页面布局视图，为该工作表添加页眉，页眉内容包括文件路径、页码、页数、当前日期以及当前时间。

  （4）在分页预览视图中查看该工作表，并根据需要对自动分页符的位置进行调整。

  （5）在打印预览视图中查看该工作表。

  （6）若有条件，打印输出该工作表。

第 6 章

公式的应用

前面几章讨论了如何在工作表中输入和编辑数据、格式化和打印工作表，通过这些内容的学习可以轻松地创建各种专业级的报表。为了对工作表中的数据进行计算，还需要在单元格中输入公式。本章将介绍如何在 Excel 2010 中用公式计算数据，主要内容包括公式概述、创建公式、引用单元格、使用数组公式以及公式审核等。

6.1 公式概述

公式是在工作表中进行计算的基础。通过公式可以进行有目的的计算，公式的结果随着数据的变化而自动更新。使用公式之前，首先需要了解公式由哪些部分组成以及在公式中可以使用哪些运算符。

6.1.1 公式的组成

公式是对工作表中的数值执行计算和操作的等式，可以用于返回信息、操作单元格内容以及测试条件等。公式始终以等号（=）开头，后面跟一个表达式；表达式是运算符、常量、单元格引用、工作表函数及其参数的组合，其计算结果为单个值。

例如，下面公式的结果等于 2 乘 3 再加 6。

=2*3+6

若在某个单元格内输入此公式并按 Enter 键，则该单元格内将显示公式的计算结果为（12）。下面对公式的各个组成部分加以说明。

1. 常量

常量是一个不被计算的值，它始终保持相同。例如，日期 2016-5-1、数字 960 以及文本"产品名称"都是常量。表达式以及表达式产生的值都不是常量。如果在公式中使用常量而不是单元格引用（例如=30+70+110），则只有在更改公式时其结果才会更改。

2. 单元格引用

单元格引用表示单元格在工作表上所处位置的坐标集。单元格引用的作用在于标识工作表上的单元格或单元格区域，并告知 Excel 在何处查找公式中所使用的数值或数据。单元格引用指定要进行运算的单元格地址，包括单个单元格、单元格区域、同一工作簿中其他工作表中的单元格以及其他工作簿中某个工作表中的单元格。例如，第 B 列和第 3 行交叉处的单元格，其引用形式为 B3；列 A 到列 E 和行 3 到行 20 之间的单元格区域用 A3:E20 表示。

3. 工作表函数

工作表函数简称函数，是预先编写的公式，可对一个或多个值执行运算并返回一个或多个值。使用函数可以简化和缩短工作表中的公式，尤其在用公式执行很长或复杂的计算时。

对于许多函数（如 SUM()）来说，都可以在其括号内输入参数，参数即函数中用来执行操作或计算的值。参数的类型与函数有关。函数中常用的参数类型包括数字、文本、单元格引用和名称。每个函数都有特定的参数语法。有些函数仅需要一个参数，有些函数需要或允许多个参数（其中有些参数可能是可选参数），而另外一些函数（如 PI()）根本就不允许参数。

4. 运算符

运算符是一个标记或符号，指定表达式内执行的计算的类型。运算符分为数学、比较、逻辑和引用运算符等。例如，"+"表示加号，"/"表示除号等。

在实际应用中，公式的表达式中还可以包含数组和名称（命名公式）。

5. 公式示例

下面给出一个公式的例子。

`=PI()*A3^2`

在这个公式中，包含以下组成部分。

- 工作表函数：PI()函数返回值为圆周率，其近似值为 3.141592654。
- 单元格引用：A3 返回单元格 A3 中的值。
- 常量：直接输入公式中的数字或文本值，如 2。
- 运算符：^（脱字符）运算符表示将数字乘方，*（星号）运算符表示相乘。

下面给出更多公式的例子。

将单元格 A1、A2 和 A3 中的值相加：

`=A1+A2+A3`

使用 SQRT 函数返回单元格 A1 中值的平方根：

`=SQRT(A1)`

使用 TODAY 函数返回当前日期：

`=TODAY()`

使用 IF 函数对单元格 A1 进行测试,确定它是否包含大于 0 的值。如果测试结果为 TRUE，该单元格中将显示"正数"文本；如果结果为 FALSE，则显示"负数"文本。公式为：

`=IF(A1>0,"正数","负数")`

6.1.2　常用运算符

运算符用于指定要对公式中的元素执行的计算类型。计算时有一个默认的次序，但可以使用括号更改计算次序。在 Excel 2010 中，运算符可以分为 4 不同类型，即算术、比较、文本连接和引用。

1. 算术运算符

若要完成基本的数学运算（如加法、减法、乘法和乘方）、合并数字以及生成数值结果，可使用表 6.1 中的算术运算符。

表 6.1 算术运算符

算术运算符	运算符名称	功能说明
+	加号	加法运算，如 2+3
−	减号	减法运算，如 3−1
−	负号	取相反数，如−3+2
*	乘号（星号）	乘法运算，如 2*3
/	除号	除法运算，如 6/2
%	百分号	求百分比，如 20%
^	乘方（脱字符）	乘幂运算，如 3^2

2. 比较运算符

在 Excel 中，除了错误值以外，文本、数值和逻辑值之间都存在着大小关系，在对数据进行比较时了解这种关系是很重要的。

各类数据的大小排列顺序如下：

…，−2、−1、0、1、2、…，A～Z、a～z, FALSE，TRUE

比较运算符用于比较两个值，其运算结果为逻辑值 TRUE 或 FALSE。若要比较两个值，可以使用表 6.2 中的比较运算符。

表 6.2 比较运算符

比较运算符	运算符名称	功能说明
=	等号	等于，如 A1=B1
>	大于号	大于，如 A1>B1
<	小于号	小于，如 A1<B1
>=	大于等于号	大于或等于，如 A1>=B1
<=	小于等于号	小于或等于，如 A1<=B1
<>	不等号	不等于，如 A1<>B1

3. 文本连接运算符

文本连接运算符用与号（&）表示，用该运算符可以连接一个或多个文本字符串，以生成一段连续的文本值。例如，"Microsoft" & " Excel" 的连接结果为 "Microsoft Excel"。

4. 引用运算符

引用运算符用于对单元格区域进行合并计算。若要对单元格区域进行合并计算，可使用表 6.3 中的引用运算符。

表 6.3 引用运算符

引用运算符	运算符名称	功能说明
:	冒号	区域运算符，生成对两个引用之间所有单元格的引用（包括这两个引用），如 B5:B15
,	逗号	联合运算符，将多个引用合并为一个引用，如 B5:B15,D5:D15
␣	空格	交集运算符，生成对两个引用中共有的单元格的引用，如 B7:D7 C6:C8

在表 6.3 中，B5:B15, D5:D15 用于引用 B5、B6…B15 以及 D5、D6…D15 共 22 个单元格；B7:D7 用于引用 B7、C7 和 D7 单元格；C6:C8 用于引用 C6、C7 和 C8 单元格；B7:D7 C6:C8 用于引用 B7:D7 与 C6:C8 共有的单元格，亦即 C7。

6.1.3　运算符优先级

一个公式中可以包含多个运算符。在某些情况下，执行计算的次序会影响公式的返回值。因此，了解如何确定计算次序以及如何更改次序以获得所需结果非常重要。

公式按特定次序进行计算。Excel 中的公式始终以等号（=）开头，这个等号告诉 Excel 随后的字符将组成一个公式。等号后面是要计算的元素（即操作数），各操作数之间由运算符分隔。Excel 按照公式中每个运算符的特定次序从左到右计算公式。

如果一个公式中有若干个运算符，则 Excel 将按表 6.4 中的优先级来进行计算。如果一个公式中的若干个运算符具有相同的优先顺序，例如一个公式中既有乘号又有除号，则 Excel 将从左到右进行计算。

表 6.4　运算符优先级

优先级	运算符	说明
1	:、_(空格) 和 ,	引用运算符
2	−	算术运算符：负号
3	%	算术运算符：百分比
4	^	算术运算符：乘方
5	* 和 /	算术运算符：乘和除
6	+和−	算术运算符：加和减
7	&	文本运算符：文本连接
8	=、<、>、<=、>=、<>	比较运算符：比较两个值

若要更改求值的顺序，可将公式中要先计算的部分用括号括起来。例如，下面公式的结果是 11，因为 Excel 先进行乘法运算后进行加法运算。将 2 与 3 相乘，然后再加上 5，即得到计算结果。

=5+2*3

但是，如果用括号对上述公式的语法格式进行更改，Excel 将先求出 5 加 2 之和，然后用结果乘以 3 得 21。

=(5+2)*3

在下面的示例中，公式的第 1 部分的括号强制 Excel 先计算 B4+25，然后再除以单元格 D5、E5 和 F5 中值的和。

=(B4+25)/(D5+E5+F5)

6.2　创建公式

了解公式的基本概念后，即可通过创建公式来进行计算。下面就来介绍如何在 Excel 2010 中输入、修改、移动、复制和删除公式。

6.2.1   输入公式

若要输入公式，可执行以下操作。

（1）在工作表中，单击需输入公式的单元格。

（2）输入 "="（等号）。

（3）执行下列操作之一：

● 输入要用于计算的常量和运算符。

示例公式	执行的计算
=5+3	5 加 3
=5-3	5 减 3
=5/3	5 除以 3
=5*3	5 乘以 3
=5^3	5 的 3 次方

● 单击包含要用于公式中的值的单元格，输入要使用的运算符，然后单击包含值的另一个单元格。

示例公式	执行的计算
=A1+A2	将 A1 与 A2 中的值相加
=A1-A2	将单元格 A2 中的值减去 A1 中的值
=A1/A2	将单元格 A1 中的值除以 A2 中的值
=A1*A2	将单元格 A1 中的值乘以单元格 A2 中的值
=A1^A2	以单元格 A1 中的值作为底数，以 A2 中所指定的指数值作为乘方

● 若要创建单元格引用，可选择相应单元格、单元格区域、另一个工作表或工作簿中的相应位置。此行为称作半选定。可以拖动所选单元格的边框来移动选定区域，或者拖动边框上的角来扩展选定区域。

示例公式	执行的计算
=C2	使用单元格 C2 中的值
=Sheet2!B2	使用工作表 Sheet2 上单元格 B2 中的值

● 若要在公式中插入函数，可单击编辑栏上的"插入函数"按钮 f_x，如图 6.1 所示，然后选择要使用的函数并指定函数的参数。

示例公式	执行的计算
=SUM(A:A)	将 A 列的所有数字相加
=AVERAGE(A1:B4)	计算区域中所有数字的平均值

（4）根据需要，可以输入多个常量、引用、函数和运算符，以得到所需的计算结果。

（5）按 Enter 键，完成公式的输入。

此时，包含公式的单元格内会显示出公式的计算结果，公式本身则显示在编辑栏中，如图 6.2 所示。若要在公式与计算结果之间切换，可按 Ctrl+′ 组合键。

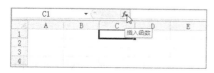

图 6.1   插入函数

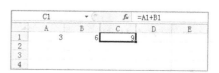

图 6.2   公式及其计算结果

包含公式的单元格称为从属单元格，这时其值将依赖于其他单元格的值。例如，如果单元格 B2 包含公式 "=C2"，则单元格 B2 就是从属单元格，其值依赖于单元格 C2。

【实战演练】通过创建公式计算职工的实发工资。

（1）打开"工资表.xlsx"工作簿，选择"工资表"工作表。

（2）单击单元格 G4，输入等号 "="。

（3）单击单元格 D4，输入加号 "+"。

（4）单击单元格 E4，输入减号 "−"。

（5）单击单元格 F4，按 Enter 键以完成公式的输入，结果如图 6.3 所示。

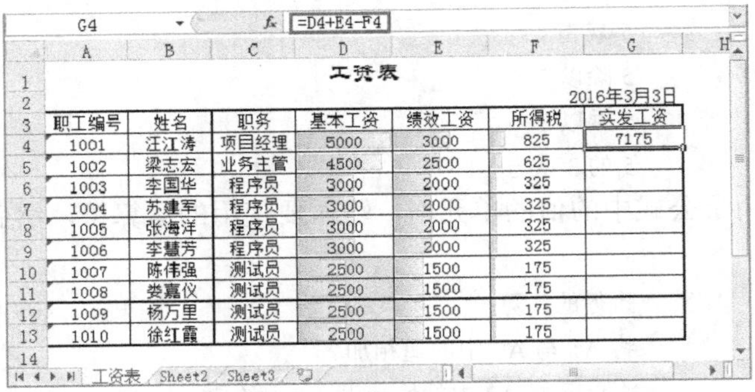

图 6.3　利用公式计算职工工资

6.2.2　修改公式

输入公式后，如果发现错误或情况发生了变化，就需要对公式进行修改。修改公式与修改其他单元格内容的方法是一样的。

若要修改已输入的公式，可双击包含待修改公式的单元格，然后在该单元格或编辑栏中对公式的内容进行修改。

当修改公式时，公式将以彩色方式标识，公式中单元格引用的颜色与所引用单元格的标识颜色一致，以便于跟踪公式，帮助用户查询和分析公式，如图 6.4 所示。

图 6.4　公式中引用的单元格呈现不同颜色

6.2.3　移动公式

通过剪切和粘贴操作可以移动公式。在移动公式时，无论使用哪种形式的单元格引用，公式内的单元格引用都不会更改。

若要移动公式，可执行以下操作。

（1）在工作表中，选择包含要移动的公式的单元格。

（2）在"开始"选项卡上的"剪贴板"组中，单击"剪切"命令。

（3）在工作表中，单击目标单元格。

（4）按 Enter 键，或者在"开始"选项卡的"剪贴板"组中单击"粘贴"命令。

提示：也可以通过将所选单元格的边框拖动到粘贴区域左上角的单元格上来移动公式。这将替换现有的任何数据。

6.2.4　复制公式

通过复制和粘贴操作可以复制公式。在复制公式时，单元格引用会根据所用单元格引用的类型而发生变化。关于单元格引用的类型，请参阅 6.3 节。

若要复制公式，可执行以下操作。

（1）在工作表中，选择包含需要复制的公式的单元格。

（2）在"开始"选项卡的"剪贴板"组中，单击"复制"命令。

（3）在工作表中，单击目标单元格。

（4）执行下列操作之一。

● 若要粘贴公式和所有格式，可在"开始"选项卡的"剪贴板"组中单击"粘贴"命令。

● 若要只粘贴公式，可在"开始"选项卡的"剪贴板"组中，单击"粘贴"下方的箭头，然后单击"公式"选项，如图 6.5 所示。

图 6.5　只粘贴公式

● 若只粘贴公式的计算结果，可在"开始"选项卡的"剪贴板"组中单击"粘贴"下方的箭头，然后单击"值"选项，如图 6.6 所示。

图 6.6　粘贴公式结果

也可以使用填充柄来复制公式，具体操作方法是：在工作表中选择包含所复制公式的单元格，然后将填充柄拖到要填充的区域上。

此外，还可以在一系列单元格中快速输入同一个公式，操作方法是：首先选择要计算的区域，然后输入公式并按下 Ctrl+Enter 组合键。

例如，如果在区域 C1:C5 中输入=SUM(A1:B1)，然后按 Ctrl+Enter 组合键，此时 Excel 将在该区域内的每个单元格中输入该公式，并将 A1 用作相对引用。

所谓相对引用，是在公式中基于包含公式的单元格与被引用的单元格之间的相对位置的单元格地址。如果复制公式，相对引用将自动调整。关于相对引用，请参阅 6.3.2 节。

【实战演练】通过复制公式计算更多职工的实发工资。

（1）打开“工资表.xlsx”工作簿。

（2）在工作表 Sheet1 中，单击包含公式的单元格 G4。

（3）将填充柄拖过区域 G5:G13，以复制公式。

（4）单击单元格 G9，可在编辑栏看到公式内容为=D9+E9−F9；由此可知，复制公式时相对引用将自动调整，如图 6.7 所示。

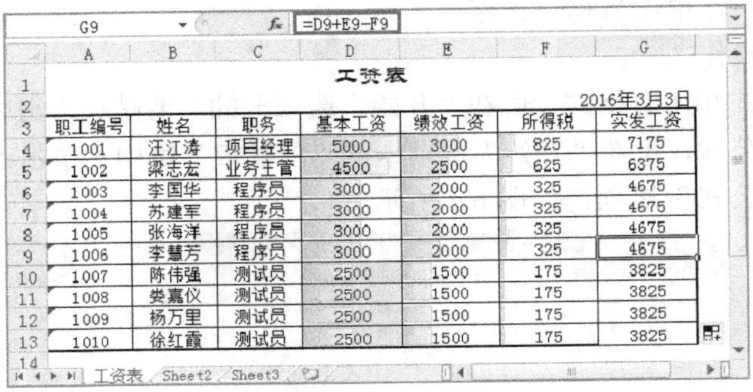

职工编号	姓名	职务	基本工资	绩效工资	所得税	实发工资
1001	汪江涛	项目经理	5000	3000	825	7175
1002	梁志宏	业务主管	4500	2500	625	6375
1003	李国华	程序员	3000	2000	325	4675
1004	苏建军	程序员	3000	2000	325	4675
1005	张海洋	程序员	3000	2000	325	4675
1006	李慧芳	程序员	3000	2000	325	4675
1007	陈伟强	测试员	2500	1500	175	3825
1008	娄嘉仪	测试员	2500	1500	175	3825
1009	杨万里	测试员	2500	1500	175	3825
1010	徐红霞	测试员	2500	1500	175	3825

图 6.7　复制公式

6.2.5　删除公式

若要删除公式，可执行以下操作。

（1）在工作表中，单击包含公式的单元格。

（2）按 Delete 键。

6.3　单元格引用

单元格引用是公式的组成部分之一，其作用在于标识工作表上的单元格或单元格区域，并通过 Excel 在何处查找公式中所使用的数值或数据。下面首先介绍单元格引用样式，然后对不同类型的引用加以说明。

6.3.1　引用样式

默认情况下，Excel 使用 A1 引用样式。此样式引用字母标识列（从 A 到 XFD，共 16 384 列）以及数字标识行（从 1 到 1 048 576），这些字母和数字被称为行号和列标。若要引用某个单元格，可输入一个列标，后跟一个行号。例如，D6 引用列 D 和行 6 交叉处的单元格。

下面给出使用 A1 引用样式的一些例子。

若要引用	可使用
列 A 和行 10 交叉处的单元格	A10
在列 A 和行 10 到行 20 之间的单元格区域	A10:A20
在行 15 和列 B 到列 E 之间的单元格区域	B15:E15
行 5 中的全部单元格	5:5
行 5 到行 10 之间的全部单元格	5:10
列 H 中的全部单元格	H:H
列 H 到列 J 之间的全部单元格	H:J
列 A 到列 E 和行 10 到行 20 之间的单元格区域	A10:E20

除了 A1 引用样式外，也可以使用 R1C1 引用样式。使用 R1C1 引用样式时，行和列均使用数字标签。例如，若要引用行 10 和列 3 交叉处的单元格，可使用 R10C3。

若要将单元格引用的引用样式从 A1 样式更改为 R1C1 样式，可执行以下操作。

（1）单击"文件"选项卡，单击"选项"命令。

（2）在"Excel 选项"对话框中，单击"公式"选项。

（3）在"使用公式"下方，选中"R1C1 引用样式"复选框，如图 6.8 所示。

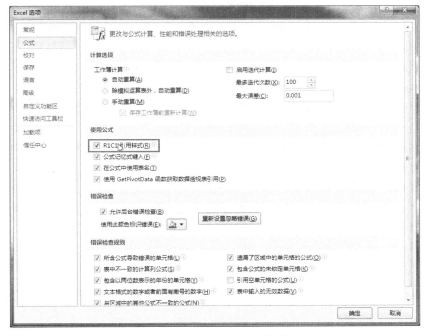

图 6.8 改用"R1C1 引用样式"

（4）单击"确定"按钮。此时工作表中的列也将使用数字标签来标识，如图 6.9 所示。

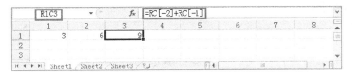

图 6.9 使用"R1C1 引用样式"

下面给出 R1C1 引用样式的一些例子。

若要引用	可使用
同一列中上面两行的单元格	R[-2]C
下面两行、右面两列的单元格	R[2]C[2]
工作表的第二行、第二列的单元格	R2C2
活动单元格整个上面一行单元格区域	R[-1]
当前行	R

上述 R1C1 引用可分为相对引用和绝对引用。使用相对引用时，应将行号或列号置于方括号内，例如 R[-2]C、R[2]C[2]和 R[-1]；使用绝对引用时，则是将行号和列号分别放在字母 R 和 C 的后面，例如 R2C2。如果未指定行号或列号，则使用当前行或当前列，例如 R。

6.3.2　相对引用

公式中的相对单元格引用（如 A1），是基于包含公式和单元格引用的单元格的相对位置。如果公式所在单元格的位置改变，单元格引用也将随之改变。如果多行或多列地复制或填充公式，单元格引用会自动调整。默认情况下，新公式使用相对引用。

【实战演练】在公式中使用相对引用。

（1）创建一个新的空白工作簿，将其保存为"3 种单元格引用示例.xlsx"。

（2）将 Sheet1、Sheet2 和 Sheet3 工作表分别命名为"相对引用"、"绝对引用"和"混合引用"。

（3）在单元格 A1 和 A2 中分别输入"Hello"和"World"。

（4）在单元格 B2 中输入公式"=A1"。

（5）选择包含公式的单元格 B2，然后在"开始"选项卡的"剪贴板"组中单击"复制"命令。

（6）单击单元格 B3，然后在"开始"选项卡的"剪贴板"组中单击"粘贴"命令，此时的工作表效果如图 6.10 所示。

（7）按 Ctrl+' 组合键，从显示公式值切换到显示公式本身。此时可以看到，将单元格 B2 中的相对引用复制到单元格 B3 时，目标单元格 B3 的内容将自动从"=A1"调整到"=A2"，如图 6.11 所示。

图 6.10　复制包含相对引用的公式

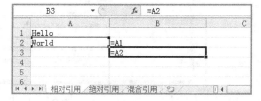

图 6.11　显示公式本身

6.3.3　绝对引用

公式中的绝对单元格引用（如$A$1）总是在特定位置引用单元格。如果公式所在单元格的位置改变，绝对引用将保持不变。如果多行或多列地复制或填充公式，绝对引用将不作调整。默认情况下，新公式使用相对引用，可能需要将它们转换为绝对引用。例如，如果将某个源单元格中的绝对引用复制或填充到目标单元格中，则这两个单元格中的绝对引用相同。

【实战演练】在公式中使用绝对引用。

（1）打开"3 种单元格引用示例.xlsx"工作簿。

（2）选择"绝对引用"工作表，在单元格 A1 和 A2 中分别输入"Hello"和"World"。

（3）在单元格 B2 中输入公式"=$A$1"。

（4）选择包含公式的单元格 B2，然后在"开始"选项卡的"剪贴板"组中单击"复制"命令。

（5）单击单元格 B3，然后在"开始"选项卡的"剪贴板"组中单击"粘贴"命令，此时的工作表效果如图 6.12 所示。

（6）按 Ctrl+' 组合键，此时可以看到，将单元格 B2 中的绝对引用复制到单元格 B3 时，目标单元格 B3 的内容将继续保持源单元格的内容=$A$2，如图 6.13 所示。

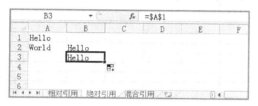

图 6.12　复制包含绝对引用的公式

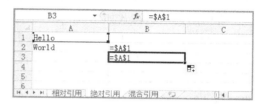

图 6.13　显示公式本身

6.3.4　混合引用

混合引用具有绝对列和相对行或绝对行和相对列。绝对引用列采用$A1、$B1 等形式。绝对引用行采用 A$1、B$1 等形式。如果公式所在单元格的位置改变，则相对引用将改变，而绝对引用则保持不变。如果多行或多列地复制或填充公式，相对引用将自动调整，而绝对引用则不作调整。

若要在相对引用、绝对引用和混合引用之间快速切换，可在单元格或编辑栏中选择公式包含的单元格引用，然后按 F4 键。例如，按 F4 键可在 B2、$B$2、B$2 和$B2 之间快速切换。

【实战演练】在公式中使用混合引用。

（1）打开"3 种单元格引用示例.xlsx"工作簿。

（2）选择"混合引用"工作表。

（3）在单元格 A1 和 B1 中分别输入"Hello"和"World"。

（4）在单元格 B2 中输入公式"=A$1"。

（5）选择包含公式的单元格 B2，然后在"开始"选项卡的"剪贴板"组中单击"复制"命令。

（6）单击单元格 C3，然后在"开始"选项卡的"剪贴板"组中单击"粘贴"命令，此时的工作表效果如图 6.14 所示。

（7）按 Ctrl+' 组合键，可看到将单元格 B2 中的绝对引用复制到单元格 C3 时，目标单元格 C3 的内容从=A$1 调整为=B$1（相对引用自动调整，绝对引用保持不变），如图 6.15 所示。

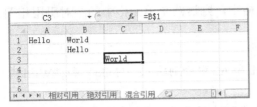

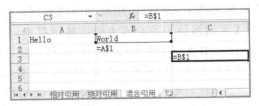

图 6.14　复制包含混合引用的公式　　　　　图 6.15　显示公式本身

6.3.5　三维引用

前面讨论的相对引用、绝对引用和混合引用都是针对当前工作表中的单元格。如果要引用其他工作表中的单元格，则要用到三维引用。三维引用表示指定工作表中的单元格引用，它包含单元格或区域引用，前面加上半角感叹号"!"和工作表名称的范围。

三维引用的语法格式如下：

工作表名称!单元格地址

如果要分析同一工作簿中多个工作表上相同单元格或单元格区域中的数据，可以使用三维引用。例如，如果要在工作表 Sheet1 中引用工作表 Sheet3 的单元格 A3，可以使用三维引用 Sheet3!A3。

使用引用运算符"："可以指定一个工作表范围，此时 Excel 将使用存储在引用开始名和结束名之间的任何工作表。例如，=SUM(Sheet2:Sheet6!B5) 将计算 B5 单元格内包含的所有值的和，单元格取值范围是从工作表 Sheet2 到工作表 Sheet6。

【实战演练】在公式中使用三维引用。

（1）创建一个新的空白工作簿，并将其保存为"三维引用示例.xlsx"。

（2）将工作表 Sheet1、Sheet2 和 Sheet3 分别命名为"计算机技术系"、"电子技术系"和"电子商务系"。

（3）添加一个新的工作表并将其命名为"学生处"。

（4）选择"计算机技术系"工作表，在 A1 和 A2 单元格中分别输入文本"学生人数"和数字 806，如图 6.16 所示。

（5）选择"电子技术系"工作表，在 A1 和 A2 单元格中分别输入文本"学生人数"和数字 799，如图 6.17 所示。

（6）选择"电子商务系"工作表，在 A1 和 A2 单元格中分别输入文本"学生人数"和数字 696，如图 6.18 所示。

图 6.16　计算机技术系学生人数　　　图 6.17　电子技术系学生人数　　　图 6.18　电子商务系学生人数

（7）选择"学生处"工作表，在单元格 A1 中输入"学生总人数"，在单元格 A2 中输入以下公式（其中 SUM 函数的功能是将指定为参数的所有数字相加）。

=SUM(计算机技术系:电子商务系!A2)

结果如图 6.19 所示。

图 6.19 利用三维引用计算学生总人数

6.3.6 外部引用

若要在单元格公式中引用另外一个工作簿中的单元格，则需要使用外部引用。

外部引用也称为链接，是对另一个 Excel 工作簿中的工作表的单元格或单元格区域的引用，也可以是对另一个工作簿中的已定义名称的引用。通过创建外部引用，可以引用另一个工作簿中的单元格的内容。既可以引用特定的单元格区域或为单元格区域定义的名称，也可以为外部引用定义名称。

名称是指代表单元格、单元格区域、公式或常量值的单词或字符串。

包含对其他工作簿的外部引用的公式有两种显示方式，具体取决于源工作簿（为公式提供数据的工作簿）是打开还是关闭的。当源工作簿状态发生变化时外部引用形式随之改变。

- 当源工作簿打开时，外部引用包含用方括号括起的工作簿的名称，然后是工作表名称和感叹号（!），接着是公式要计算的单元格。例如，下列公式对名为 Budget.xlsx 的工作簿中的单元格区域 C10:C25 求和。

=SUM([Budget.xlsx]Annual!C10:C25)

- 当源工作簿未打开时，外部引用包括完整路径。例如：

=SUM('C:\Reports\[Budget.xlsx]Annual'!C10:C25)

注意：如果其他工作表或工作簿名称中包含非字母字符，则必须将文件名（或路径）置于单引号中。

【实战演练】在公式中使用外部引用。

（1）创建一个新的空白工作簿，然后将其保存为"外部引用示例.xlsx"。

（2）选择工作表 Sheet1，在单元格 A1 中输入文本"外部引用示例"。

（3）在单元格 A2 和 B2 中分别输入文本"姓名"和"实发工资"。

（4）在单元格 A3 中输入以下公式。

='D:\Excel 2010\[工资表.xlsx]工资表'!B4

（5）单击单元格 A3，将填充柄拖至单元格 A12，快速复制公式。

（6）在单元格 B3 中输入以下公式。

='D:\Excel 2010\[工资表.xlsx]工资表'!G4

（7）选择单元格 B3，将填充柄拖至单元格 B12，快速复制公式，结果如图 6.20 所示。

（8）按 Ctrl+' 组合键，可以看到公式中的相对引用已作自动调整，如图 6.21 所示。

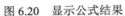

图 6.20　显示公式结果

图 6.21　在公式中使用外部引用

6.4　使用数组公式

如前所述，使用公式时可以得到一个计算结果。如果希望使用公式进行多重计算并返回一个或多个计算结果，则需要通过数组公式来实现。下面首先介绍数组常量，然后讨论如何创建和应用数组公式。

6.4.1　数组的概念

工作表中的数据是按单元格的行列顺序存储的，可将连续单元格区域中的数据作为一个数组。在 Excel 中，数组分为数组常量和数组区域两类。

数组常量可以包含一组数字、文本、TRUE 或 FALSE 等逻辑值、#N/A 等错误值，这些值被放置在花括号内，不同列的值以半角逗号分隔，不同行的值以半角分号分隔。同一个数组常量中可以包含不同类型的值。例如，{1,3,4;TRUE,FALSE,TRUE}。数组常量中的数字可以使用整数、小数或科学记数格式。文本必须包含在半角的双引号内，例如"Tuesday"。

在设置数组常量的格式时，应当确保以下几点。

● 用花括号（{ }）将它们括起来。
● 用逗号（,）将不同列的值分隔开。例如，若要表示值 10、20、30 和 40，可以输入{10, 20, 30, 40}。这个数组常量是一个 1 行 4 列数组，相当于一个 1 行 4 列的引用。
● 用分号（;）将不同行的值分隔开。例如，若要表示一行中的 10、20、30、40 和下一行中的 50、60、70、80，可以输入{10, 20, 30, 40; 50, 60, 70, 80}，这是一个 2 行 4 列的数组常量。

注意： 数组常量不能包含单元格引用、长度不等的行或列、公式或特殊字符$（美元符号）、括号或%（百分号）。

数组区域是工作表中的一个矩形区域，可使用"起始单元格:终止单元格"形式来表示数组区域。数组区域中的单元格共用同一个公式。

6.4.2　创建数组公式

数组公式可以执行多项计算并返回一个或多个结果，每个结果显示在一个单元格中。数组公式对两组或多组值执行运算，这些值称为数组参数。每个数组参数都必须有相同数量的行和列。一些工作表函数返回多组数值，或需要将一组值作为一个参数。

创建数组公式的方法与创建其他公式的方法相同。所不同的是，在数组公式中可以输入数组常量或数组区域作为数组参数，而且必须按 Ctrl+Shift+Enter 组合键来输入公式，此时 Excel 会自动在花括号{ }之间插入该公式。

创建数组公式的操作步骤如下。

（1）执行下列操作之一。

- 若要使用数组公式计算单个结果，可在工作表中单击单个单元格
- 若要使用数组公式计算多个结果，可在工作表中选定与数组参数具有相同的列数和行数的单元格区域。

（2）输入公式，其中可包含数组常量或数组区域作为数组参数。

（3）按 Ctrl+Shift+Enter 组合键。

【实战演练】创建和应用数组公式。

（1）创建一个新的空白工作簿，然后将其保存为“数组公式应用示例.xlsx”。

（2）在工作表 Sheet1 中输入手机订单统计数据，如图 6.22 所示。

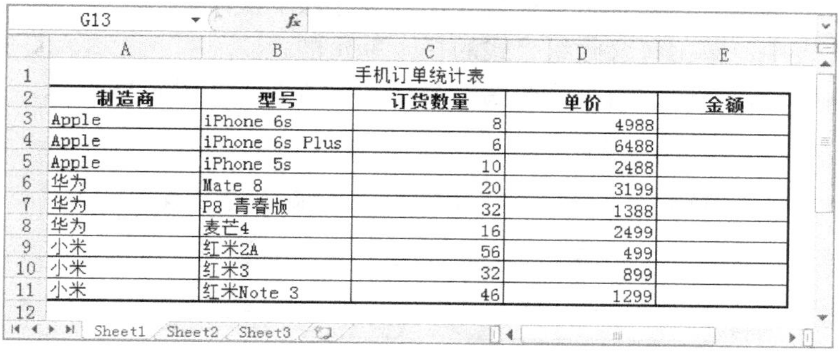

	A	B	C	D	E
1	手机订单统计表				
2	制造商	型号	订货数量	单价	金额
3	Apple	iPhone 6s	8	4988	
4	Apple	iPhone 6s Plus	6	6488	
5	Apple	iPhone 5s	10	2488	
6	华为	Mate 8	20	3199	
7	华为	P8 青春版	32	1388	
8	华为	麦芒4	16	2499	
9	小米	红米2A	56	499	
10	小米	红米3	32	899	
11	小米	红米Note 3	46	1299	
12					

图 6.22　手机订单统计数据

（3）选定单元格区域 E3:E11，然后输入以下数组公式。

=C3:C11*D3:D11

（4）按 Ctrl+Shift+Enter 组合键，结果如图 6.23 所示。

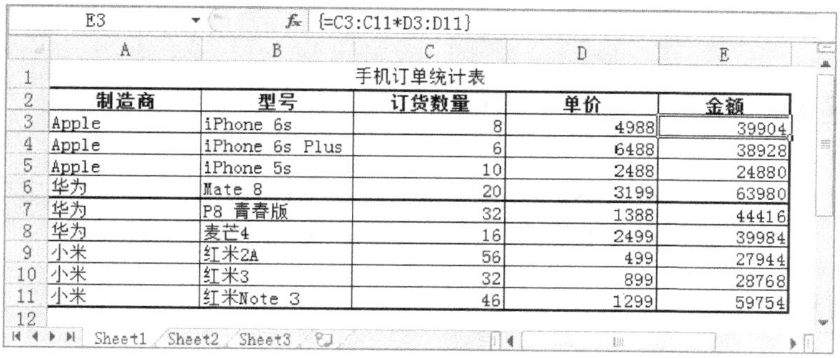

	A	B	C	D	E
1	手机订单统计表				
2	制造商	型号	订货数量	单价	金额
3	Apple	iPhone 6s	8	4988	39904
4	Apple	iPhone 6s Plus	6	6488	38928
5	Apple	iPhone 5s	10	2488	24880
6	华为	Mate 8	20	3199	63980
7	华为	P8 青春版	32	1388	44416
8	华为	麦芒4	16	2499	39984
9	小米	红米2A	56	499	27944
10	小米	红米3	32	899	28768
11	小米	红米Note 3	46	1299	59754
12					

图 6.23　利用数组公式计算多个结果

（5）在单元格 B13 中输入文本“订单总金额:”，然后在单元格 C13 中输入以下数组公式（数组区域作为参数）。

=SUM(C3:C11*D3:D11)

（6）按 Ctrl+Shift+Enter 组合键，结果如图 6.24 所示。

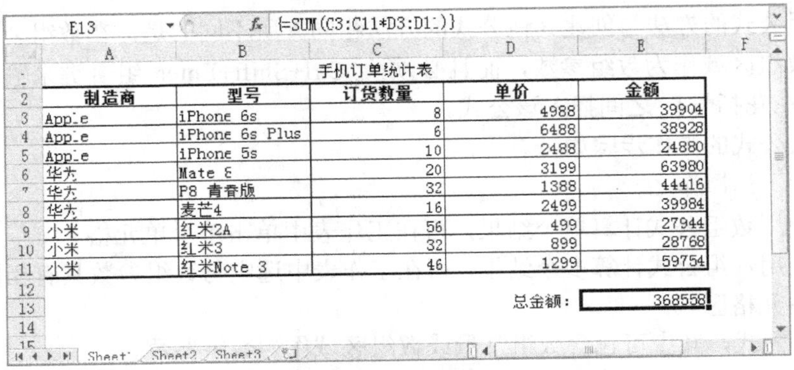

E13　{=SUM(C3:C11*D3:D11)}

	A	B	C	D	E
1	手机订单统计表				
2	制造商	型号	订货数量	单价	金额
3	Apple	iPhone 6s	8	4988	39904
4	Apple	iPhone 6s Plus	6	6488	38928
5	Apple	iPhone 5s	10	2488	24880
6	华为	Mate 8	20	3199	63980
7	华为	P8 青春版	32	1388	44416
8	华为	麦芒4	16	2499	39984
9	小米	红米2A	56	499	27944
10	小米	红米3	32	899	28768
11	小米	红米Note 3	46	1299	59754
13				总金额：	368558

图 6.24　利用数组公式计算单个结果

6.4.3　编辑数组公式

数组区域由若干个单元格组成，这些单元格构成一个整体，因此不能对数组区域中的某个单元格单独进行编辑。若要编辑数组公式，可执行以下操作。

（1）在工作表中，单击包含数组公式的任一单元格。

（2）单击编辑栏，此时数组公式两端的花括号将消失，如图 6.25 所示。

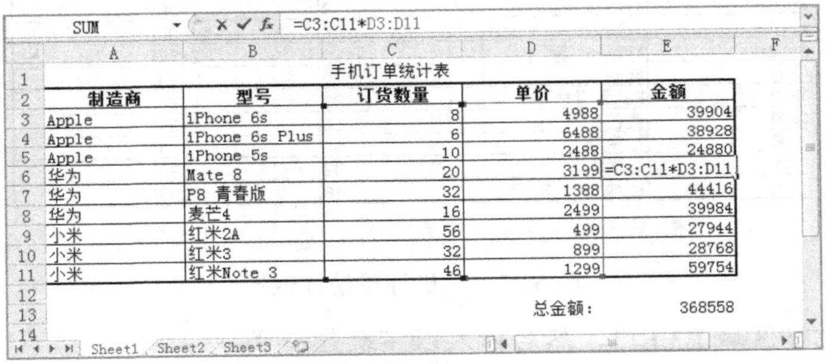

SUM　=C3:C11*D3:D11

	A	B	C	D	E
1	手机订单统计表				
2	制造商	型号	订货数量	单价	金额
3	Apple	iPhone 6s	8	4988	39904
4	Apple	iPhone 6s Plus	6	6488	38928
5	Apple	iPhone 5s	10	2488	24880
6	华为	Mate 8	20	3199	=C3:C11*D3:D11
7	华为	P8 青春版	32	1388	44416
8	华为	麦芒4	16	2499	39984
9	小米	红米2A	56	499	27944
10	小米	红米3	32	899	28768
11	小米	红米Note 3	46	1299	59754
13				总金额：	368558

图 6.25　编辑数组公式

（3）对数组公式进行修改。

（4）按 Ctrl+Shift+Enter 组合键。

6.5　处理名称

名称是一个有意义的简略表示法，使用名称可以帮助用户了解单元格引用、常量、公式或表格的用途。下面介绍如何在 Excel 2010 中创建、编辑和处理名称。

6.5.1　名称概述

在 Excel 2010 中，可以创建和使用以下两种类型的名称。

- 已定义名称：代表单元格、单元格区域、公式或常量值的名称。根据需要，可以创建自己的已定义名称，有时 Excel 也会创建已定义名称，例如当设置打印区域时。
- 表格名称：即 Excel 表格的名称。表格是有关存储在记录（行）和字段（列）中的特定主题的数据集合。每次插入表格时，Excel 都会创建 Table1、Table2 等默认名称，但也可以更改此名称以使其更有意义。

创建和编辑名称时，应遵循以下语法规则。

- 在名称中，首字符必须是字母、下画线（_）或反斜杠（\），其余字符可以是字母、数字、句点（.）和下画线（_）。
- 不能将字母"C"、"c"、"R"或"r"用作已定义名称。
- 名称不能与单元格引用（例如 Z$100 或 R1C1）相同。
- 可使用下画线和句点作为单词分隔符，例如 Sales_Tax 或 First.Quarter。在名称中不允许使用空格。
- 一个名称最多可以包含 255 个字符。
- 名称可以包含大写字母和小写字母。Excel 在名称中不区分大写字母和小写字母。例如，如果创建了名称 Sales，然后又在同一工作簿中创建另一个名称 SALES，则 Excel 会提示用户选择一个唯一的名称。

所有名称都有一个延伸到特定工作表（也称为局部工作表级别）或整个工作簿（也称为全局工作簿级别）的适用范围。名称的适用范围是指在没有限定的情况下能够识别名称的位置。例如，如果定义了一个名称（例如 Budget_FY08），并且其适用范围为 Sheet1，则该名称在没有限定的情况下只能在 Sheet1 中被识别，而不能在 Sheet2 或 Sheet3 中被识别。

若要在另一个工作表中使用局部工作表名称，可以通过在该名称前面加上该工作表的名称来限定它。

Sheet1!Budget_FY08

如果定义了一个名称（例如 Sales_Dept_Goals），并且其适用范围为工作簿，则该名称对于该工作簿中的所有工作表而言都是可识别的，但对于其他任何工作簿都是不可识别的。

名称在其适用范围内必须始终唯一。Excel 禁止定义在其适用范围内不唯一的名称。但是，可以在不同的范围中使用同一个名称。例如，可以在同一个工作簿中定义一个适用于 Sheet1、Sheet2 和 Sheet3 的名称，例如 GrossProfit。尽管每个名称都相同，但每个名称在其适用范围内都是唯一的，从而可以确保使用名称 GrossProfit 的公式在局部工作簿级别始终引用相同的单元格。

也可以为全局工作簿级别定义名称 GrossProfit，但范围同样必须唯一。然而，在这种情况下可能会存在名称冲突。为解决此冲突，默认情况下，Excel 使用为工作表定义的名称，因为局部工作表级别优先于全局工作簿级别。如果要覆盖此优先级而使用工作簿名称，可以通过为工作簿名称加前缀来消除名称歧义。

WorkbookFile!GrossProfit

6.5.2　创建名称

在 Excel 2010 中，可以使用以下 3 种方式来创建名称。

1. 使用"名称"框创建名称

这种方法最适用于为选定区域创建工作簿级别的名称。若要为单元格或单元格区域创建名称，可执行以下操作。

（1）在工作表中，选择要命名的单元格、单元格区域或不相邻的选定内容。

（2）单击编辑栏左端的"名称"框。

（3）输入引用所选定内容时要使用的名称，如图 6.26 所示。

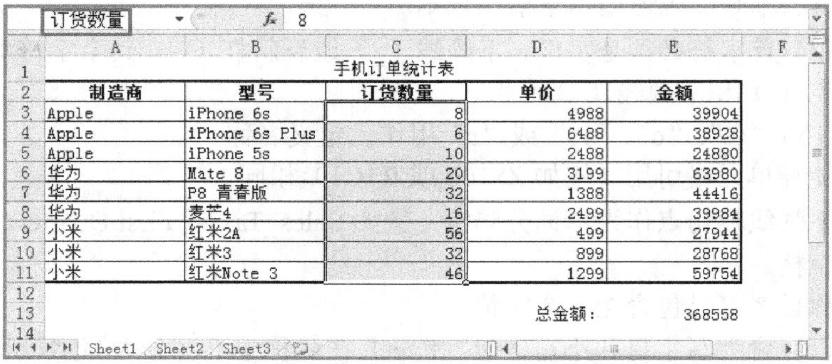

图 6.26　使用名称命名单元格区域

（4）按 Enter 键。

注意：如果正在更改单元格内容，则不能命名该单元格。默认情况下，名称使用绝对单元格引用。

2. 基于选定区域创建名称

通过使用工作表中选定的单元格创建名称，可以将现有行和列标签转换为名称，具体操作步骤如下。

（1）在工作表中选择要命名的区域，包括行或列标签。

（2）在"公式"选项卡的"定义的名称"组中，单击"根据所选内容创建"命令，如图 6.27 所示。

图 6.27　选择"根据所选内容创建"命令

（3）在如图 6.28 所示的"以选定区域创建名称"对话框中，通过选中"首行"、"最左列"、"末行"或"最右列"复选框来指定包含标签的位置。

注意：使用此方法创建的名称仅引用包含值的单元格，并且不包括现有行和列标签。

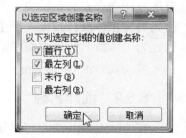

图 6.28　以选定区域创建名称

3. 使用"新名称"对话框创建名称

使用"新名称"对话框可以更灵活地创建名称，例如指定局部工作表级别适用范围或创建名称批注，具体操作步骤如下。

（1）在"公式"选项卡上的"定义的名称"组中，单击"定义名称"命令，如图 6.29 所示。

（2）在如图 6.30 所示的"新名称"对话框的"名称"框中，输入要用于引用的名称。

图 6.29 选择"定义名称"命令

（3）在"名称"框中，输入要创建的已定义名称。

（4）要指定名称的范围，可在"范围"下拉列表框中，选择"工作簿"或工作簿中工作表的名称。

（5）根据需要，可以选择在"备注"框中输入最多 255 个字符的说明性批注。

（6）在"引用位置"框中，执行下列操作之一。

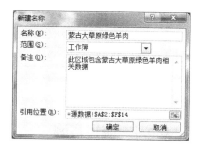

图 6.30 "新建名称"对话框

- 若要输入其他单元格引用作为参数，可单击"折叠对话框"按钮 （暂时隐藏对话框），接着选择工作表中的单元格，然后单击"展开对话框"按钮 。
- 若要使用名称来命名常量，输入=（等号），再输入常量值。
- 若要使用名称来命名公式，可输入=（等号），再输入公式。

（7）单击"确定"按钮。

6.5.3 输入名称

创建名称以后，可以通过以下方法来输入名称。

- 直接输入名称，例如作为公式的参数。
- 使用"公式记忆式键入"下拉列表，其中自动列出了有效名称，如图 6.31 所示。
- 从"公式"选项卡的"已定义名称"组中"用于公式"命令的可用列表中选择已定义名称，如图 6.32 所示。

图 6.31 公式记忆式键入

图 6.32 从"用于公式"列表选择

【实战演练】在公式中使用名称。

（1）打开"学生成绩.xlsx"工作表，选择"计 1501 计算机应用基础成绩"工作表。

（2）选择单元格 B2，用"名称"框将其命名为"平时成绩比例"。

（3）选择单元格 D2，用"名称"框将其命名为"期末成绩比例"。

（4）选择单元格区域 D4:D13，用"名称"框将其命名为"平时成绩区域"。

（5）选择单元格区域 E4:E13，用"名称"框将其命名为"期末成绩区域"。

（6）选择单元格区域 F4:F13，然后输入以下数组公式。

=平时成绩区域*平时成绩比例+期末成绩区域*期末成绩比例

（7）按 Ctrl+Shift+Enter 组合键，完成数组公式的输入，结果如图 6.33 所示。

图 6.33　在数组公式中使用名称

6.5.4　编辑名称

创建一个名称后，即可在公式中使用该名称。根据需要，还可以对已有名称进行更改，对于不再需要使用的名称还可以将其删除。如果更改已定义名称或表名称，则工作簿中该名称的所有使用实例也会更改。

若要更改名称，可执行以下操作。

（1）在"公式"选项卡的"定义的名称"组中，单击"名称管理器"命令，如图 6.34 所示。

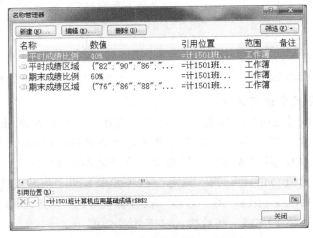

图 6.34　选择"名称管理器"命令

（2）在"名称管理器"对话框中单击要更改的名称，然后单击"编辑"按钮，或者双击要更改的名称，如图 6.35 所示。

图 6.35　"名称管理器"对话框

（3）在如图 6.36 所示的"编辑名称"对话框中，在"名称"框中为引用输入新名称。

（4）在"引用位置"框中更改引用，然后单击"确定"按钮。

（5）返回"名称管理器"对话框后，在"引用位置"框中更改所选名称代表的单元格、公式或常量。

- 若要取消不需要或意外的更改，可以单击"取消"按钮 ×，或者按 Esc 键。

图 6.36　"编辑名称"对话框

- 若要保存更改，可以单击"提交"按钮 ✓，或者按 Enter 键。

若要删除一个或多个名称，可执行以下操作。

（1）在"公式"选项卡的"定义的名称"组中，单击"名称管理器"命令。

（2）在如图 6.37 所示的"名称管理器"对话框中，通过执行下列操作之一选择一个或多个名称。

- 若要选择某个名称，可单击该名称。
- 若要选择连续组内的多个名称，可单击并拖动这些名称，或者按住 Shift 键单击该组内的每个名称。
- 若要选择非连续组内的多个名称，可按住 Ctrl 键单击该组内的每个名称。

（3）单击"删除"按钮，或按 Delete 键。

（4）在如图 6.38 所示的对话框中，单击"确定"按钮，以确认删除。

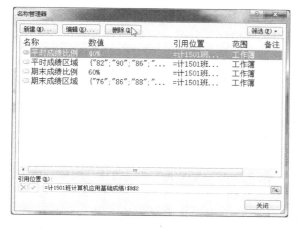

图 6.37　删除名称

图 6.38　确认删除名称

6.6　审核公式

为了保证公式的正确性，对公式进行审核是很重要的。审核公式包括检查并校对数据、查找选定公式引用的单元格、查找引用选定单元格的公式以及查找错误等。

6.6.1 更正公式

如果创建公式时出现了输入错误，则会在单元格内显示相应的错误信息，此时需要了解产生错误的原因并加以更正。

下面列出一些常见的错误信息、可能的产生原因以及相应的解决方法。

1. 更正#####错误

当列不够宽时，会出现此错误。此时，可增加列宽、缩小内容以适合列宽或者应用另一种数字格式。

2. 更正#DIV/0!错误

当数字除以零（0）时，会出现此错误。此时，可以检查下列可能的原因并选择相应的解决方法。

- 若输入的公式中包含明显的除以零（0）的计算，如"=5/0"，可将除数更改为非零值。
- 若使用对空白单元格或包含零作为除数的单元格的单元格引用，可将单元格引用更改为其他单元格，或者在单元格中输入一个不为零的数值作为除数。

3. 更正#N/A 错误

当数值对函数或公式不可用时，将出现此错误。此时，应检查公式中引用的单元格的数据，并正确输入内容。

4. 更正#NAME?错误

当 Excel 无法识别公式中的文本时，将出现此错误。此时，可以检查下列可能的原因并选择相应的解决方法。

- 使用了不存在的名称，应确保使用的名称确实存在。在"公式"选项卡的"已定义名称"组中，单击"名称管理器"命令，然后查看名称是否列出。如果名称未列出，可单击"定义名称"命令以添加名称。
- 名称出现拼写错误，可验证拼写。在编辑栏中选择名称，按 F3 键，在"粘贴名称"对话框中单击要使用的名称，然后单击"确定"按钮。
- 函数名称出现拼写错误，可更正拼写。在"公式"选项卡的"函数库"组中，单击"函数向导"命令，在公式中插入正确的函数名称。
- 在公式中输入文本时没有使用双引号。虽然用户的本意是将输入的内容作为文本使用，但 Excel 会将其解释为名称。此时，应将公式中的文本用双引号括起来。
- 区域引用中漏掉了冒号（:）。应确保公式中的所有区域引用都使用了冒号（:）。
- 引用的另一张工作表未使用单引号括起来。如果公式中引用了其他工作表或工作簿中的值或单元格，且这些工作簿或工作表的名字中包含非字母字符或空格，则必须用单引号（'）将名称括起来。

5. 更正#NULL!错误

如果指定两个并不相交的区域的交点，则将出现此错误。此时，此时，可以检查下列可能的原因并选择相应的解决方法。

- 使用了不正确的区域运算符。若要引用连续的单元格区域，可使用冒号（:）分隔对区域中第一个单元格的引用和对最后一个单元格的引用。若要引用不相交的两个区域，可使用联合运算符，即逗号（,）。
- 区域不相交。此时，可更改引用以使其相交。在输入或编辑公式时，单元格引用和相应单元格的边框均用彩色标记。

6. 更正#NUM!错误

如果公式或函数中使用了无效的数值，则会出现此错误。此时，应检查数字是否超出限定范围以及函数内的参数是否正确。

7. 更正#REF!错误

当单元格引用无效时，会出现此错误。此时，应检查引用的单元格是否已被删除。

8. 更正#VALUE!错误

当使用的参数或操作数的类型不正确时，会出现此错误。此时，应检查公式、函数中使用的运算符或参数是否正确，以及公式中引用的单元格是否包含有效值。

6.6.2 追踪引用单元格

引用单元格是被其他单元格中的公式引用的单元格。例如，如果单元格 D10 包含公式"=B5"，则单元格 B5 就是单元格 D10 的引用单元格，它为公式提供数据。

为了帮助检查公式，可以使用"追踪引用单元格"命令以图形方式显示或追踪这些单元格与包含追踪箭头的公式之间的关系。在这里，追踪箭头用于显示活动单元格与其相关单元格之间的关系。由提供数据的单元格指向其他单元格时，追踪箭头为蓝色；如果单元格中包含错误值（例如#DIV/0!），则追踪箭头则为红色。

若要追踪为某个公式提供数据的单元格，可执行以下操作。

（1）在工作表中选择包含公式的单元格。

（2）若要显示直接向活动单元格提供数据的各个单元格的追踪箭头，可在"公式"选项卡的"公式审核"组中单击"追踪引用单元格"命令，如图 6.39 所示。

图 6.39 选择"追踪引用单元格"命令

此时，蓝色箭头显示无错误的单元格，如图 6.40 所示。

提示：如果所选单元格被另一个工作表或工作簿上的单元格引用，则会显示一个从所选单元格指向工作表图标▦的黑色箭头。但必须打开此工作簿，Excel 才能追踪这些从属单元格。

（3）若要标识为活动单元格提供数据的下一级单元格，可再次单击"追踪引用单元格"

命令。

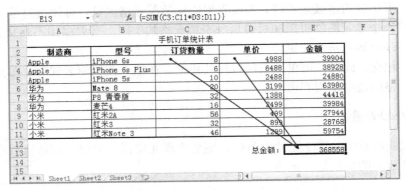

图 6.40　追踪为公式提供数据的单元格

（4）若要从距离活动单元格最远的引用单元格开始，一次移去一级追踪箭头，可在"公式"选项卡上的"公式审核"组中单击"移去箭头"旁的箭头，然后单击"移去引用单元格追踪箭头"命令，如图 6.41 所示。若要移去另一级追踪箭头，可再次单击该按钮。

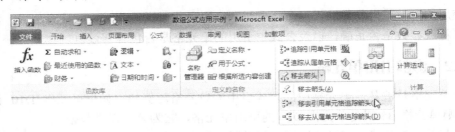

图 6.41　"移去引用单元格追踪箭头"命令

【实战演练】在工作表中追踪引用单元格。

（1）打开"学生成绩 xlsx"工作簿。

（2）选择"计 1501 计算机应用基础成绩"工作表。

（3）单击单元格 F8，此单元格包含一个数组公式。

（4）在"公式"选项卡的"公式审核"组中，单击"追踪引用单元格"命令。此时将显示出为数组公式提供数据的各个引用单元格，如图 6.42 所示。

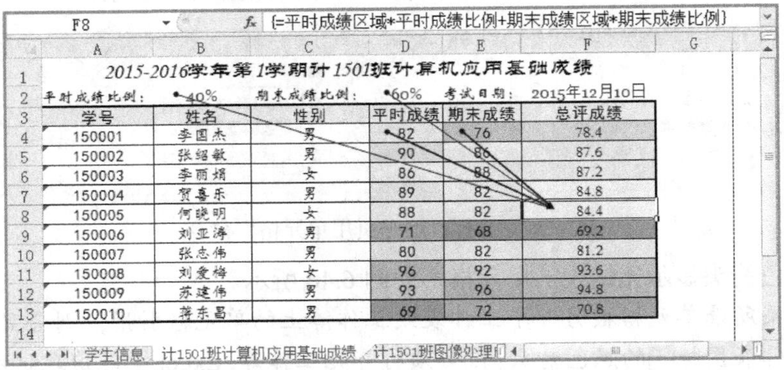

图 6.42　追踪引用单元格

（5）在“公式”选项卡的“公式审核”组中，单击“移去箭头”命令。

6.6.3　追踪从属单元格

从属单元格是包含引用其他单元格的公式的单元格。例如，如果单元格 D10 包含公式“=B5”，则单元格 D10 就是单元格 B5 的从属单元格。

为了帮助检查公式，也可以使用“追踪从属单元格”命令以图形方式显示或追踪这些单元格与包含追踪箭头的公式之间的关系。

若要跟踪引用特定单元格的公式，可执行以下操作。

（1）在工作表中，选定被公式引用的某个单元格。

（2）若要显示依赖活动单元格的每个单元格的追踪箭头，可在“公式”选项卡的“公式审核”组中，单击“追踪从属单元格”命令，如图 6.43 所示。

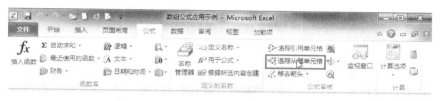

图 6.43　选择“追踪从属单元格”命令

此时，蓝色箭头显示无错误的单元格，如图 6.44 所示。

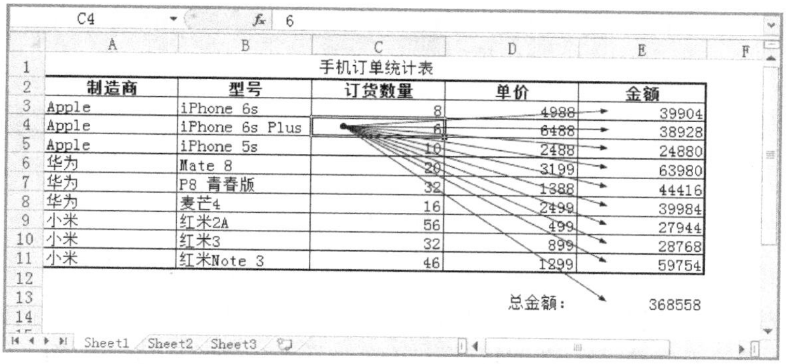

	A	B	C	D	E
1	手机订单统计表				
2	制造商	型号	订货数量	单价	金额
3	Apple	iPhone 6s	8	4988	39904
4	Apple	iPhone 6s Plus	6	6488	38928
5	Apple	iPhone 5s	10	2488	24880
6	华为	Mate 8	20	3199	63980
7	华为	P8 青春版	32	1388	44416
8	华为	麦芒4	16	2499	39984
9	小米	红米2A	56	499	27944
10	小米	红米3	32	899	28768
11	小米	红米Note 3	46	1299	59754
13				总金额：	368558

图 6.44　跟踪引用特定单元格的公式

（3）若要标识从属于活动单元格的下一级单元格，可再次单击“追踪从属单元格”命令。

（4）若要从距离活动单元格最远的引用单元格开始，一次移去一级追踪箭头，可在“公式”选项卡的“公式审核”组中单击“移去箭头”旁的箭头，然后单击“移去引用单元格追踪箭头”命令。若要移去另一级追踪箭头，可再次单击该按钮。

【实战演练】 在工作表中追踪从属单元格。

（1）打开“学生成绩 xlsx”工作簿。

（2）选择“计 1501 计算机应用基础成绩”工作表。

（3）单击单元格 B2（其名称为“平时成绩比例”）。

（4）在“公式”选项卡的“公式审核”组中单击“追踪从属单元格”命令，此时将显示出引用单元格 B2 的数组公式所在的各个从属单元格，如图 6.45 所示。

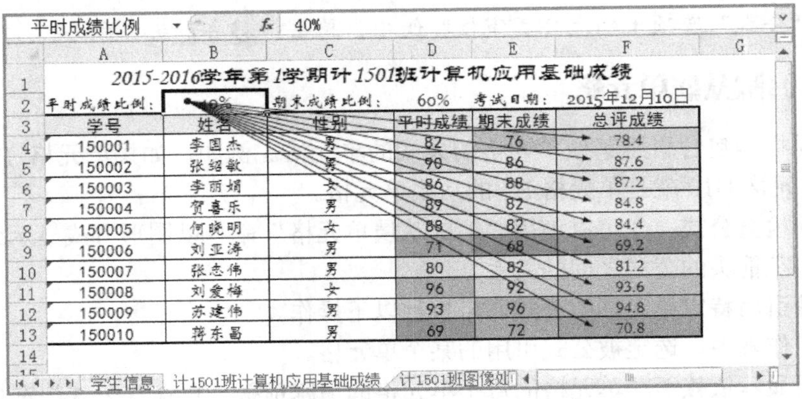

图 6.45　追踪从属单元格

（5）在"公式"选项卡的"公式审核"组中，单击"移去箭头"命令。

6.6.4　检查错误

当工作表中包含少量错误时，可依次单击包含错误值的单元格，对各个错误逐个进行排查。如果工作表中包含的错误比较多，则可以使用"检查错误"命令对各个错误进行追踪检查，具体操作步骤如下。

（1）在"公式"选项卡的"公式审核"组中单击"检查错误"命令，如图 6.46 所示。

图 6.46　选择"错误检查"命令

（2）在如图 6.47 所示的"错误检查"对话框中，执行下列操作之一。

- 若要查阅关于此错误的详细信息，可单击"关于此错误的帮助"按钮。
- 若要显示关于此公式的详细步骤，可单击"显示计算步骤"按钮。
- 若要在编辑栏中对公式进行修改，可单击"在编辑栏中编辑"按钮。
- 若要定位到工作表中包含错误的其他公式，可单击"上一个"或"下一个"按钮。

图 6.47　"错误检查"对话框

（3）完成错误检查后，关闭"错误检查"对话框。

本章小结

本章讨论了如何在 Excel 2010 中用公式计算数据，主要内容包括公式概述、创建公式、引用单元格、使用数组公式以及公式审核等。

公式是对工作表中的数值执行计算的等式，可以用于返回信息、操作单元格内容以及测试条件等。公式以等号（=）开头，后面跟一个表达式；表达式是常量、引用、函数和运算符的组合，普通公式的计算结果为单个值，数组公式的计算结果可以是一个或多个值。

若要在单元格中输入公式，可先输入等号，然后输入常量、单元格引用、函数和运算符，再按 Enter。创建公式后，根据需要，可以对公式进行修改、移动、复制和删除操作。

单元格引用是公式的组成部分之一，其作用在于标识工作表上的单元格或单元格区域，并通过 Excel 在何处查找公式中所使用的数值或数据。在 Excel 中，有两种引用样式：A1 引用样式和 R1C1 引用样式；有 3 种引用类型：相对引用、绝对引用和混合引用。若要引用其他工作表中的单元格，可以使用三维引用；若要引用其他工作簿中的单元格，可以使用外部引用。

数组公式可用于进行多重计算并返回一个或多个计算结果。在 Excel 中，数组分为数组常量和数组区域两类。创建数组公式的方法与创建其他公式的方法相同。所不同的是，在数组公式中可输入数组常量或数组区域作为数组参数，且必须按 Ctrl+Shift+Enter 组合键来输入公式，Excel 会自动在花括号 { } 之间插入该公式。

名称是一个有意义的简略表示法，使用名称可以帮助用户了解单元格引用、常量、公式或表格的用途。在 Excel 2010 中，可以创建两种类型的名称：已定义名称和表格名称。创建和编辑名称时，应遵循一定的语法规则。名称有其适用范围。在 Excel 2010 中，可以使用"名称"框、基于选定区域或使用"新名称"对话框来创建名称。创建名称后，可以将其作为公式的参数来输入，也可以对名称进行修改和删除操作。

为了保证公式的正确性，对公式进行审核是很重要的。审核公式包括检查并校对数据、查找选定公式引用的单元格、查找引用选定单元格的公式以及查找错误等。

习题 6

一、填空题

1. 公式以_____开头，后面跟一个表达式；表达式是_____、_____、_____和_____的组合。

2. 引用表示单元格在工作表上所处位置的_____，用于标识工作表上的_____或_____。

3. Excel 中有 3 个引用运算符：:（冒号）表示_____运算符，,（逗号）表示_____运算符，␣（空格）表示_____运算符。

4. 包含公式的单元格称为_____单元格；为公式提供数据的单元格称为_____单元格。

5. 在 Excel 中有两种引用样式：_____引用样式和_____引用样式。

6. 三维引用包含单元格或区域引用，前面加上_____和_____。

二、选择题

1. 若要完成公式的输入，可按（　　）键。

A. Enter　　B. Tab　　C. Ctrl+Enter　　D. Ctrl+Tab

2. 若要结果与公式之间切换，可按（　　）键。

A. Ctrl+;　　B. Ctrl+′　　C. F3　　D. F11

3. 若要通过快速复制公式在一系列单元格中快速输入同一个公式，可在输入公式后按（　　）键。

A. Tab　　B. Enter　　C. Ctrl+Enter　　D. Alt+Enter

4. 若要在相对引用、绝对引用和混合引用之间快速切换，可按（　　）键。

A. F2　　B. F3　　C. F4　　D. F6

5. 关于数组常量，不正确的是（　　）。

A. 用花括号将其括起来　　B. 用逗号将不同列的值分隔开

C. 用分号将不同行的值分隔开　　D. 可以包含美元符号$或百分号%

6. 输入数组公式时应按（　　）键。

A. Enter　　B. Ctrl+Enter

C. Alt+Enter　　D. Ctrl+Shift+Enter

三、简答题

1. 相对引用、绝对引用和混合引用有什么区别？
2. 在源工作簿未打开和已打开这两种情况下，如何使用外部引用？
3. 在 Excel 2010 中创建名称有哪几种方法？

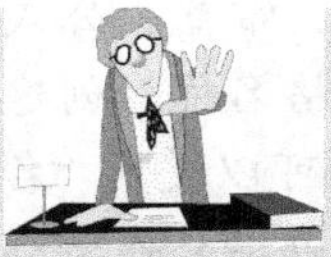

上机实验 6

1. 利用公式由学生的平时成绩和期末成绩计算出总成绩。

（1）在 Excel 2010 中，打开“学生成绩.xlsx”工作簿。

（2）选择“计 1501 班图像处理成绩”工作表。

（3）单击单元格 F4，然后输入以下公式。

```
=D4*$B$2+E4*$D$2
```

（4）选定单元格 F4，然后将填充柄拖至单元格 F15，以复制公式，结果如图 6.48 所示。

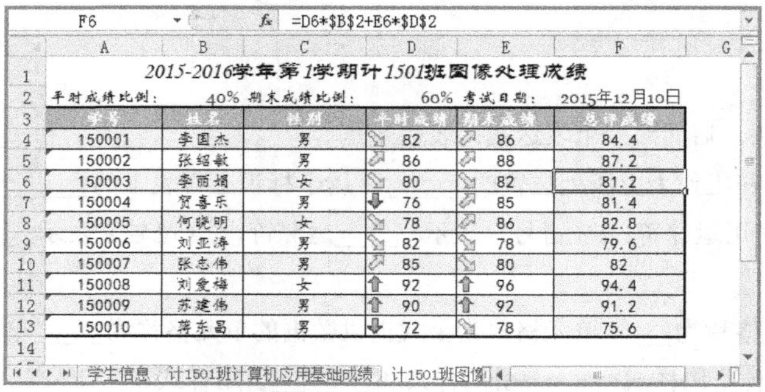

F6　=D6*$B$2+E6*$D$2

2015-2016学年第1学期计1501班图像处理成绩

平时成绩比例：40%　期末成绩比例：60%　考试日期：2015年12月10日

学号	姓名	性别	平时成绩	期末成绩	总评成绩
150001	李国杰	男	82	86	84.4
150002	张绍敏	男	86	88	87.2
150003	李丽娟	女	80	82	81.2
150004	贺喜乐	男	76	85	81.4
150005	何晓明	女	78	86	82.8
150006	刘亚涛	男	82	78	79.6
150007	张志伟	男	85	80	82
150008	刘爱梅	女	92	96	94.4
150009	苏建伟	男	90	92	91.2
150010	蒋东昌	男	72	78	75.6

学生信息　计1501班计算机应用基础成绩　计1501班图像

图 6.48　通过创建和复制公式计算学生的总成绩

2. 利用数组公式计算 4 个季度的总销售额。

（1）在 Excel 2010 中，打开“销售报表.xlsx”。

（2）选择“源数据”工作表。

（3）将 C 列命名为“第_1_季度”：选择 C 列，在“公式”选项卡的“定义的名称”组中单击“根据所选内容创建”命令，在“以选定内容创建名称”对话框中选中“首行”复选框，然后单击“确定”。

（4）按照步骤（3）中的方法，分别将 D 列、E 列、F 列分别命名为“第_2_季度”、“第_3_季度”和“第_4_季度”。

（5）在单元格 G1 中输入文本“合计”。

（6）选定单元格区域 G2:G278，然后输入以下数组公式：

=第_1_季度+第_2_季度+第_3_季度+第_4_季度

（7）按 Ctrl+Shift+Enter 组合键，完成数组公式的输入。

结果如图 6.49 所示。

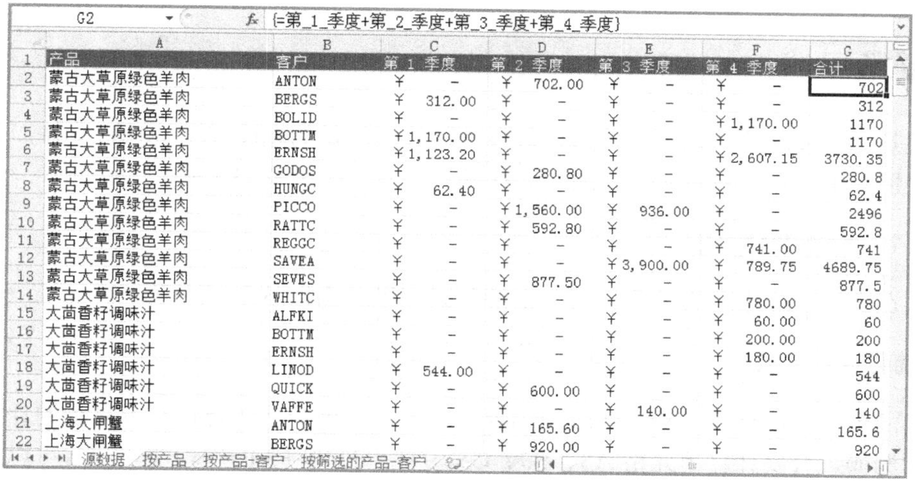

G2　{=第_1_季度+第_2_季度+第_3_季度+第_4_季度}

	A	B	C	D	E	F	G
1	产品	客户	第 1 季度	第 2 季度	第 3 季度	第 4 季度	合计
2	蒙古大草原绿色羊肉	ANTON	￥ -	￥ 702.00	￥ -	￥ -	702
3	蒙古大草原绿色羊肉	BERGS	￥ 312.00	￥ -	￥ -	￥ -	312
4	蒙古大草原绿色羊肉	BOLID	￥ -	￥ -	￥ -	￥1,170.00	1170
5	蒙古大草原绿色羊肉	BOTTM	￥1,170.00	￥ -	￥ -	￥ -	1170
6	蒙古大草原绿色羊肉	ERNSH	￥1,123.20	￥ -	￥ -	￥2,607.15	3730.35
7	蒙古大草原绿色羊肉	GODOS	￥ -	￥ 280.80	￥ -	￥ -	280.8
8	蒙古大草原绿色羊肉	HUNGC	￥ 62.40	￥ -	￥ -	￥ -	62.4
9	蒙古大草原绿色羊肉	PICCO	￥ -	￥1,560.00	￥ 936.00	￥ -	2496
10	蒙古大草原绿色羊肉	RATTC	￥ -	￥ 592.80	￥ -	￥ -	592.8
11	蒙古大草原绿色羊肉	REGGC	￥ -	￥ -	￥ -	￥ 741.00	741
12	蒙古大草原绿色羊肉	SAVEA	￥ -	￥ -	￥3,900.00	￥ 789.75	4689.75
13	蒙古大草原绿色羊肉	SEVES	￥ -	￥ 877.50	￥ -	￥ -	877.5
14	蒙古大草原绿色羊肉	WHITC	￥ -	￥ -	￥ -	￥ 780.00	780
15	大茴香籽调味汁	ALFKI	￥ -	￥ -	￥ -	￥ 60.00	60
16	大茴香籽调味汁	BOTTM	￥ -	￥ -	￥ -	￥ 200.00	200
17	大茴香籽调味汁	ERNSH	￥ -	￥ -	￥ -	￥ 180.00	180
18	大茴香籽调味汁	LINOD	￥ 544.00	￥ -	￥ -	￥ -	544
19	大茴香籽调味汁	QUICK	￥ -	￥ 600.00	￥ -	￥ -	600
20	大茴香籽调味汁	VAFFE	￥ -	￥ -	￥ 140.00	￥ -	140
21	上海大闸蟹	ANTON	￥ -	￥ 165.60	￥ -	￥ -	165.6
22	上海大闸蟹	BERGS	￥ -	￥ 920.00	￥ -	￥ -	920

源数据　按产品　按产品-客户　按筛选的产品-客户

图 6.49　利用数组公式计算总销售额

（8）单击 G 列中的任一单元格，然后在“公式”选项卡的“公式审核”组中单击“追踪引用单元格”命令，以查找为数组公式提供数据的引用单元格。

（9）单击 E 列中的任一单元格，然后在“公式”选项卡的“公式审核”组中单击“追踪从属单元格”命令，以查找引用该单元格的数组公式所在的从属单元格。

第 7 章

函数的应用

第 6 章讨论了公式在数据处理中的应用，通过这些内容的学习可以使用常量、引用、数组和各种运算符来创建公式，从而完成一些基本的计算任务。为了完成更复杂的计算任务，通常还需要在公式中使用各种各样的函数。Excel 2010 提供了丰富的内置函数，为人们进行数据处理带来了很大方便。本章将介绍在 Excel 2010 中如何使用函数对工作表数据进行计算，主要内容包括函数概述、使用函数以及常用函数的应用等。

7.1 函数概述

函数是预定义的公式，可以使用一些参数值按照特定的顺序或结构执行运算，并返回一个或多个值。下面首先对函数的作用、语法和分类做一个简要的说明。

7.1.1 函数的作用

函数在数据处理中具有重要作用，归纳起来可以分为以下几个方面。

1. 简化计算公式

使用函数可以简化和缩短工作表中的计算公式，在用公式执行很长或复杂的计算时尤其是如此。例如，若要计算单元格 A3、B3、C3、D3、E3 和 F3 的平均值，通常可以使用公式"=(A3+B3+C3+D3+E3+F3)/6"来实现，但也可以使用求平均值的函数 AVERAGE 来实现，使用此函数时输入公式"=AVERAGE(A3:F3)"即可，从而简化了公式。

2. 完成特殊运算

使用函数可以完成普通公式无法实现的运算，例如对计算结果进行四舍五入、将大写字母转换为小写字母、从字符串取出一个子串、获取当前日期和时间，以及找出某个区域中的最大值或最小值等等。

3. 实现智能判断

使用 Excel 提供的逻辑函数可以轻松地实现判断功能，即根据不同的条件执行不同的运算。例如某商场对销售人员的收入实行底薪加提成，并规定提成比例为：如果每月销售额低于 2 万元，可按 4%提成；如果每月销售额超过 2 万元，可按 6%提成。按照常规方法进行计算时，需要创建两个不同的公式，还需要针对每个销售人员的销售额进行人工判断后才能确定使用哪个公式进行计算。如果使用逻辑函数 IF，则可以自动进行判断，只需要在公式中使用这样一个函数即可完成计算任务。

7.1.2　函数的语法

使用函数时，应遵循一定的语法格式，即以函数名称开始，后面跟左圆括号"("，然后列出以逗号分隔的函数参数，最后以右圆括号")"结束。函数的一般语法格式如下：

function_name(arg1,arg2,...)

其中 function_name 为函数名称，每个函数都拥有一个唯一的名称，例如 AVERAGE 和 SUM 等；arg1 和 arg2 等为函数的参数，这些参数必须用圆括号括起来，有效的参数值可以是参数可以是数字、文本、TRUE 或 FALSE 等逻辑值、错误值（如#N/A）或单元格引用。参数也可以是数组或其他函数。

注意：一个函数是否包含参数以及参数值类型是事先定义好的，不能随意更改。有一些函数并没有参数，但仍然需要在函数名后面使用圆括号。例如，NOW()函数就没有参数，此函数可用来获取当前日期和时间。此外，如果公式以某个函数开始，则应当在此函数名称前面输入等号(=)。

7.1.3　函数的分类

Excel 工作表函数按照功能可分为以下类型。

（1）加载宏和自动化函数：用于加载宏或执行某些自动化操作。例如，使用 CALL 函数可以调用动态链接库或代码源中的过程。

（2）多维数据集函数：用于从多维数据库中提取数据并将其显示在单元格中。例如，使用 CUBEMEMBER 函数可以返回多维数据集中的成员或元组，用来验证成员或元组存在于多维数据集中。

（3）数据库函数：用于对数据库中的数据进行分析处理。例如，使用 DSUM 函数可以对数据库中符合条件的记录的字段列中的数字求和。

（4）日期和时间函数：用于处理公式中与日期和时间有关的值。例如，使用 DAYS360 函数可以以一年 360 天为基准来计算两个日期之间的天数。

（5）工程函数：用于处理复杂的数值并在不同的数制和测量体系中进行转换。例如，使用 DEC2HEX 函数可将十进制数转换为十六进制数。

（6）财务函数：用于进行财务方面的相关计算。例如，使用 ACCRINT 函数可返回定期支付利息的债券的应计利息。

（7）信息函数：可帮助用户判断单元格内数据所属的类型以及单元格是否为空等。例如，使用 CELL 函数可获取有关单元格格式、位置或内容的信息。

（8）逻辑函数：用于检测是否满足一个或多个条件。例如，使用 IF 函数可对单个条件进行检测，使用 AND 函数可对多个条件进行检测。

（9）查找和引用函数：用于查找存储在工作表中的特定值。例如，使用 VLOOKUP 函数可在数组第 1 列中查找，然后在行之间移动以返回单元格的值。

（10）数学和三角函数：用于进行数学和三角方面的各种计算，在使用三角函数时其参数应以弧度为单位，而不是以度为单位。例如，使用 RADIANS 函数可将度转换为弧度；使用 SIN 函数可计算给定角度的正弦值。

（11）统计函数：用于对特定范围内的数据进行分析统计。例如，使用 AVERAGE 函数可计算一组数值的平均值；使用 FREQUENCY 可以以垂直数组的形式返回频率分布。

（12）文本函数：用于处理公式中的文本字符串。例如，使用 VALUE 函数可将文本参数转换为数字；使用 LEFT、LEFTB 函数可获取文本值中最左边的字符。

7.2 使用函数

函数是预定义的公式，函数通常是作为公式的组成部分出现的。在 Excel 2010 中，可以使用公式记忆式输入来输入函数，也可以使用"插入函数"对话框插入函数及其参数，还可以将一个函数作为另一个函数的参数来使用。

7.2.1 输入函数

为了便于输入和编辑公式，同时尽可能减少输入和语法错误，输入函数时可以使用公式记忆式输入。具体操作步骤如下。

（1）在工作表中，单击要输入公式的单元格。

（2）输入等号（=）。

（3）输入函数名称开头的几个字母，此时 Excel 会在单元格下方显示一个动态下拉列表，其中包含与这些字母匹配的有效函数名，可从中选择所需函数插入公式中，如图 7.1 所示。

（4）在函数名称后面输入左圆括号"("，此时会出现一个带有语法和参数的工具提示，如图 7.2 所示。

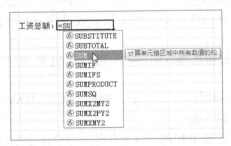

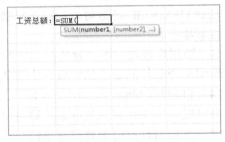

图 7.1　公式记忆式键入　　　　图 7.2　带有语法和参数的工具提示

（5）输入以半角逗号分隔的各个函数参数，或者从工作表中选择单元格或单元格区域作为函数的参数。

（6）输入右圆括号")"，然后按 Enter 键，完成公式的输入。

7.2.2 插入函数

当创建带函数的公式时，"插入函数"对话框将有助于输入工作表函数。在公式中输入函数时，"插入函数"对话框会显示函数的名称、函数的各个参数、函数及其参数的说明、函数的当前结果以及整个公式的当前结果。

若要使用"插入函数"对话框插入正确的函数和参数，可执行以下操作。

（1）定位目标单元格。在工作表中，单击要输入公式的单元格。

（2）插入函数。若要使公式以函数开头，可单击编辑栏上的"插入函数"按钮 *fx*，如图 7.3 所示。此时，Excel 会自动插入等号（=）。

（3）搜索函数。在如图 7.4 所示的"插入函数"对话框中，可以在"搜索函数"框中输入对需要执行操作的说明并单击"转到"按钮，此时基于所作说明且符合需要的函数将会显示在"选择函数"列表框中。也可以在"或选择类别"框中执行下列操作之一。

- 若选择"常用函数"选项，则最近插入的函数将按字母顺序显示在"选择函数"框中。
- 若选择某个函数类别，则此类别中的函数将按字母顺序显示在"选择函数"框中。
- 若选择"全部"选项，则所有函数将按字母顺序显示在"选择函数"框中。

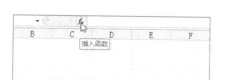

图 7.3　插入函数

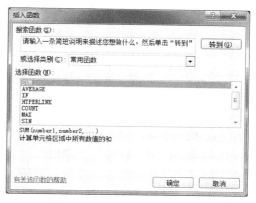

图 7.4　"插入函数"对话框

（4）选择函数。可执行下列操作之一。

- 单击函数名称，在"选择函数"框下面看到函数语法和简短说明。
- 双击函数名称，在"函数参数"对话框中显示函数及其参数，使用该对话框可以为函数添加正确的参数。

（5）输入参数。在如图 7.5 所示的"函数参数"对话框中，为函数输入各个参数。若要将单元格引用作为参数输入，可单击"折叠对话框" 以临时隐藏对话框。

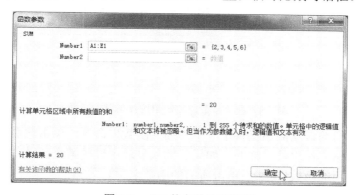

图 7.5　"函数参数"对话框

（6）在工作表上选择单元格或单元格区域，然后单击"展开对话框"按钮，如图 7.6 所示。

图 7.6　压缩后的"函数参数"对话框

（7）单击"确定"按钮，以完成公式的输入。

　　提示：若要快速对数值进行汇总，也可以使用"自动求和"。在"开始"选项卡的"编辑"组中单击"自动求和"命令，然后单击所需的函数，例如"求和"、"平均值"或"计数"等，如图 7.7 所示。

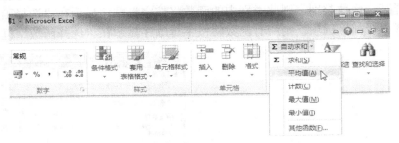

图 7.7　"编辑"组中的常用汇总函数

　　在 Excel 2010 中，也可以使用"公式"选项卡的"函数库"组来快捷插入各种类别的函数。在该组中列出了"财务"、"逻辑"、"文本"、"日期和时间"、"查找与引用"、"数学和三角函数"以及"其他函数"等类别，要插入某个函数，可单击相应的类别按钮，然后选择所需函数。例如，要插入 IF 函数，可单击"逻辑"，然后单击"IF"命令，如图 7.8 所示。

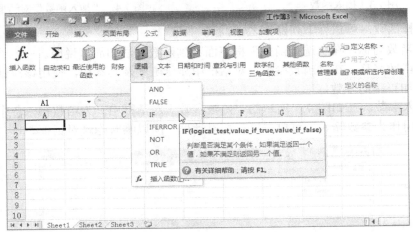

图 7.8　在"函数库"组中选择所需的函数

　　在"函数库"组的最左侧还提供了一个"插入函数"命令，单击此命令与单击编辑栏上的"插入函数"按钮 f_x 作用是一样的。如果要插入最近用过的某个函数，可以在"函数库"组中单击"最近使用的函数"，然后单击所需的函数名称。

7.2.3　嵌套函数

　　创建公式时，也可以在函数中嵌套函数。嵌套函数是指使用一个函数作为另一个函数中的一个参数。最多可以嵌套 64 个级别的函数。

　　例如，下面的公式仅在一组数字（F2:F5）的平均值大于 50 时对另一组数字（G2:G5）求和，否则返回 0。

```
=IF(AVERAGE(F2:F5)>50, SUM(G2:G5), 0)
```

在这个公式中，AVERAGE 和 SUM 函数嵌套在 IF 函数中。

若要在函数中嵌套函数，可执行以下操作。

（1）单击要在其中输入公式的单元格。

（2）要使用函数启动公式，可在编辑栏上单击"插入函数"按钮 f_x。

（3）选择要使用的函数。当显示"插入函数"对话框时，可在"搜索函数"框中输入描述要执行的操作的问题，或者在"或选择类别"框中浏览类别，然后双击所需函数。

（4）输入函数参数。若要将另一函数作为参数输入，可在"函数参数"对话框的参数框中输入该函数及其参数。例如，可在 IF 函数的"Logical_test"编辑框中输入 AVERAGE(F2:F5) > 50，并在"Value_if_true"编辑框中输入 SUM(G2:G5)。

此时，显示在"函数参数"对话框中的公式部分可反映在上一步中选择的函数。例如，如果单击了 IF，则"函数参数"对话框将显示 IF 函数的参数，如图 7.9 所示。

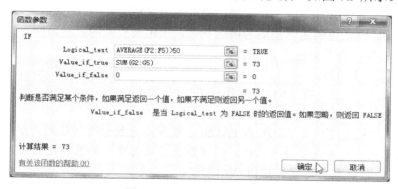

图 7.9　"函数参数"对话框

7.3　常用函数

Excel 2010 提供了数百个工作表函数，可以将这些函数直接用在公式中，以完成各种各样的计算任务。下面将分门别类地介绍一些常用函数的使用方法。

7.3.1　逻辑函数

使用逻辑函数可根据不同条件进行不同处理，在条件中使用比较运算符（如 >、<、=、< >、<= 和 >=）对操作数进行比较，由此构成的逻辑表达式将返回一个逻辑值。如果条件成立，则返回逻辑值 TRUE（真）；如果条件不成立，则返回逻辑值 FALSE（假）。

1. IF 函数

IF 函数根据对指定的条件计算结果为 TRUE 或 FALSE 返回不同的结果，可以用来对数值和公式执行条件检测。语法如下：

IF(Logical_test,[Value_if_true],[Value_if_false])

其中，Logical_test 为必选参数，表示计算结果为 TRUE 或 FALSE 的任意值或表达式，此参数可使用任何比较运算符，例如 A10=100 就是一个逻辑表达式。

Value_if_true 为可选参数，指定 Logical_test 为 TRUE 时返回的值。如果 Logical_test 的计算结果为 TRUE，并且省略 Value_if_true 参数（即 Logical_test 参数后仅跟一个逗号），则 IF 函数将返回 0。

Value_if_false 为可选参数，指定 Logical_test 为 FALSE 时返回的值。如果 Logical_test 的计算结果为 FALSE，并且省略 Value_if_false 参数（即 Value_if_true 参数后没有逗号），则 IF 函数返回逻辑值 FALSE。

在一个 IF 函数内可使用另一个 IF 函数。最多可以使用 64 个 IF 函数作为 value_if_true 和 value_if_false 参数相互嵌套，以构造更详尽的测试。

2. AND 函数

AND 函数在所有参数的逻辑值为真时返回 TRUE；只要一个参数的逻辑值为假，即返回 FALSE。语法如下：

```
AND(Logical1, [Logical2], ...)
```

其中，Logical1 为必选参数，指定要检验的第 1 个条件，其计算结果可以为 TRUE 或 FALSE。Logical2 及后继的逻辑值均为可选参数，指定要检验的其他条件，其计算结果可以为 TRUE 或 FALSE，最多可包含 255 个条件。

AND 函数的一种常见用途是扩大用于执行逻辑检验的其他函数的效用。例如，使用 IF 函数执行逻辑检验时，通过将 AND 函数用作 IF 函数的 Logical_test 参数，可以检验多个不同的条件，而不仅仅是一个条件。

注意：参数必须是逻辑值 TRUE 或 FALSE，也可以是包含逻辑值的数组或引用。如果数组或引用参数中包含文本或空白单元格，则这些值将被忽略。如果指定的单元格区域内包含非逻辑值，则 AND 函数将返回错误值 #VALUE!。

3. OR 函数

OR 函数在其任何一个参数逻辑值为 TRUE 时返回 TRUE；若其所有参数的逻辑值均为 FALSE，则返回 FALSE。语法如下：

```
OR(Logical1, [Logical2], ...)
```

其中，Logical1 为必选参数，后继的逻辑值均为可选参数。这些逻辑值指定 1～255 个需要进行测试的条件，测试结果可以是 TRUE 或 FALSE。

4. NOT 函数

NOT 函数对其参数的逻辑值求反，当要确保一个值不等于某一特定值时，可以使用 NOT 函数。语法如下：

```
NOT(Logical)
```

其中，参数 Logical 是一个可以计算出 TRUE 或 FALSE 的逻辑值或逻辑表达式。

如果参数逻辑值为 FALSE，则函数 NOT 返回 TRUE；如果参数逻辑值为 TRUE，则函数 NOT 返回 FALSE。

【实战演练】使用逻辑函数计算学生成绩等级并判断是否补考。

（1）创建一个新的空白工作簿，并将其保存为"逻辑函数应用示例.xlsx"。

（2）将工作表 Sheet1 重命名为"学生成绩"，然后输入学生成绩数据。

（3）在单元格 D3 中，输入以下公式：

```
=(B3+C3)/2
```

（4）选择单元格 D3，将填充柄拖至单元格 D7，以快速复制公式。

（5）在单元格 E3 中，输入以下公式：

=IF(D3>=85, "A", IF(AND(D3>=75, D3<84), "B", IF(AND(D3>=65, D3<74), "C", IF(D3>=60, "D", "E"))))

（6）选择单元格 E3，将填充柄拖至单元格 E7，以快速复制公式。

（7）在单元格 F3 中，输入以下公式：

=IF(AND(B3>=60,C3>=60),"否","是")

（8）选择单元格 F3，将填充柄拖至单元格 F7，以快速复制公式。

（9）在单元格 G3 中输入以下公式：

=IF(OR(B3<60, C3<60), "是", "否")

（10）选择单元格 G3，将填充柄拖至单元格 G7，以快速复制公式。

（11）在单元格 H3 中，输入以下公式：

=IF(NOT(AND(B3>=60, C3>=60)), "是", "否")

（12）选择单元格 H3，将填充柄拖至单元格 H7，以快速复制公式。

此时，各个公式的计算结果如图 7.10 所示。

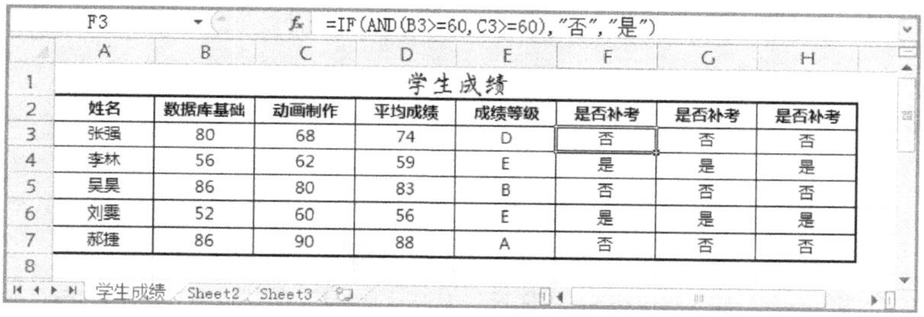
F3　=IF(AND(B3>=60,C3>=60),"否","是")

学生成绩

姓名	数据库基础	动画制作	平均成绩	成绩等级	是否补考	是否补考	是否补考
张强	80	68	74	D	否	否	否
李林	56	62	59	E	是	是	是
吴昊	86	80	83	B	否	否	否
刘霙	52	60	56	E	是	是	是
郝捷	86	90	88	A	否	否	否

学生成绩　Sheet2　Sheet3

图 7.10　逻辑函数应用示例

【实战演练】使用逻辑函数制作九九乘法表。

（1）打开“逻辑函数应用示例.xlsx”工作簿。

（2）将工作表 Sheet2 重命名为“九九乘法表”，然后在该工作表的单元格输入数据，如图 7.11 所示。

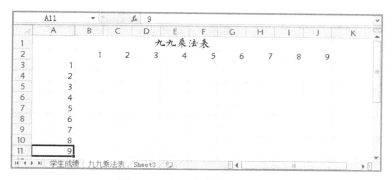

图 7.11　在工作表中输入数据

（3）单击单元格 B3 中输入以下公式，确认无误后按 Enter 键确认，如图 7.12 所示。

=IF(AND($A3<>"", B$2<>"", B$2<=$A3), B$2 & "×" & $A3 & "="&$A3*B$2, "")

（4）拖动单元格 B3 的填充柄至单元格 J3，如图 7.13 所示。

（5）拖动单元格 J3 的填充柄到 J11 单元格，如图 7.14 所示。

图 7.12　在单元格 B3 中输入公式

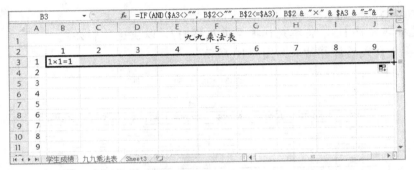

图 7.13　拖动单元格 B3 的填充柄至单元格 J3

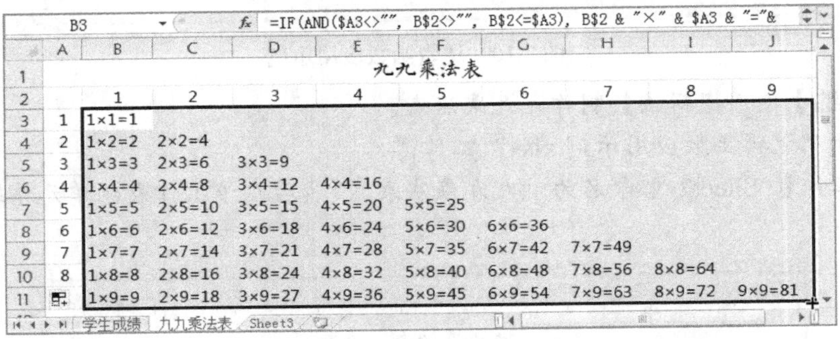

图 7.14　拖动单元格 J3 的填充柄到 J11 单元格

（6）隐藏第 1 列和第 2 行，添加单元格边框并隐藏网格线，最终效果如图 7.15 所示。

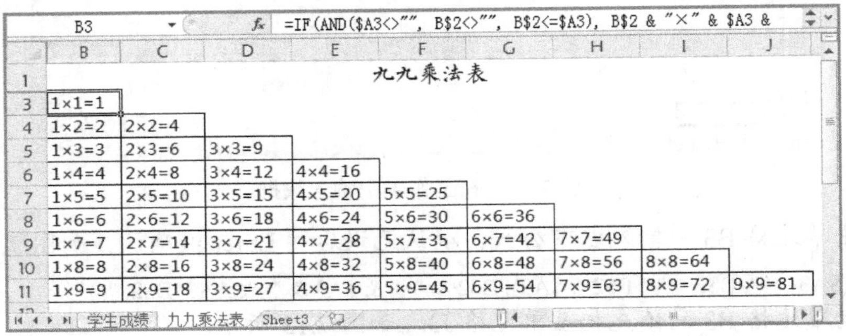

图 7.15　九九乘法表最终效果

7.3.2　数学函数

Excel 2010 提供了几十个数学函数，可以用于进行数学和三角方面的各种计算，例如取整、求余数、求和以及生成随机数等。下面介绍一些常用数学函数的使用方法。

1. 取整函数

Excel 2010 提供的取整函数主要包括 INT、ROUND、FLOOR 和 CEILING。下面对这些函数的用法分别加以介绍。

（1）INT 函数将数字向下舍入到最接近的整数。语法如下：

INT(Number)

其中，参数 Number 是需要进行向下舍入取整的实数。

（2）ROUND 函数返回某个数字按指定位数取整后的数字。语法如下：

ROUND(Number, Num_digits)

其中，参数 Number 是需要进行四舍五入的数字。参数 Num_digits 指定一个位数，按此位数进行四舍五入。

注意：如果参数 Num_digits 大于 0，则四舍五入到指定的小数位；如果参数 Num_digits 等于 0，则四舍五入到最接近的整数；如果参数 Num_digits 小于 0，则在小数点左侧进行四舍五入。

（3）FLOOR 函数向绝对值减小的方向舍入数字。语法如下：

FLOOR(Number,Significance)

其中，参数 Number 是所要四舍五入的数值。Significance 是用以进行舍入计算的倍数。

FLOOR 函数将 Number 向下舍入（向零的方向）到最接近的 Significance 的倍数。

不论参数 Number 的正负号如何，在舍入时参数的绝对值都将减小。如果数字已经是 Significance 的倍数，则不进行舍入。如果任一参数为非数值型，则 FLOOR 函数将返回错误值#VALUE!。如果 Number 和 Significance 符号相反，则 FLOOR 函数将返回错误值#NUM!。

（4）CEILING 函数将数字舍入为最接近的整数或最接近的指定基数的倍数。语法如下：

CEILING(Number, Significance)

其中，参数 Number 是要舍入的数值。Significance 是用以进行舍入计算的倍数。

CEILING 函数将参数 Number 向上舍入（沿绝对值增大的方向）为最接近的 Significance 的倍数。例如，如果不愿意使用像"分"这样的零钱，而所要购买的商品价格为¥3.56，则可以用公式=CEILING(3.56, 0.1)将价格向上舍入为以"角"表示。

无论数字符号如何，都按远离 0 的方向向上舍入。如果数字已经为 Significance 的倍数，则不进行舍入。如果参数为非数值型，则 CEILING 返回错误值#VALUE!。如果参数 Number 和 Significance 符号不同，则 CEILING 返回错误值#NUM!。

【实战演练】在公式中使用取整函数。

（1）创建一个新的空白工作簿，然后将其保存为"数学函数应用示例.xlsx"。

（2）将工作表 Sheet1 重命名为"取整"，选择该工作表。

（3）在单元格 A1 以及单元格区域 A2:F2 中输入文本。

（4）选择单元格区域 A1:F1，合并后居中。

（5）在 A3:A8、C3:C8 和 E3:E8 区域的各个单元格中以文本格式输入公式内容，即在等

号前面输入 "'" 字符。例如，在单元格 A3 中输入 "'=INT(8.6)"。

（6）在 B3:B8、D3:D8 和 F3:F8 区域的各个单元格中输入公式本身。例如，在单元格 B3 中输入 "=INT(8.6)"。

各个公式的计算结果如图 7.16 所示。

公式	计算结果	公式	计算结果	公式	计算结果
=INT(8.6)	8	=FLOOR(2.5, 1)	2	=CEILING(2.5, 1)	3
=INT(-8.6)	-9	=FLOOR(-2.5, -2)	-2	=CEILING(-2.5, -2)	-4
=ROUND(2.15, 1)	2.2	=FLOOR(1.5, 0.1)	1.5	=CEILING(1.5, 0.1)	1.5
=ROUND(2.149, 1)	2.1	=FLOOR(1.688, 0.01)	1.68	=CEILING(1.688, 0.01)	1.69
=ROUND(-1.475, 2)	-1.48	=FLOOR(0.2369, 0.001)	0.236	=CEILING(0.2369, 0.001)	0.237
=ROUND(21.5, -1)	20	=FLOOR(-2.5, 2)	-4	=CEILING(-2.5, 2)	-2

图 7.16　取整函数应用示例

2. 除法相关函数

与除法相关的函数包括 MOD 和 QUOTIENT，前者返回除法的余数，后者返回除法的整数部分。

（1）MOD 函数返回两数相除的余数，其结果的正负号与除数相同。语法如下：

MOD(Number, Divisor)

其中，参数 Number 为被除数，Divisor 为除数。

函数 MOD 可以借用函数 INT 来表示：

MOD(n,d)=n-d*INT(n/d)

如果 Number 为非数值型或 Divisor 为零，则函数 MOD 返回错误值#DIV/0!。

（2）QUOTIENT 函数返回商的整数部分，可使用该函数来舍掉商的小数部分。语法如下：

QUOTIENT(Numerator, Denominator)

其中，参数 Numerator 为被除数，Denominator 为除数。

如果任一参数为非数值型，则函数 QUOTIENT 返回错误值#VALUE!。

【实战演练】使用函数计算余数和商的整数部分。

（1）打开 "数学函数应用示例.xlsx" 工作簿。

（2）将工作表 Sheet2 重命名为 "除法" 工作表，选择该工作表。

（3）在单元格 A1 以及单元格 A2 ~ D2 中输入文本。

（4）选择单元格区域 A1:D1，合并后居中。

（5）在 A3:A8 和 B3:B8 区域的各个单元格中输入数字或文本。

（6）在单元格 C3 中输入以下公式：

=MOD(A3, B3)

（7）选择单元格 C3，然后将填充柄拖至单元格 C8，以复制公式。

（8）在单元格 D3 中输入以下公式：

=QUOTIENT(A3, B3)

（9）选择单元格 D3，然后将填充柄拖至单元格 D8，以复制公式。

此时各个公式的计算结果如图 7.17 所示。

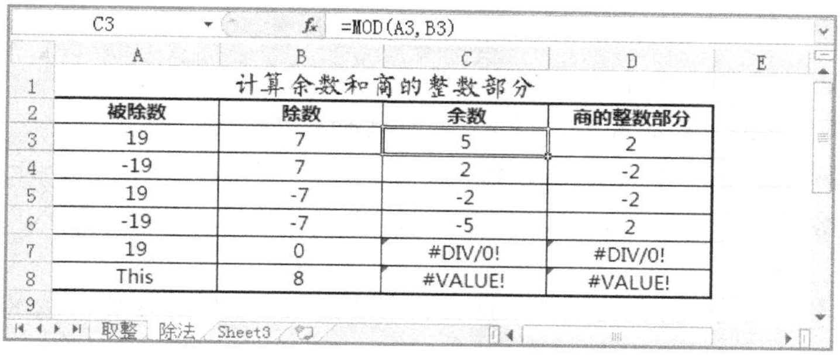

C3　=MOD(A3,B3)

	A	B	C	D
1	计算余数和商的整数部分			
2	被除数	除数	余数	商的整数部分
3	19	7	5	2
4	-19	7	2	-2
5	19	-7	-2	-2
6	-19	-7	-5	2
7	19	0	#DIV/0!	#DIV/0!
8	This	8	#VALUE!	#VALUE!

图 7.17　计算余数和商的整数部分

3. 求和函数

Excel 2010 提供了多个求和函数，其中比较常用的包括 SUM、SUMIF 和 SUMIFS。下面对这 3 个函数分别加以介绍。

（1）SUM 函数返回某一单元格区域中所有数字之和。语法如下：

SUM(Number1, Number2, ...)

其中，Number1、Number2、...是要对其求和的 1～255 个参数。

使用 SUM 函数时，直接输入到参数表中的数字、逻辑值及数字的文本表达式将被计算。如果参数是一个数组或引用，则只计算其中的数字；数组或引用中的空白单元格、逻辑值或文本将被忽略。如果参数为错误值或为不能转换为数字的文本，将会导致错误。

（2）SUMIF 函数按给定条件对指定单元格求和。语法如下：

SUMIF(Range, Criteria,Sum_range)

其中，参数 Range 是要根据条件计算的单元格区域，每个区域中的单元格都必须是数字和名称、数组和包含数字的引用，空值和文本值将被忽略。

Criteria 为确定对哪些单元格相加的条件，其形式可以为数字、表达式或文本；例如，条件可表示为 32、"32"、">32" 或 "apples"。若条件单元格没有值，则条件可表示为空串""。

Sum_range 为可选项，指定当 Range 内的相关单元格符合条件时要相加的实际单元格，若省略 Sum_range，则当 Range 中的单元格符合条件时，它们既按条件计算，也执行相加。

Sum_range 与 Range 的大小和形状可以不同。此时相加的实际单元格区域使用 Sum_range 中左上角的单元格作为起始单元格，包括与 Range 大小和形状相对应的单元格。

在条件中可以使用通配符，即问号（?）和星号（*）。其中问号匹配任意单个字符；星号匹配任意一串字符。如果要查找实际的问号或星号，可在该字符前输入波形符（～）。

（3）SUMIFS 函数对区域中满足多个条件的单元格求和。语法如下：

SUMIFS(Sum_range, Criteria_range1, Criteria1, [Criteria_range2, Criteria2], ...)

其中，Sum_range 为必选参数，指定满足条件要求和的单元格。可对一个或多个单元格求和，包括数字或包含数字的名称、区域或单元格引用，忽略空白和文本值。

Criteria_range1 为必选参数，指定在其中计算关联条件的第 1 个区域。

Criteria1 为必选参数，指定第 1 个条件。条件的形式为数字、表达式、单元格引用或文本，可用来定义将对 Criteria_range1 参数中的哪些单元格求和。

Criteria_range2、Criteria2 和后继参数均为可选参数，指定附加的区域及其关联条件。最多允许 127 个区域/条件对。

【实战演练】使用求和函数 SUM 和 SUMIF 进行计算。

（1）打开“数学函数应用示例.xlsx”工作簿。

（2）将工作表 Sheet3 重命名为“求和一”，选择该工作表。

（3）在区域 A1:D8 的各个单元格中输入数据；选择 A1:D1 区域，合并后居中。

（4）在单元格 C9 中输入文本“工资总额”，然后在单元格 D9 中输入以下公式：

=SUM(D3:D8)

（5）在单元格 C10 中输入文本“男职工的工资总额”，然后在其右边的单元格 D10 中输入以下公式：

=SUMIF(C3:C8, "男", D3:D8)

（6）在单元格 C11 中输入文本“女职工的工资总额”，然后在其右边的单元格 D11 中输入以下公式：

=SUMIF(C3:C8, "女", D3:D8)

此时各个公式的计算结果如图 7.18 所示。

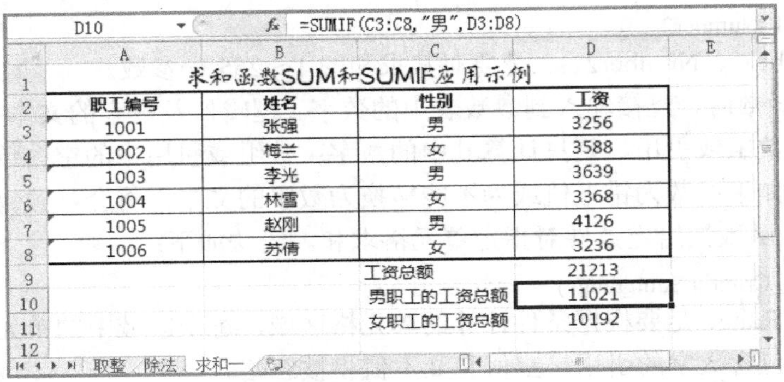

职工编号	姓名	性别	工资
1001	张强	男	3256
1002	梅兰	女	3588
1003	李光	男	3639
1004	林雪	女	3368
1005	赵刚	男	4126
1006	苏倩	女	3236
		工资总额	21213
		男职工的工资总额	11021
		女职工的工资总额	10192

图 7.18　求和函数 SUM 和 SUMIF 应用示例

【实战演练】使用求和 SUMIFS 进行计算。

（1）打开“数学函数应用示例.xlsx”工作簿。

（2）添加一个工作表并命名为“求和二”，选择该工作表。

（3）在单元格 A1 中输入文本，然后选择单元格区域 A1:F1，合并后居中。

（4）在区域 A2:C10 中输入产品销售数据。

（5）在区域 E2:E8 中输入文本，选择区域 E2:F2，合并后居中。

（6）在单元格 F3 中输入以下公式（计算由销售人员张强售出的苹果数量）：

=SUMIFS(C3:C10, B3:B10, "苹果", A3:A10, "张强")

（7）在单元格 F4 中输入以下公式（计算由张强售出的香梨数量）：

=SUMIFS(C3:C10, B3:B10, "香梨", A3:A10, "张强")

（8）在单元格 F5 中输入以下公式（计算由张强售出的香蕉数量）：

=SUMIFS(C3:C10, B3:B10, "香蕉", A3:A10, "张强")

（9）在单元格 F6 中输入以下公式（计算由张强售出的以“香”字开头的产品数量）：

=SUMIFS(C3:C10, B3:B10, "=香*", A3:A10, "张强")

（10）在单元格 F7 中输入以下公式（计算由张强售出的不包括香蕉在内的产品数量）：

=SUMIFS(C3:C10, B3:B10, "<>香蕉", A3:A10, "张强")

（11）在单元格 F8 中输入以下公式（计算由张强售出的所有产品总量）:

=SUMIF(A3:A10, "张强", C3:C10)

各个公式的计算结果如图 7.19 所示。

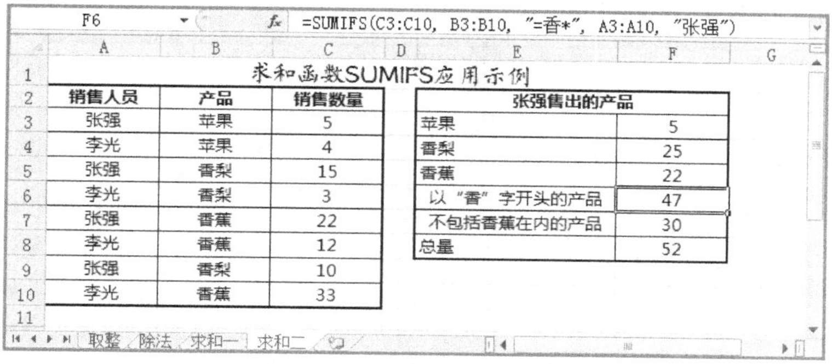

F6　=SUMIFS(C3:C10, B3:B10, "=香*", A3:A10, "张强")

求和函数SUMIFS应用示例

销售人员	产品	销售数量
张强	苹果	5
李光	苹果	4
张强	香梨	15
李光	香梨	3
张强	香蕉	22
李光	香蕉	12
张强	香梨	10
李光	香蕉	33

张强售出的产品	
苹果	5
香梨	25
香蕉	22
以"香"字开头的产品	47
不包括香蕉在内的产品	30
总量	52

取整　除法　求和一　求和二

图 7.19　求和函数 SUMIFS 应用示例

4. 生成随机数函数

在 Excel 2010 中，生成随机数可使用 RAND 和 RANDBETWEEN 函数来实现，前者返回随机实数，后者返回随机整数。

（1）RAND 函数返回大于等于 0 及小于 1 的均匀分布随机实数，每次计算工作表时都将返回一个新的随机实数。语法如下：

RAND()

若要生成 a 与 b 之间的随机实数，可使用以下表达式：

RAND()*(b−a)+a

如果要使用函数 RAND 生成一个随机数，并且使之不随单元格计算而改变，可以在编辑栏中输入"=RAND()"，保持编辑状态，然后按 F9 键，将公式永久性地改为随机数。

（2）RANDBETWEEN 函数返回位于指定的两个数之间的一个随机整数，每次计算工作表时都将返回一个新的随机整数。语法如下：

RANDBETWEEN(Bottom, Top)

其中，参数 Bottom 指定 RANDBETWEEN 函数将返回的最小整数；参数 Top 指定该函数将返回的最大整数。

【实战演练】在公式中使用随机函数。

（1）打开"数学函数应用示例.xlsx"工作簿。

（2）添加一个工作表并命名为"随机数"，选择该工作表。

（3）在单元格 A1、A2 和 B2 中分别输入文本；选择单元格区域 A1:B1，合并后居中。

（4）在区域 A1:A6 的各个单元格中，分别输入以字符"'"开始的公式（作为文本处理）:

'=RAND()

'=RAND()*100

'=RANDBETWEEN(−100, 100)

'=RANDBETWEEN(100, 1000)

（5）在区域 B2:B6 的各个单元格中，分别输入以下公式:

=RAND()

```
=RAND()*100
=RANDBETWEEN(-100, 100)
=RANDBETWEEN(100, 1000)
```

此时生成的随机数如图 7.20 所示。

图 7.20　生成随机数示例

（6）按 F9 键，此时可以看到将会生成不同的随机数。

7.3.3　文本函数

处理工作表数据时，经常要对公式中的文本字符串进行各种各样的处理，例如计算字符串的长度，删除字符串中的空格，从一个字符串中取子串，以及对大小写英文字母进行转换等等。在这种场合，就需要用到文本函数。

1. 比较字符串

使用 EXACT 函数可以比较两个字符串是否相同，如果它们完全相同，则返回 TRUE；否则，返回 FALSE。函数 EXACT 区分大小写，但忽略格式上的差异。利用 EXACT 函数可以测试在文档内输入的文本。语法如下：

```
EXACT(Text1, Text2)
```

其中，参数 Text1 为待比较的第 1 个字符串；Text2 为待比较的第 2 个字符串。

也可使用双等号（==）比较运算符代替 EXACT 函数来进行精确比较。例如，公式"=A1==B1"与"=EXACT(A1, B1)"返回相同的值。

【实战演练】使用函数对字符串进行比较。

（1）创建一个新的空白工作簿，然后将其保存为"文本函数应用示例.xlsx"。

（2）将工作表 Sheet1～Sheet5 命名为"比较字符串"，选择该工作表。

（3）在单元格 A1、A2、B2 和 C2 中分别输入文本。

（4）在 A3:B5 区域的各单元格中，分别以不同形式输入单词"Excel"（字母大小写形式不同或者包含空格）。

（5）在单元格 C3 中，输入以下公式：

```
=EXACT(A3, B3)
```

（6）选定单元格 C3，并将填充柄拖到单元格 C5，以复制公式。

（7）选择区域 A1:C1，合并后居中。

（8）选择区域 A2:C5，然后为该区域设置边框。

此时各个公式的计算结果如图 7.21 所示。

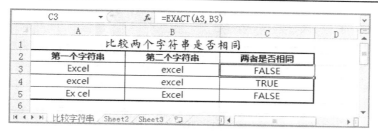

图 7.21　比较两个字符串是否相同

2. 删除文本中的空格

在处理文本字符串时，可能需要从文本中删除空格。这个操作可使用 TRIM 函数来实现。除了单词之间的单个空格外，TRIM 函数将清除文本中所有的空格。在从其他应用程序中获取带有不规则空格的文本时，可以使用函数 TRIM。语法如下：

TRIM(Text)

其中，参数 Text 指定需要清除其中空格的文本。

TRIM 函数设计用于清除文本中的 7 位 ASCII 空格字符（值为 32）。

在 Unicode 字符集中，有一个称为"不间断空格字符"的额外空格字符，其十进制值为160，这个字符通常在 HTML 网页中用作实体" "。TRIM 函数本身并不删除这种不间断空格字符。

Unicode 是 Unicode Consortium 开发的一种字符编码标准。该标准采用多个字节代表每一字符，实现了使用单个字符集代表世界上几乎所有书面语言。

【实战演练】使用函数删除文本中的空格。

（1）打开"文本函数应用示例.xlsx"工作簿。

（2）将工作表 Sheet2 命名为"删除空格"，选择该工作表。

（3）在单元格 A1、A2、B2 和 C2 中分别输入文本。

（4）在单元格 A3、A4 和 A5 中，分别输入以下文本字符串：

Microsfot Excel　　　　　　　　（后面有两个空格）

　　Microsfot Excel　　　　　　（前面有两个空格）

　　　　Microsfot Excel　　　　（前面有 4 个空格，后面有两个空格）

（5）在单元格 B3、B4 和 B5 中，分别输入以字符"'"开头的公式（作为文本处理）：

'=TRIM(A3)

'=TRIM(A4)

'=TRIM(A5)

（6）在单元格 C3、C4 和 C5 中，分别输入以下公式本身：

=TRIM(A3)

=TRIM(A4)

=TRIM(A5)

（7）选择区域 A1:C1，合并后居中。

（8）选择区域 A2:C5，然后设置边框样式。

此时各个公式的计算结果如图 7.22 所示。

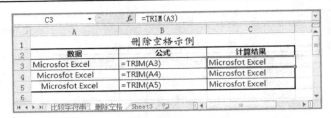

图 7.22　删除空格示例

3. 计算字符串长度

LEN 和 LENB 函数返回文本字符串中的字符个数，其中 LEN 返回文本字符串中的字符数，LENB 返回文本字符串中用于代表字符的字节数。语法如下：

LEN(Text)

LENB(Text)

其中，参数 Text 是要查找其长度的文本。空格将作为字符进行计数。

函数 LEN 面向使用单字节字符集（SBCS）的语言，而函数 LENB 面向使用双字节字符集（DBCS）的语言。支持 DBCS 的语言包括简体中文、繁体中文、日语以及朝鲜语。

计算机上的默认语言设置对返回值的影响方式如下：

- 无论默认语言设置如何，函数 LEN 始终都将每个字符（不管是单字节还是双字节）按 1 计数。
- 当启用支持 DBCS 的语言的编辑并将其设置为默认语言时，函数 LENB 会将每个双字节字符按 2 计数，否则函数 LENB 会将每个字符按 1 计数。

【实战演练】使用函数计算字符串长度。

（1）打开"文本函数应用示例.xlsx"工作簿。

（2）将工作表 Sheet3 命名为"计算长度"，选择该工作表。

（3）在单元格 A1、A2、B2、A4 和 B4 中分别输入文本。

（4）选择单元格 A1 和 B1，合并后居中。

（5）在单元格 A5 和 A6 中，分别输入以字符 """ 开头的公式（作为文本处理）：

'=LEN(B2)

'=LENB(B2)

（6）在单元格 B5 和 B6 中，分别输入以下公式：

=LEN(B2)

=LENB(B2)

（7）选择区域 A4:B6，然后为该区域设置边框。

此时各个公式的计算结果如图 7.23 所示。

图 7.23　计算字符串长度示例

4. 查找字符串

在 Excel 2010 中，可以使用函数 FIND 和 FINDB 或者函数 SEARCH 和 SEARCHB 在一个文本值中查找另一个文本值，前面两个函数区分大小写，后面两个函数则不区分大小写。

（1）函数 FIND 和 FINDB 用于在第 2 个文本串中定位第 1 个文本串，并返回第 1 个文本串的起始位置的值，该值从第 2 个文本串的第 1 个字符算起。

函数 FIND 和 FINDB 的语法如下：

FIND(Find_text, Within_text, Start_num)

FINDB(Find_text, Within_text, Start_num)

其中，参数 Find_text 指定要查找的文本；参数 Within_text 指定包含要查找文本的文本；参数 Start_num 指定要从其开始搜索的字符。Within_text 中的首字符是编号为 1 的字符。如果省略 Start_num，则假设其值为 1。

函数 FIND 面向使用单字节字符集（SBCS）的语言，而函数 FINDB 面向使用双字节字符集（DBCS）的语言。

函数 FIND 与 FINDB 区分大小写并且不允许使用通配符。

如果 Find_text 为空文本（""），则 FIND 会匹配搜索字符串中的首字符（即编号为 Start_num 或 1 的字符）。Find_text 不能包含任何通配符。

如果 Within_text 中没有 Find_text，则 FIND 和 FINDB 返回错误值#VALUE!。

如果 Start_num 不大于 0，则 FIND 和 FINDB 返回错误值#VALUE!。

如果 Start_num 大于 Within_text 的长度，则 FIND 和 FINDB 返回错误值#VALUE!。

（2）函数 SEARCH 和 SEARCHB 也可以用于在第 2 个文本串中定位第 1 个文本串，并返回第 1 个文本串的起始位置的值，该值从第 2 个文本串的第 1 个字符算起。语法如下：

SEARCH(Find_text, Within_text, Start_num)

SEARCHB(Find_text, Within_text, Start_num)

其中，参数 Find_text 指定要查找的文本；Within_text 指定是要在其中搜索 Find_text 的文本；Start_num 是 Within_text 中从之开始搜索的字符编号。

函数 SEARCH 和 SEARCHB 不区分大小写。对于这两个函数，可以在查找文本中使用通配符，即问号（?）和星号（*）。其中问号匹配任意单个字符；星号匹配任意字符序列。如果要查找实际的问号或星号，可在该字符前输入波形符（~）。

如果找不到 Find_text，则返回错误值#VALUE!。

如果省略 Start_num，则假设其值为 1。

如果 Start_num 不大于 0 或大于 Within_text 的长度，则返回错误值#VALUE!。

【实战演练】使用函数查找文本。

（1）打开"文本函数应用示例.xlsx"工作簿.

（2）添加一个新工作表并重命名为"查找文本"，选择该工作表。

（3）在单元格 A1、区域 A2:C2 以及 A4:D4 中输入文本。

（4）选择区域 A1:D1，合并后居中。

（5）在区域 A5:A10 以及 C5:C10 的各个单元格中输入以字符 "'" 开头的公式（将作为文本来处理），例如 "'=FIND("m",B2)" 和 "'=SEARCHB("e",C2)"。

（6）在区域 B5:B10 以及 D5:D10 的各个单元格中输入与其左侧单元格对应的公式本身。

例如，在单元格 B5 中输入公式 "=FIND("m", B2)"。

（7）设置工作表边框样式。

此时各个公式的计算结果如图 7.24 所示。

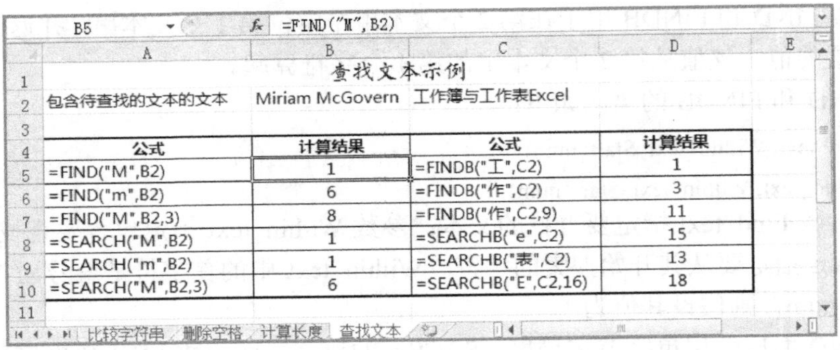

	B5	▼	fx	=FIND("M",B2)	
	A	B	C	D	E
1		查找文本示例			
2	包含待查找的文本的文本	Miriam McGovern	工作簿与工作表Excel		
3					
4	公式	计算结果	公式	计算结果	
5	=FIND("M",B2)	1	=FINDB("工",C2)	1	
6	=FIND("m",B2)	6	=FINDB("作",C2)	3	
7	=FIND("M",B2,3)	8	=FINDB("作",C2,9)	11	
8	=SEARCH("M",B2)	1	=SEARCHB("e",C2)	15	
9	=SEARCH("m",B2)	1	=SEARCHB("表",C2)	13	
10	=SEARCH("M",B2,3)	6	=SEARCHB("E",C2,16)	18	
11					

比较字符串　删除字格　计算长度　查找文本

图 7.24　查找文本示例

5. 从文本中取子串

如果从文本字符串的最左边、最右边或指定位置取出一部分字符，则可以得到一个子字符串，简称为子串。从文本中取子串可以借助下面的函数来实现。

（1）LEFT 和 LEFTB 函数返回文本值中最左边的字符，即根据所指定的字符数（LEFT）或字节数（LEFTB）返回文本字符串中第 1 个字符或前几个字符。语法如下：

LEFT(Text, Num_chars)
LEFTB(Text, Num_bytes)

其中，参数 Text 是包含要提取的字符的文本字符串；Num_chars 指定要由 LEFT 提取的字符的数量；参数 Num_bytes 按字节指定要由 LEFTB 提取的字符的数量。

Num_chars 的值必须大于或等于 0；如果 Num_chars 大于文本长度，则 LEFT 返回全部文本；如果省略 Num_chars，则假设其值为 1。

（2）RIGHT 和 RIGHTB 函数返回文本值中最右边的字符，也就是根据所指定的字符数（RIGHT）或字节数（RIGHTB）返回文本字符串中最后一个或多个字符。语法如下：

RIGHT(Text, Num_chars)
RIGHTB(Text, Num_bytes)

其中，参数 Text 是包含要提取字符的文本字符串；Num_chars 指定要由 RIGHT 提取的字符的数量；Num_bytes 按字节指定要由 RIGHTB 提取的字符的数量。

参数 Num_chars 必须大于或等于 0。如果 Num_chars 大于文本长度，则 RIGHT 返回所有文本。如果省略 Num_chars，则假设其值为 1。

（3）MID 和 MIDB 函数从文本字符串中的指定位置起返回特定个数的字符，即根据所指定的字数（MID）或字节数（MIDB）返回文本字符串中从指定位置开始的特定数目的字符。语法如下：

MID(Text,Start_num, Num_chars)
MIDB(Text,Start_num, Num_bytes)

其中，参数 Text 是包含要提取字符的文本字符串；Start_num 是文本中要提取的第 1 个字符的位置，文本中第 1 个字符的 Start_num 为 1，以此类推；Num_chars 指定希望 MID 从文本中返回字符的个数；Num_bytes 按字节指定希望 MIDB 从文本中返回字符的个数。

如果 Start_num 大于文本长度，则 MID 返回空文本（""）。如果 Start_num 小于文本长度，但 Start_num 加上 Num_chars 超过了文本的长度，则 MID 只返回至多直到文本末尾的字符。如果 Start_num 小于 1，则 MID 返回错误值#VALUE!。如果 Num_chars 是负数，则 MID 返回错误值#VALUE!。如果 Num_bytes 是负数，则 MIDB 返回错误值#VALUE!。

【实战演练】使用函数从文本中取子串。

（1）打开“文本函数应用示例.xlsx”工作簿。

（2）添加一个新工作表并将其命名为“取子串”。

（3）在单元格 A1、A2、A3 以及区域 A4:D4 中输入文本。

（4）选择区域 A1:D1，合并后居中。

（5）在区域 A5:A8 以及 C5:C8 的各个单元格中，输入以字符“'”开头的公式（将作为文本来处理），例如“'=LEFT(B2, 7)”和“'=MIDB(B2, 6, 4)”。

（6）在区域 B5:B8 以及 D5:D8 的各个单元格中，输入与其左侧单元格对应的公式本身。例如，在单元格 B5 中输入公式“=LEFT(B2, 7)”。

（7）设置工作表边框样式。此时各个公式的计算结果如图 7.25 所示。

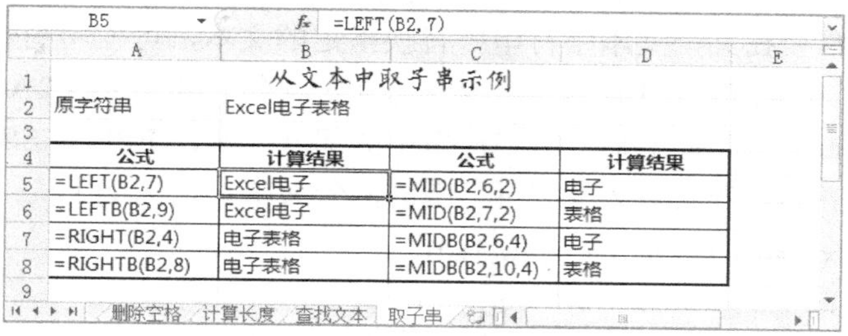

从文本中取子串示例

原字符串	Excel电子表格		
公式	计算结果	公式	计算结果
=LEFT(B2,7)	Excel电子	=MID(B2,6,2)	电子
=LEFTB(B2,9)	Excel电子	=MID(B2,7,2)	表格
=RIGHT(B2,4)	电子表格	=MIDB(B2,6,4)	电子
=RIGHTB(B2,8)	电子表格	=MIDB(B2,10,4)	表格

图 7.25　从文本中取子串示例

6. 大小写转换

在处理英文文本时，经常要对字母的大小写形式进行转换。在 Excel 2010 中，这个操作可以使用 LOWER、UPPER 和 PROPER 函数来完成。

LOWER 函数将一个文本字符串中的所有大写字母转换为小写字母，UPPER 函数将一个文本字符串中的所有小写字母转换为大写字母，PROPER 函数将文本值的每个单词的首字母转换为大写。语法如下：

```
LOWER(Text)
UPPER(Text)
PROPER(Text)
```

其中，参数 Text 是要进行转换的文本字符串。这些函数不改变文本中的非字母的字符（例如数字、汉字以及标点）。

【实战演练】使用函数进行字母的大小写转换。

（1）打开“文本函数应用示例.xlsx”工作簿。

（2）添加一个新工作表并命名为“大小写转换”。

（3）在单元格 A1、A2、B2、A4 和 B4 中分别输入文本。

（4）选择区域 A1:B1，合并后居中。

（5）在区域 A5:A7 的各个单元格中，输入以字符""开头的公式（将作为文本来处理），例如"'=LOWER(B2)"。

（6）在区域 B5:B7 的各个单元格中，输入与其左侧单元格对应的公式本身。例如，在单元格 B5 中输入公式"=LOWER(B2)"。

（7）设置工作表边框样式。此时各个公式的计算结果如图 7.26 所示。

图 7.26　大小写转换示例

7. 替换文本

如果需要在某一文本字符串中替换指定位置处的任意文本，可使用函数 REPLACE 或者 REPLACEB；如果需要在某一文本字符串中替换指定的文本，可使用函数 SUBSTITUTE。

（1）REPLACE 和 REPLACEB 函数替换文本中的字符，其中 REPLACE 使用其他文本字符串并根据所指定的字符数替换某文本字符串中的部分文本，REPLACEB 使用其他文本字符串并根据所指定的字节数替换某文本字符串中的部分文本。语法如下：

REPLACE(Old_text, tart_num, um_chars, ew_text)

REPLACEB(Old_text, tart_num, um_bytes, ew_text)

其中，参数 Old_text 是要替换其部分字符的文本；Start_num 是要用 New_text 替换的 Old_text 中字符的位置；Num_chars 是希望 REPLACE 使用 New_text 替换 Old_text 中字符的个数；Num_bytes 是希望 REPLACEB 使用 New_text 替换 Old_text 中字节数；New_text 是要用于替换 Old_text 中字符的文本。

（2）SUBSTITUTE 函数在文本字符串中用新文本替换旧文本。语法如下：

SUBSTITUTE(Text, Old_text, New_text, Instance_num)

其中，参数 Text 为需要替换其中字符的文本或对含有文本的单元格的引用；Old_text 为需要替换的旧文本；New_text 指定用于替换 Old_text 的文本；Instance_num 为可选项，它是一个数值，用来指定以 New_text 替换第几次出现的 Old_text。如果指定了 Instance_num，则只有满足要求的 Old_text 被替换；否则将用 New_text 替换 Text 中出现的所有 Old_text。

【实战演练】使用函数替换文本。

（1）打开"文本函数应用示例.xlsx"工作簿。

（2）添加一个新的工作表并命名为"替换文本"。

（3）在单元格 A1、A2、B2、B3、A5 和 B5 中分别输入文本。

（4）选择区域 A1:B1，合并后居中。

（5）在区域 A6:A12 的各个单元格中，输入以字符""开头的公式（将作为文本来处理），例如在单元格 A6 中输入"'=REPLACE(B2, 3, 2, "##")"。

（6）在区域 B6:B12 的各个单元格中，输入与其左侧单元格对应的公式本身。例如，在单元格 B5 中输入公式 "=REPLACE(B2, 3, 2, "##")"。

（7）设置工作表边框样式。此时各个公式的计算结果如图 7.27 所示。

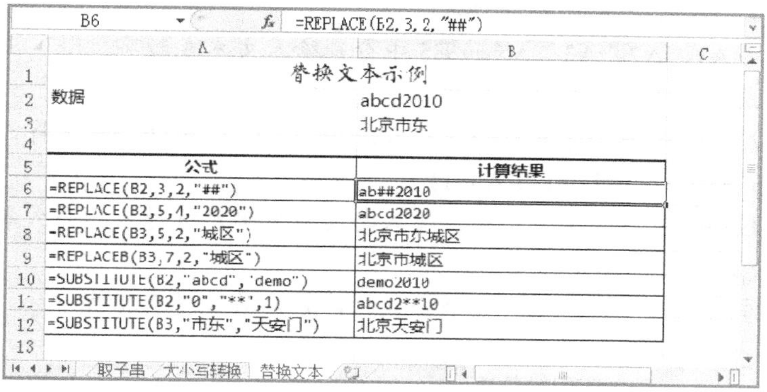

图 7.27　替换文本示例

8. 数字转换为文本

在单元格中可以输入数字和文本。如果需要，也可以使用 TEXT 或 FIXED 函数将单元格中包含的数字转换为文本。

（1）TEXT 函数设置数字格式并将其转换为文本。使用 TEXT 函数可将数值转换为按指定数字格式表示的文本。语法如下：

TEXT(Value, Format_text)

其中，参数 Value 为数值、计算结果为数字值的公式，或对包含数字值的单元格的引用；参数 Format_text 是作为用引号括起的文本字符串的数字格式。Format_text 不能包含星号(*)。

在"设置单元格格式"对话框中，单击"数字"选项卡，然后在"类别"下拉列表框中选择"数字"、"日期"、"时间"、"货币"或者"自定义"格式，可以查看不同数字格式的显示效果。

在"开始"选项卡的"数字"组中，单击"数字"旁的箭头，然后单击"数字"命令，像这样使用命令设置单元格格式仅更改格式，而不会更改值。使用函数 TEXT 会将数值转换为带格式的文本，而其结果将不再作为数字参与计算。

（2）FIXED 函数将数字格式设置为具有固定小数位数的文本。使用 FIXED 可将数字按指定的小数位数进行取整，利用句号和逗号以小数格式对该数进行格式设置，并以文本形式返回结果。语法如下：

FIXED(Number, Decimals, No_commas)

其中，参数 Number 是要进行舍入并转换为文本的数字；Decimals 指定十进制数的小数位数；No_commas 是一个逻辑值，若为 TRUE，则会禁止 FIXED 在返回的文本中包含逗号。

在 Excel 2010 中，数字的最大有效位数不能超过 15 位，但 Decimals 可达到 127。若 Decimals 为负数，则 Number 在小数点左侧进行舍入。若省略 Decimals，则假设其值为 2。

如果 No_commas 为 FALSE 或被省略，则返回的文本将会包含逗号。

在"开始"选项卡的"数字"组中，单击"数字"旁的箭头，然后单击"数字"命令，此时将包含数字的单元格进行格式化，这与直接使用函数 FIXED 格式化数字的主要区别在于：函数 FIXED 将其结果转换成文本，而用命令方式设置格式的数字仍然是数字。

【**实战演练**】使用函数将数字转换为文本。

（1）打开"文本函数应用示例.xlsx"工作簿。

（2）添加一个新工作表并命名为"类型转换"。

（3）在单元格 A1、A2、A3、A5 和 B5 中分别输入文本或数字。

（4）选择区域 A1:B1，合并后居中。

（5）在区域 A6:A9 的各个单元格中，输入以字符""" 开头的公式（将作为文本来处理），例如在单元格 A6 中输入 "'=FIXED(A3, 1)"。

（6）在区域 B6:B9 的各个单元格中，输入与其左侧单元格对应的公式本身。例如，在单元格 B5 中输入公式 "=FIXED(A3, 1)"。

（7）设置工作表边框样式。此时各个公式的计算结果如图 7.28 所示。

图 7.28　数字转换为文本示例

7.3.4 日期和时间函数

在 Excel 中，日期和时间可存储为可用于计算的序列号，该序列号中小数点右边的数字表示时间，左边的数字表示日期。下面介绍一些用于日期和时间处理的函数。

1. 日期函数

Excel 中的日期是以数字形式存储的。默认情况下，1900 年 1 月 1 日的序列号是 1，而 2008 年 1 月 1 日的序列号是 39448，这是因为它距 1900 年 1 月 1 日有 39448 天。

（1）DATE 函数返回特定日期的序列号。如果在输入函数前，单元格的格式为"常规"，则结果将设为日期格式。语法如下：

```
DATE(Year, Month, Day)
```

其中，参数 Year 可以是 1～4 位数字，表示年份，Excel 将根据所使用的日期系统来解释该参数。默认情况下，Microsoft Excel for Windows 将使用 1900 日期系统。如果 Year 位于 0 到 1899（包含）之间，则 Excel 会将该值加上 1900，再计算年份。例如，DATE(108, 1, 2) 将返回 2008 年 1 月 2 日。如果 Year 位于 1900 到 9999（包含）之间，则 Excel 将使用该数值作为年份。例如，DATE(2008, 1, 2) 将返回 2008 年 1 月 2 日。

Month 代表一年中从 1 月到 12 月各月的正整数或负整数。如果 Month 大于 12，则 Month 从指定年份的第 1 个月起累加月份数。例如，DATE(2008, 14, 2) 返回代表 2009 年 2 月 2 日的序列号。如果 Month 小于 1，则用 Month 减去指定年份的月份数，再从该年份的第 1 个月起往向上累加，例如，DATE(2008, -3, 2) 返回代表 2007 年 9 月 2 日的序列号。

Day 代表一月中从 1 日到 31 日各天的正整数或负整数。如果 Day 大于指定月份的天数，则 Day 将从该月份的第 1 天开始累加天数。例如，DATE(2008, 1, 35) 返回代表 2008 年 2 月 4 日的序列号。如果 Day 小于 1，则用 Day 减去该月份的天数，再从该月份的第 1 天开始往上累加。例如，DATE(2008, 1, -15) 返回代表 2007 年 12 月 16 日的序列号。

（2）DAY 函数将序列号转换为月份日期。使用 DAY 可以返回以序列号表示的某日期的天数，用整数 1 到 31 表示。语法如下：

DAY(Serial_number)

其中，参数 Serial_number 要查找的那一天的日期。

（3）DAYS360 函数以一年 360 天为基准计算两个日期间的天数。语法如下：

DAYS360(Start_date, End_date, Method)

其中，参数 Start_date 和 End_date 要计算期间天数的起止日期。如果 Start_date 在 End_date 之后，则 DAYS360 将返回一个负数。应使用 DATE 函数输入日期。Method 是一个逻辑值，它指定了在计算中是采用欧洲方法还是美国方法。Method 为 FALSE 或省略，则使用美国方法，若为 TRUE，则使用欧洲方法。

（4）MONTH 函数将序列号转换为月。使用 MONTH 函数可返回以序列号表示的日期中的月份。月份是介于 1 到 12 之间的整数。语法如下：

MONTH(Serial_number)

其中，参数 Serial_number 表示要查找的月份的日期。

（5）NETWORKDAYS 函数返回两个日期间的全部工作日数。工作日不包括周末和专门指定的假期。使用函数 NETWORKDAYS 可以根据某一特定时期内雇员的工作天数，计算其应计的报酬。语法如下：

NETWORKDAYS(Start_date, End_date, Holidays)

其中，参数 Start_date 为开始日期。End_date 为终止日期。Holidays 为可选项，表示不在工作日历中的一个或多个日期所构成的区域。

（6）NOW 函数返回当前日期和时间的序列号。如果在输入函数前，单元格的格式为"常规"，则结果将设为日期格式。语法如下：

NOW()

（7）TODAY 函数返回今天日期的序列号。如果在输入函数前，单元格的格式为"常规"，则结果将设为日期格式。语法如下：

TODAY()

（8）WEEKDAY 函数将序列号转换为星期日期。默认情况下，其值为 1（星期天）到 7（星期六）之间的整数。语法如下：

WEEKDAY(Serial_number, Return_type)

其中，参数 Serial_number 代表要查找的那一天的日期。Return_type 为确定返回值类型的数字，若为 1 或省略，则返回数字 1（星期日）到数字 7（星期六）；若为 2，则返回数字 1（星期一）到数字 7（星期日）；若为 3，则返回数字 0（星期一）到数字 6（星期日）。

（9）WEEKNUM 函数将序列号转换为代表该星期为一年中第几周的数字。语法如下：

WEEKNUM(Serial_num, Return_type)

其中，参数 Serial_num 代表一周中的日期。Return_type 为一数字，确定星期计算从哪一天开始，默认值为 1，表示星期从星期日开始；若为 2，则星期从星期一开始。

（10）YEAR 函数将序列号转换为年，返回值为 1900 到 9999 之间的整数。语法如下：

YEAR(Serial_number)

其中，参数 Serial_number 是为一个日期值，其中包含要查找年份的日期。

【实战演练】 在工作表中使用日期函数。

（1）创建一个新的空白工作簿，然后将其保存为 "日期和时间函数应用示例.xlsx"。

（2）将工作表 Sheet1 命名为 "日期处理"。

（3）在在单元格 A1、区域 A3:C3 以及区域 A5:D5 的各个单元格中分别输入文本或数字。

（4）选择区域 A1:D1，合并后居中。

（5）在区域 A6:A10 及 C6:C10 的各个单元格中，输入以字符 "'" 开头的公式（将作为文本来处理），例如在单元格 A6 中输入 "'=DATE(A3, B3, C3)"。

（6）在区域 B6:B10 及 D6:D10 的各个单元格中，输入与其左侧单元格对应的公式本身。例如，在单元格 B6 中输入公式 "= DATE(A3, B3, C3)"。

（7）设置工作表边框样式。此时各个公式的计算结果如图 7.29 所示。

B6		f_x =DATE(A3, B3, C3)		
	A	B	C	D	E
	日期函数应用示例				
2	数据				
3		2016	2	10	
4					
5	公式	计算结果	公式	计算结果	
6	=DATE(A3,B3,C3)	2016-2-10	=NOW()	2016-2-10 19:56	
7	=YEAR(B6)	2016	=TODAY()	2016-2-10	
8	=MONTH(B6)	2	=WEEKDAY(D7,2)	3	
9	=DAY(B6)	10	=DAYS360(B6,D7)	0	
10	=WEEKNUM(B6,2)	7	=NETWORKDAYS(B6,D7	1	
11					

图 7.29　日期函数应用示例

2. 时间函数

Excel 中的时间是以序列号小数点右边的部分来存储的。例如，序列号 .5 表示时间为中午 12:00。下面介绍一些用于时间处理的函数。

（1）TIME 函数返回特定时间的序列号。使用 TIME 函数可返回某一特定时间的小数值。如果在输入函数前，单元格的格式为 "常规"，则结果将设为日期格式。函数 TIME 返回的小数值为 0 到 0.99999999 之间的数值，代表从 0:00:00（12:00:00 AM）到 23:59:59（11:59:59 PM）之间的时间。语法如下：

TIME(Hour, Minute, Second)

其中，参数 Hour 代表小时，为 0（零）到 32767 之间的数值；任何大于 23 的数值将除以 24，其余数将视为小时。Minute 代表分钟，为 0 到 32767 之间的数值；任何大于 59 的数值将被转换为小时和分钟。Second 代表秒，为 0 到 32767 之间的数值；任何大于 59 的数值将被转换为小时、分钟和秒。

（2）HOUR 函数将序列号转换为小时。使用 HOUR 函数可返回时间值的小时数，即一个介于 0（12:00 AM）到 23（11:00 PM）之间的整数。语法如下：

HOUR(Serial_number)

其中，参数 Serial_number 表示一个时间值，其中包含要查找的小时。时间有多种输入方式：可使用带引号的文本字符串（例如 "6:45 PM"）或十进制数（例如 0.78125 表示 6:45 PM）。

（3）MINUTE 函数将序列号转换为分钟。使用 MINUTE 函数可返回时间值中的分钟，即一个介于 0 到 59 之间的整数。语法如下：

MINUTE(Serial_number)

其中，参数 Serial_number 表示一个时间值，其中包含要查找的分钟。

（4）SECOND 函数将序列号转换为秒。使用 SECOND 函数返回时间值的秒数，即介于 0 到 59 之间的整数。语法如下：

SECOND(Serial_number)

其中，参数 Serial_number 表示一个时间值，其中包含要查找的秒数。

（5）TIMEVALUE 函数将文本格式的时间转换为序列号。使用 TIMEVALUE 函数可返回由文本字符串所代表的时间的小数值，该小数值为 0 到 0.99999999 之间的数值，代表从 0:00:00（12:00:00 AM）到 23:59:59（11:59:59 PM）之间的时间。语法如下：

TIMEVALUE(Time_text)

其中，参数 Time_text 为文本字符串，代表以 Excel 时间格式表示的时间。例如，代表时间的具有引号的文本字符串 "6:45 PM" 和 "18:45"。Time_text 中的日期信息将被忽略。

【实战演练】在工作表中使用时间函数。

（1）打开"日期和时间函数应用示例.xlsx"工作簿。

（2）将工作表 Sheet2 命名为"时间处理"。

（3）在单元格 A1、A2，区域 A3:C4，单元格 A6、B6、B7 和 C7 中分别输入文本或数字。

（4）分别选择区域 A1:C1、A6:A7 以及 B6:C6，合并后居中。

（5）在区域 A8:A12 的各个单元格中，输入以字符""开头的公式（将作为文本来处理），例如在单元格 A8 中输入"'=TIME(A4, B4, C4)"。

（6）在区域 B8:B12 的各个单元格以及单元格 C8、C12 中，输入与 A 列单元格对应的公式本身。例如，在单元格 B8 中输入公式"=TIME(A4, B4, C4)"。

（7）将单元格 C8 和 C12 的数字格式设置为"时间"。

（8）设置工作表边框样式。此时各个公式的计算结果如图 7.30 所示。

图 7.30　时间函数应用示例

7.3.5　统计函数

Excel 2010 提供了一些统计函数，可用于对特定范围内的数据进行分析统计。例如，计算平均值、统计个数、计算频率分布以及求最大值和最小值等。

1. 计算平均值

平均值就是一组参数的平均数，也称为算术平均值。例如，a1、a2、…an 的算术平均值可用公式(a1+a2+……an)/n 来计算。下面介绍用于计算平均值的 3 个函数。

（1）AVERAGE 函数返回其参数的算术平均值。语法如下：

AVERAGE(Number1, Number2, ...)

其中，Number1、Number2、…是要计算其平均值的 1～255 个数字参数。

使用 AVERAGE 函数参数可以是数字或者是包含数字的名称、数组或引用。逻辑值和直接输入到参数列表中代表数字的文本被计算在内；如果数组或引用参数包含文本、逻辑值或空白单元格，则这些值将被忽略；但包含零值的单元格将计算在内；如果参数为错误值或为不能转换为数字的文本，将会导致错误。

（2）AVERAGEA 函数返回其参数的算术平均值。语法如下：

AVERAGEA(Value1, Value2, ...)

其中，参数 Value1、Value2、…是需要计算平均值的 1 到 255 个单元格、单元格区域或数值。参数可以是下列形式：数值；包含数值的名称、数组或引用；数字的文本表示；或者引用中的逻辑值，例如 TRUE 和 FALSE。

逻辑值和直接输入到参数列表中代表数字的文本被计算在内。包含 TRUE 的参数作为 1计算；包含 FALSE 的参数则作为 0 计算。包含文本的数组或引用参数将作为 0 计算。空文本（""）也作为 0 计算。如果参数为数组或引用，则只使用其中的数值。数组或引用中的空白单元格和文本值将被忽略。如果参数为错误值或为不能转换为数字的文本，将会导致错误。

（3）AVERAGEIF 函数返回区域中满足给定条件的所有单元格的算术平均值。语法如下：

AVERAGEIF(Range, Criteria, Average_range)

其中，参数 Range 是要计算平均值的一个或多个单元格，其中包括数字或包含数字的名称、数组或引用。Criteria 是数字、表达式、单元格引用或文本形式的条件，用于定义要对哪些单元格计算平均值；例如，条件可以表示为 32、"32"、">32"、"apples" 或 B4。Average_range是要计算平均值的实际单元格集；如果忽略 Average_range，则使用 Range。

使用 AVERAGEIF 函数时，忽略区域中包含 TRUE 或 FALSE 的单元格。若 Average_range中的单元格为空单元格，则忽略它。若 Range 为空值或文本值，则 AVERAGEIF 会返回#DIV0!错误值。若条件中的单元格为空单元格，则将其视为 0 值。若区域中没有满足条件的单元格，则 AVERAGEIF 会返回 #DIV/0! 错误值。

在条件参数中可以使用问号（?）和星号（*）通配符，其中问号匹配任一单个字符；星号匹配任一字符序列。如果要查找实际的问号或星号，可在字符前输入波形符（~）。

区域 Average_range 不必与 Range 的大小和形状相同。求平均值的实际单元格是通过使用 Average_range 中左上方的单元格作为起始单元格，然后加入与 Range 的大小和形状相对应的单元格确定的。例如，如果 Range 为 A1:A5 且 Average_range 为 B1:B3，则计算的实际单元格为 B1:B5。

【实战演练】 使用函数计算算术平均值。

（1）创建一个新的空白工作簿，并将其保存为 "统计函数应用示例.xlsx"。

（2）将工作表 Sheet1 命名为 "求平均值"。

（3）在 A1、A2、B2 和 C2 单元格中分别输入文本；选择区域 A1:C1，合并后居中。

（4）在区域 A3:A9 的各个单元格中，分别输入数字或逻辑值。

（5）在区域 B3:B9 的各个单元格中，分别输入以字符“'”开头的公式（将处理为文本）。例如，在单元格 B3 中输入“'=AVERAGE(A3:A7)”。

（6）在区域 C3:C9 的各个单元格中，输入与其左侧相邻单元格对应的公式本身。例如，在单元格 C3 中输入公式“=AVERAGE(A3:A7)”。

（7）设置工作表边框样式。此时各个公式的计算结果如图 7.31 所示。

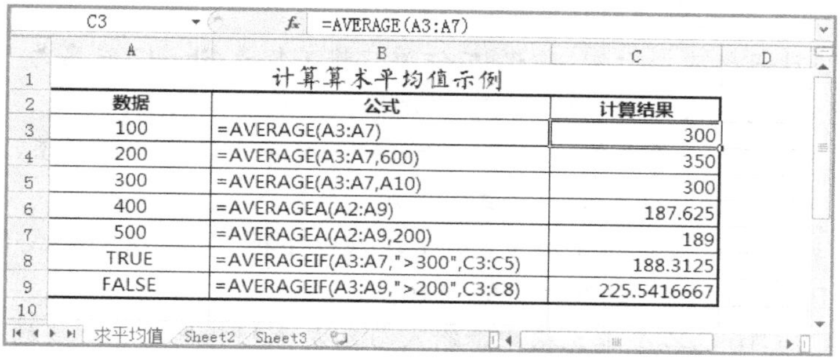

C3　=AVERAGE(A3:A7)

	A	B	C
1	计算算术平均值示例		
2	数据	公式	计算结果
3	100	=AVERAGE(A3:A7)	300
4	200	=AVERAGE(A3:A7,600)	350
5	300	=AVERAGE(A3:A7,A10)	300
6	400	=AVERAGEA(A2:A9)	187.625
7	500	=AVERAGEA(A2:A9,200)	189
8	TRUE	=AVERAGEIF(A3:A7,">300",C3:C5)	188.3125
9	FALSE	=AVERAGEIF(A3:A9,">200",C3:C8)	225.5416667

图 7.31　计算算术平均值示例

2. 统计个数

在实际应用中，经常要统计数据项的个数。这个操作可以利用以下 4 个函数来实现。

（1）COUNT 函数用于计算参数列表中数字的个数。利用 COUNT 函数可以计算单元格区域或数字数组中数字字段的输入项个数。语法如下：

COUNT(Value1, Value2, ...)

其中，Value1、Value2、…是可以包含或引用各种类型数据的 1～255 个参数，但只有数字类型的数据才计算在内。

使用 COUNT 函数时，数字参数、日期参数或者代表数字的文本参数被计算在内，逻辑值和直接输入到参数列表中代表数字的文本也被计算在内。如果参数为错误值或不能转换为数字的文本，将被忽略。如果参数是一个数组或引用，则只计算其中的数字。数组或引用中的空白单元格、逻辑值、文本或错误值将被忽略。

（2）COUNTA 函数用于计算参数列表中值的个数。利用函数 COUNTA 可以计算单元格区域或数组中包含数据的单元格个数。语法如下：

COUNTA(Value1, Value2, ...)

其中，Value1、Value2、…是要计数其值的 1～255 个参数。这些参数可以是任何类型的信息，包括错误值和空文本（""），但不包括空单元格。

使用 COUNTA 函数时，如果参数为数组或引用，则只使用其中的数值。数组或引用中的空白单元格和文本值将被忽略。

（3）COUNTBLANK 函数用于计算区域内空白单元格的数量。语法如下：

COUNTBLANK(Range)

其中，参数 Range 指定需要计算其中空白单元格个数的区域。

调用 COUNTBLANK 函数时，即使单元格中含有返回值为空文本（""）的公式，该单元格也会计算在内，但包含零值的单元格不计算在内。

（4）COUNTIF 函数用于计算区域中满足给定条件的单元格的数量。语法如下：

```
COUNTIF(Range, Criteria)
```

其中，参数 Range 是一个或多个要计数的单元格，其中包括数字或名称、数组或包含数字的引用，空值和文本值将被忽略。Criteria 是确定哪些单元格将被计算在内的条件，其形式可以为数字、表达式、单元格引用或文本。

在条件参数中可以使用问号（?）和星号（*）通配符，其中问号匹配任一单个字符；星号匹配任一字符序列。如果要查找实际的问号或星号，可在字符前输入波形符（~）。

【实战演练】在工作表中使用函数统计个数。

（1）打开“统计函数应用示例.xlsx”工作簿，将工作表 Sheet2 命名为“计数”。

（2）在此工作表的 A1、A2、B2 和 C2 单元格中分别输入文本。

（3）在区域 A3:A10 的各个单元格中，分别输入数字、日期、逻辑值、错误值或留为空白。其中错误值 #DIV/0! 可通过输入公式“=1/0”来输入。

（4）在区域 B3:B10 的各个单元格中，分别输入以字符“'”开头的公式（将处理为文本）。例如，在单元格 B3 中输入“'=COUNT(A3:A10)”。

（5）在区域 C3:C10 的各个单元格中，输入与其左侧相邻单元格对应的公式本身。例如，在单元格 C3 中输入公式“=COUNT(A3:A10)”。

（6）设置工作表边框样式。此时各个公式的计算结果如图 7.32 所示。

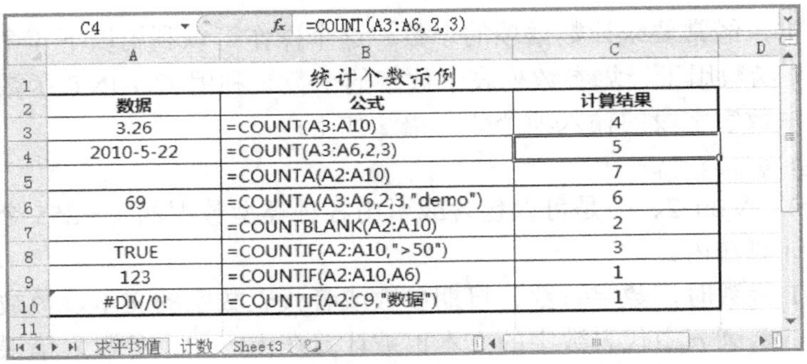

数据	公式	计算结果
3.26	=COUNT(A3:A10)	4
2010-5-22	=COUNT(A3:A6,2,3)	5
	=COUNTA(A2:A10)	7
69	=COUNTA(A3:A6,2,3,"demo")	6
	=COUNTBLANK(A2:A10)	2
TRUE	=COUNTIF(A2:A10,">50")	3
123	=COUNTIF(A2:A10,A6)	1
#DIV/0!	=COUNTIF(A2:C9,"数据")	1

图 7.32　统计个数示例

3. 计算频率分布

在处理工作表数据时，经常要计算数据项的频率分布。利用 FREQUENCY 函数可以以垂直数组的形式返回频率分布。语法如下：

```
FREQUENCY(Data_array, Bins_array)
```

其中，参数 Data_array 是一个数组或对一组数值的引用，将要为它计算频率。若该参数中不包含任何数值，则函数 FREQUENCY 将返回一个空数组。

Bins_array 是一个区间数组或对区间的引用，该区间用于对 Data_array 中的数值进行分组。若 Bins_array 中不包含任何数值，则 FREQUENCY 的返回值与 Data_array 中的元素个数相等。

利用 FREQUENCY 函数可计算数值在某个区域内的出现频率，然后返回一个垂直数组。例如，通过函数 FREQUENCY 可在分数区域内计算测验分数的个数。由于函数 FREQUENCY 返回一个数组，所以在选择了用于显示返回的分布结果的相邻单元格区域后，应以数组公式的形式输入 FREQUENCY 函数。函数 FREQUENCY 将忽略空白单元格和文本。

返回的数组中的元素个数比 Bins_array 中的元素个数多 1 个。多出来的元素表示最高区间之上的数值个数。例如，如果要为 3 个单元格中输入的 3 个数值区间计数，请务必在 4 个单元格中输入 FREQUENCY 函数获得计算结果。多出来的单元格将返回 Data_array 中第 3 个区间值以上的数值个数。

【实战演练】在工作表中使用函数计算分布频率。

（1）打开“统计函数应用示例.xlsx”工作簿，将工作表 Sheet3 命名为“计算频率”。

（2）在此工作表的 A1、A2 和 F2 单元格中分别输入文本。

（3）分别选择区域 A1:H1、A2:D2 以及 F2:H2，合并后居中。

（4）在区域 A3:D13 中，输入学生的学号、姓名、数学和语文成绩数据。

（5）在单元格 F3、G3、H3 以及区域 F4:F8 的各个单元格中，分别输入文本。

（6）选择区域 G4:G8，输入以下数组公式后按 Ctrl+Shift+Enter 组合键。

```
=FREQUENCY(C4:C13, {60, 69, 79, 89})/COUNT(A4:A13)
```

（7）选择区域 H4:H8，输入以下数组公式后按 Ctrl+Shift+Enter 组合键。

```
=FREQUENCY(D4:D13, {60, 69, 79, 89})/COUNT(A4:A13)
```

（8）分别选择区域 G4:G8 和 H4:H8，将格式设置为“百分比”。

（9）设置工作表边框。此时各个公式的计算结果如图 7.33 所示。

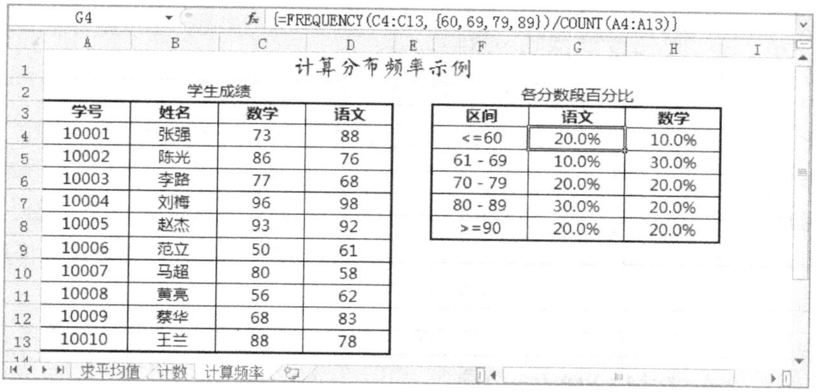

G4　{=FREQUENCY(C4:C13, {60,69,79,89})/COUNT(A4:A13)}

计算分布频率示例

学生成绩

学号	姓名	数学	语文
10001	张强	73	88
10002	陈光	86	76
10003	李路	77	68
10004	刘梅	96	98
10005	赵杰	93	92
10006	范立	50	61
10007	马超	80	58
10008	黄亮	56	62
10009	蔡华	68	83
10010	王兰	88	78

各分数段百分比

区间	语文	数学
<=60	20.0%	10.0%
61 - 69	10.0%	30.0%
70 - 79	20.0%	20.0%
80 - 89	30.0%	20.0%
>=90	20.0%	20.0%

图 7.33　计算分布频率示例

4. 求最大值和最小值

利用以下函数可以计算一组参数中的最大值和最小值。

（1）MAX 函数返回参数列表中的最大值。语法如下：

```
MAX(Number1, Number2, ...)
```

其中，Number1、Number2、…是要从中找出最大值的 1～255 个数字参数。

参数可以是数字或者是包含数字的名称、数组或引用。逻辑值和直接输入到参数列表中代表数字的文本被计算在内。

如果参数为数组或引用，则只使用该数组或引用中的数字。数组或引用中的空白单元格、逻辑值或文本将被忽略。如果参数不包含数字，则 MAX 函数返回 0。如果参数为错误值或为不能转换为数字的文本，将会导致错误。

（2）MAXA 函数返回参数列表中的最大值，参数可以是数字、文本和逻辑值。语法如下：

```
MAXA(Value1, Value2, ...)
```

其中，Value1、Value2、…是需要从中找出最大值的 1～255 个参数。

参数可以是下列形式：数值；包含数值的名称、数组或引用；数字的文本表示；或者引用中的逻辑值，例如 TRUE 和 FALSE。逻辑值和直接输入到参数列表中代表数字的文本被计算在内。

如果参数为数组或引用，则只使用其中的数值。数组或引用中的空白单元格和文本值将被忽略。如果参数为错误值或为不能转换为数字的文本，将会导致错误。包含 TRUE 的参数作为 1 来计算；包含文本或 FALSE 的参数作为 0 来计算。如果参数不包含任何值，函数 MAXA 返回 0。

（3）MIN 函数返回参数列表中的最小值。语法如下：

```
MIN(Number1, Number2, ...)
```

其中，Number1、Number2、…是要从中查找最小值的 1～255 个数字参数。这些参数与 MAX 函数中的参数类似，不再赘述。

（4）MINA 函数返回参数列表中的最小值，可以是数字、文本和逻辑值。语法如下：

```
MINA(Value1, Value2, ...)
```

其中，Value1、Value2、…是需要从中找出最小值的 1～255 个参数。这些参数与 MIN 函数中的参数类似，不再赘述。

【实战演练】在工作表中使用函数求最大值和最小值。

（1）打开“统计函数应用示例.xlsx”工作簿。

（2）添加一个新工作表并将其命名为“求最大值和最小值”。

（3）在此工作表的 A1、A2、B2 和 C2 单元格中，分别输入文本。

（4）选择区域 A1:C1，合并后居中。

（5）在区域 A3:A10 的各个单元格中，分别输入数字、逻辑值或留为空白。

（6）在区域 B3:B10 的各个单元格中，分别输入以字符“'”开头的公式（将处理为文本）。例如，在单元格 B3 中输入“'=MAX(A2:A10)”。

（7）在区域 C3:C10 的各个单元格中，输入与其左侧单元格对应的公式本身。例如，在单元格 C3 中输入公式“=MAX(A2:A10)”。

（8）设置工作表边框。此时各个公式的计算结果如图 7.34 所示。

C6　　=MAXA(A2:A10,1918)

	A	B	C
1	求最大值和最小值示例		
2	数据	公式	计算结果
3	269	=MAX(A2:A10)	599
4	-135	=MAX(A2:A10,699)	699
5	396	=MAXA(A2:A10)	599
6	599	=MAXA(A2:A10,1918)	1918
7	218	=MIN(A2:A10)	-135
8		=MIN(A2:A10,-298)	-298
9	TRUE	=MINA(A2:A10)	-135
10	FALSE	=MINA(A2:A10,-3699)	-3699
11			

求平均值　计数　计算频率　求最大值和最小值

图 7.34　求最大值和最小值示例

7.3.6　查找和引用函数

查找函数可用于查找存储在工作表中的特定值，引用函数可用于获取单元格地址或从指定的引用中获取值。

1. 引用函数

Excel 2010 提供了以下引用函数。

（1）ADDRESS 函数按照给定的行号和列标，建立文本类型的单元格地址。使用此函数可以以文本形式将引用值返回到工作表的单个单元格。语法如下：

ADDRESS(Row_num, Column_num, Abs_num, A1, Sheet_text)

其中，参数 Row_num 是在单元格引用中使用的行号；Column_num 是在单元格引用中使用的列标；Abs_num 用于指定返回的引用类型，若为 1 或省略，则表示绝对引用，2 表示绝对行号、相对列标，3 表示相对行号、绝对列标，4 表示相对引用。

参数 A1 用以指定 A1 或 R1C1 引用样式的逻辑值。如果 A1 为 TRUE 或省略，则 ADDRESS 函数返回 A1 样式的引用；如果 A1 为 FALSE，则 ADDRESS 函数返回 R1C1 样式的引用。

参数 Sheet_text 为一文本，指定作为外部引用的工作表的名称，如果省略此参数，则不使用任何工作表名。

（2）AREAS 函数返回引用中涉及的区域个数。语法如下：

AREAS(Reference)

其中，参数 Reference 指定对某个单元格或单元格区域的引用，也可以引用多个区域。若需要将几个引用指定为一个参数，则必须用括号括起来，以免将逗号作为参数间的分隔符。

（3）CHOOSE 函数从值的列表中选择值。语法如下：

CHOOSE(Index_num, Value1, Value2, ...)

其中，Index_num 指定所选定的值参数，必须是 1～254 之间的数字，或者是包含数字 1～254 的公式或单元格引用。如果 Index_num 为 1，则 CHOOSE 返回 Value1；如果为 2，则 CHOOSE 返回 value2，以此类推。如果 Index_num 小于 1 或大于列表中最后一个值的序号，则 CHOOSE 返回错误值 #VALUE!。如果 Index_num 为小数，则在使用前将被截尾取整。如果 Index_num 是一个数组，则在计算函数 CHOOSE 时，将计算每一个值。

Value1、value2、…为 1～254 个数值参数，可以是数字、单元格引用、定义名称、公式、函数或文本。CHOOSE 基于 Index_num 从中选择一个数值或一项要执行的操作。

（4）INDEX 函数使用索引从引用或数组中选择值。此函数有两种形式：数组形式和引用形式。如果需要返回指定单元格或单元格数组的值，则使用数组形式；如果需要返回指定单元格的引用，则使用引用形式。

当 INDEX 函数的第 1 个参数为数组常量时，使用数组形式。语法如下：

INDEX(Array, Row_num, Column_num)

其中，参数 Array 为单元格区域或数组常量。

如果数组只包含一行或一列，则相对应的参数 Row_num 或 Column_num 为可选参数。如果数组有多行和多列，但只使用 Row_num 或 Column_num，则 INDEX 返回数组中的整行或整列，且返回值也为数组。

参数 Row_num 指定数组中某行的行号，函数从该行返回数值。如果省略 Row_num，则必须有 Column_num。参数 Column_num 指定数组中某列的列标，函数从该列返回数值。如果省略 Column_num，则必须有 row_num。如果同时使用参数 Row_num 和 Column_num，函数 INDEX 返回 Row_num 和 Column_num 交叉处的单元格中的值。Row_num 和 Column_num

必须指向数组中的一个单元格，否则 INDEX 将返回错误值 #REF!。

若要使用以数组形式返回的值，可将 INDEX 函数以数组公式形式输入，对于行以水平单元格区域的形式输入，对于列以垂直单元格区域的形式输入。

利用引用形式可以返回指定的行与列交叉处的单元格引用。语法如下：

INDEX(Reference, Row_num, Column_num, Area_num)

其中，参数 Reference 是对一个或多个单元格区域的引用。如果引用由不连续的选定区域组成，可选择某一选定区域。如果为引用输入一个不连续的区域，必须将其用括号括起来。

如果引用中的每个区域只包含一行或一列，则相应的参数 Row_num 或 Column_num 分别为可选项。例如，对于单行的引用，可使用函数 INDEX(Reference, , Column_num)。

参数 Row_num 用于引用中某行的行号，函数从该行返回一个引用。Column_num 用于引用中某列的列标，函数从该列返回一个引用。

参数 Area_num 选择引用中的一个区域，返回该区域中 Row_num 和 Column_num 的交叉区域。选中或输入的第 1 个区域序号为 1，第 2 个为 2，以此类推。如果省略 Area_num，则 INDEX 函数使用区域 1。

Reference 和 Area_num 选择了特定的区域后，Row_num 和 Column_num 将进一步选择特定的单元格：Row_num 为 1 表示区域的首行，Column_num 为 1 表示首列，以此类推。INDEX 函数返回的引用即为 Row_num 和 Column_num 的交叉区域。如果将 Row_num 或 Column_num 设置为 0，则 INDEX 分别返回对整列或整行的引用。

（5）INDIRECT 函数返回由文本字符串指定的引用。语法如下：

INDIRECT(Ref_text, A1)

其中，参数 Ref_text 指定对单元格的引用，此单元格可以包含 A1 样式的引用、R1C1 样式的引用、定义为引用的名称或对文本字符串单元格的引用。

参数 A1 为一逻辑值，指明包含在单元格 Ref_text 中的引用的类型。如果 A1 为 TRUE 或省略，则 Ref_text 被解释为 A1 样式的引用；如果 A1 为 FALSE，则 Ref_text 被解释为 R1C1 样式的引用。

利用 INDIRECT 函数可立即对引用进行计算，并显示其内容。当需要更改公式中单元格的引用，而不更改公式本身，可使用函数 INDIRECT。

（6）OFFSET 函数以指定的引用为参照系，通过给定偏移量得到新的引用。返回的引用可以是一个单元格或单元格区域，并可以指定返回的行数或列数。语法如下：

OFFSET(Reference, Rows, Cols, Height, Width)

其中，参数 Reference 作为偏移量参照系的引用区域，它必须是对单元格或相连单元格区域的引用。Rows 是相对于偏移量参照系的左上角单元格，上（下）偏移的行数。Cols 是相对于偏移量参照系的左上角单元格，左（右）偏移的列数。Height 指定高度，即所要返回的引用区域的行数。Width 指定宽度，即所要返回的引用区域的列数。

如果省略 Height 或 Width，则假设其高度或宽度与 Reference 相同。

OFFSET 函数实际上并不移动任何单元格或更改选定区域，它仅返回一个引用。OFFSET 可用于任何需要将引用作为参数的函数。例如，公式 SUM(OFFSET(C2, 1, 2, 3, 1)) 将计算比单元格 C2 靠下 1 行并靠右 2 列的 3 行 1 列的区域的总值。

【实战演练】在工作表中使用引用函数。

（1）新建一个新的空白工作簿，然后将其保存为"查看和引用函数应用示例.xlsx"。

（2）将工作表 Sheet1 命名为"引用函数"，然后在此工作表的 A1、A2、B2、C2 和 D2 单元格中分别输入文本。

（3）选择区域 A1:C1，合并后居中。

（4）在区域 A2:A10 和 C2:C10 的各个单元格中，分别输入以字符"'"开头的公式（将处理为文本）。例如，在单元格 A3 中输入"'=ADDRESS(2, 3)"。

（5）在区域 B3:B10 和 D3:D10 的各个单元格中，分别输入与其左侧相邻单元格对应的公式本身。例如，在单元格 B3 中输入公式"=ADDRESS(2, 3)"。

（6）设置工作表边框样式。此时各个公式的计算结果如图 7.35 所示。

	A	B	C	D	E
B3		fx	=ADDRESS(2,3)		
1			引用函数应用示例		
2	公式	计算结果	公式	计算结果	
3	=ADDRESS(2,3)	$C$2	=INDEX(A3:B10,2,2)	C$2	
4	=ADDRESS(2,3,2)	C$2	=INDEX(A3:B10,3,2)	R2C[3]	
5	=ADDRESS(2,3,2,FALSE)	R2C[3]	{=INDEX({1,2;3,4},0,2)}	2	
6	=AREAS(B2:D4)	1	{=INDEX({1,2;3,4},0,2)}	4	
7	=AREAS(B2:D4 B2)	1	=INDIRECT(B3)	公式	
8	=AREAS((B2:D4,E5,F6:I9))	3	=INDIRECT("R3C2",FALSE)	$C$2	
9	=CHOOSE(2,B2,B3,B4,B5)	$C$2	=OFFSET(A3,2,3)	2	
10	=CHOOSE(5,B3,B4,B5,B6,B7,B8)	1	=SUM(OFFSET(A4,2,1,3,1))	5	
11					

图 7.35　引用函数应用示例

2. 创建快捷方式

使用 HYPERLINK 函数可在工作表中创建快捷方式或跳转，以打开存储在网络服务器、Intranet 或 Internet 上的文档。语法如下：

HYPERLINK(Link_location, Friendly_name)

其中，参数 Link_location 指定文档的路径和文件名，此文档可作为文本打开。Link_location 也可以指向文档中的某个更为具体的位置，如 Excel 工作表或工作簿中特定的单元格或命名区域，或是指向 Word 文档中的书签。路径可以是存储在硬盘驱动器上的文件，或是服务器上的 UNC（通用命名规范）路径，或是在 Internet 或 Intranet 上的 URL（统一资源定位符）路径（如 http://www.microsoft.com/）。

Link_location 可以是括在引号中的文本字符串，或是包含文本字符串链接的单元格。如果在 Link_location 中指定的跳转不存在或不能访问，则当单击单元格时将出现错误信息。

参数 Friendly_name 为单元格中显示的跳转文本值或数字值。单元格的内容为蓝色并带有下画线。如果省略 Friendly_name，单元格将 Link_location 显示为跳转文本。

Friendly_name 可以是数值、文本字符串、名称或包含跳转文本或数值的单元格。如果 Friendly_name 返回错误值（如#VALUE!），单元格将显示错误值以替代跳转文本。

当单击函数 HYPERLINK 所在的单元格时，Excel 将打开存储在 Link_location 中的文件。若要选定一个包含超链接的单元格并且不跳往超链接的目标文件，可单击单元格区域并按住鼠标按钮直到光标变成一个十字✛，然后释放鼠标按钮。

【实战演练】使用函数创建超链接。

（1）打开"查找和引用函数应用示例.xlsx"工作簿。

（2）将工作表 Sheet2 命名为"超链接"。

（3）在单元格 A1 中，输入文本"创建链接示例"；选择区域 A1:C1，合并后居中。

（4）在单元格 A3 中，输入以下公式：

=HYPERLINK("[查找和引用函数示例.xlsx]引用函数!A1","引用函数应用示例")

（5）在单元格 B3 中，输入以下公式：

=HYPERLINK("D:\Excel 2010\学生成绩.xlsx","查看学生成绩")

（6）在单元格 C3 中，输入以下公式：

=HYPERLINK("http://www.hxedu.com.cn/hxedu/index.jsp","华信教育资源网")

（7）分别单击单元格 A3、B3 和 C3 中的超链接，以查看当前工作簿中的其他工作表、打开其他工作簿或因特网上的指定网站，如图 7.36 所示。

图 7.36　创建超链接示例

3. 获取行列信息

处理工作表时，可以使用以下函数来获取某些行或列的信息。

（1）COLUMN 函数返回引用的列标。语法如下：

COLUMN(Reference)

其中，参数 Reference 为需要得到其列标的单元格或单元格区域。如果省略此参数，则假定为是对 COLUMN 函数所在单元格的引用。Reference 不能引用多个区域。

如果 Reference 为一个单元格区域，并且 COLUMN 函数作为水平数组输入，则 COLUMN 函数将 Reference 中的列标以水平数组的形式返回。

（2）COLUMNS 函数返回数组或引用中包含的列数。语法如下：

COLUMNS(Array)

其中，参数 Array 为需要得到其列数的数组或数组公式或对单元格区域的引用。

（3）ROW 函数返回引用的行号。语法如下：

ROW(Reference)

其中，参数 Reference 为需要得到其行号的单元格或单元格区域。如果省略 Reference，则假定是对 ROW 函数所在单元格的引用。Reference 不能引用多个区域。

如果 Reference 是一个单元格区域，并且函数 ROW 作为垂直数组输入，则 ROW 函数将 Reference 的行号以垂直数组的形式返回。

（4）ROWS 函数返回引用或数组中的行数。语法如下：

ROWS(Array)

其中，参数 Array 是需要得到其行数的数组、数组公式或对单元格区域的引用。

【实战演练】使用函数获取行列信息。

（1）打开"查找和引用函数应用示例.xlsx"工作簿，将工作表 Sheet3 命名为"行列"。

（2）在单元格 A1 中输入文本"获取行列信息"；选择区域 A1:B1，合并后居中。

（3）在区域 A3:A6 的各个单元格中，分别输入以字符""开头的公式（将处理为文本）。例如，在单元格 A3 中输入以下内容：

'="当前单元格位于"第" & ROW() & "行" & "第" & COLUMN() & "列"

（4）在区域 B3:B10 和 D3:D10 的各个单元格中，输入与其左侧相邻单元格对应的公式本身。例如，在单元格 B3 中输入公式：

="当前单元格位于第" & ROW() & "行" & "第" & COLUMN() & "列"

（5）设置工作表边框样式。此时各个公式的计算结果如图 7.37 所示。

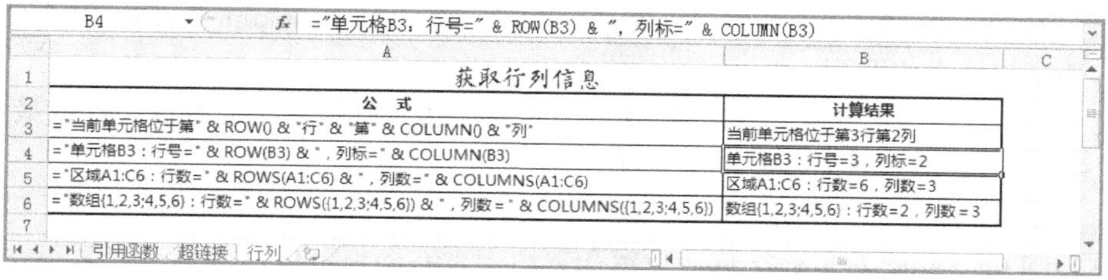

图 7.37　获取行列信息

4. 执行查找

处理工作表数据时，经常要使用以下函数来执行查找任务。

（1）MATCH 函数在引用或数组中查找值，并返回在指定方式下与指定数值匹配的数组中元素的相应位置。语法如下：

MATCH(Lookup_value, Lookup_array, Match_type)

其中，参数 Lookup_value 指定需要在数据表中查找的数值，可以是数字、文本或逻辑值，也可以是对数字、文本或逻辑值的单元格引用。例如，如果要在电话簿中查找某人的电话号码，则应该将姓名作为查找值，但实际上需要的是电话号码。

Lookup_array 指定可能包含所要查找的数值的连续单元格区域，应为数组或数组引用。

Match_type 指明如何在 Lookup_array 中查找 Lookup_value。如果省略参数 Match_type，则假设为 1。

- 如果 Match_type 为 1，则查找小于或等于 Lookup_value 的最大数值。Lookup_array 必须按升序排列：…、−2、−1、0、1、2、…、A～Z、FALSE、TRUE。
- 如果 Match_type 为 0，则查找等于 Lookup_value 的第 1 个数值，此时 Lookup_array 可以按任何顺序排列。
- 如果 Match_type 为−1，则查找大于或等于 Lookup_value 的最小数值。Lookup_array 必须按降序排列：TRUE、FALSE、Z～A、…、2、1、0、−1、−2、…，等等。

MATCH 函数返回目标值在 Lookup_array 中的位置，而不是数值本身。例如，MATCH("b", {"a","b","c"}, 0) 返回 2，即"b"在数组 {"a","b","c"} 中的相应位置。当查找文本值时，MATCH 函数不区分大小写字母。如果查找不成功，则 MATCH 返回错误值 #N/A。

（2）LOOKUP 函数可以从单行或单列区域或者从一个数组返回值。该函数具有两种语法形式：向量形式和数组形式。

如果需要在单行区域或单列区域（称为"向量"）中查找值，然后返回第二个单行区域或单列区域中相同位置的值，则应使用向量形式。语法如下：

LOOKUP(Lookup_value, Lookup_vector, [Result_vector])

其中，Lookup_value 是必选参数，可以是数字、文本、逻辑值、名称或对值的引用，该参数指定 LOOKUP 函数在第一个向量中搜索的值。

Lookup_vector 是必选参数，它只包含一行或一列的区域（即向量），该向量中的值可以是文本、数字或逻辑值，这些值必须以升序排列（…、–2、–1、0、1、2、…、A～Z、FALSE、TRUE），否则 LOOKUP 可能无法返回正确的值。大写文本和小写文本是等同的。

Result_vector 是可选参数，它只包含一行或一列的区域（即向量），该向量必须与参数 Lookup_vector 指定的向量大小相同。

如果 LOOKUP 函数找不到 Lookup_value，则它与 Lookup_vector 中小于或等于 Lookup_value 的最大值匹配。

如果在数组的第一行或第一列中查找指定的值，然后返回数组的最后一行或最后一列中相同位置的值，可使用数组形式。语法如下：

LOOKUP(Lookup_value, Array)

其中 Lookup_value 为必选参数，指定在数组中搜索的值，可以是数字、文本、逻辑值、名称或对值的引用。

Array 为必选参数，指定包含要与 Lookup_value 进行比较的文本、数字或逻辑值的单元格区域。

如果 LOOKUP 函数找不到 Lookup_value 的值，它会使用数组中小于或等于 Lookup_value 的最大值。如果 Lookup_value 的值小于第一行或第一列中的最小值（取决于数组维度），LOOKUP 会返回#N/A 错误值。

如果数组包含宽度比高度大的区域（列数多于行数），则 LOOKUP 函数会在第一行中搜索 Lookup_value 的值。如果数组是正方形的或者高度大于宽度（行数多于列数），则 LOOKUP 函数会在第一列中进行搜索。

数组中的值必须以升序排列，否则 LOOKUP 函数无法返回正确值。字母不区分大小写。

（3）HLOOKUP 中的 H 代表"行"。HLOOKUP 函数查找数组的首行，并返回指定单元格的值。语法如下：

HLOOKUP(Lookup_value, Table_array, Row_index_num, Range_lookup)

其中，参数 Lookup_value 是需要在数据表第 1 行中进行查找的数值，其值可以是数值、引用或文本字符串。Table_array 是需要在其中查找数据的数据表，其首行的数值可以为文本、数字或逻辑值，对此参数可使用对区域或区域名称的引用。

Row_index_num 为 Table_array 中待返回的匹配值的行序号。当 Row_index_num 为 1 时，将返回 Table_array 第 1 行的数值，当 Row_index_num 为 2 时，则返回 Table_array 第 2 行的数值，以此类推。

Range_lookup 是一个逻辑值，指明 HLOOKUP 函数查找时是精确匹配还是近似匹配。如果为 TRUE 或省略，则返回近似匹配值。换言之，如果找不到精确匹配值，则返回小于 Lookup_value 的最大数值。如果 Lookup_value 为 FALSE，则 HLOOKUP 函数将查找精确匹配值，如果找不到，则返回错误值#N/A。

如果 Range_lookup 为 TRUE，则 Table_array 的第 1 行的数值必须按升序排列：…、–2、–1、0、1、2、…、A～Z、FALSE、TRUE；否则 HLOOKUP 函数将不能给出正确的数值。

如果 Range_lookup 为 FALSE，则 Table_array 不必进行排序。字母不区分大小写；应将数值按升序排列（从左至右）。

（4）VLOOKUP 中的“V”表示垂直方向。VLOOKUP 函数在数组第 1 列中查找，然后在行之间移动以返回单元格的值。语法如下：

VLOOKUP(Lookup_value, Table_array, Col_index_num, Range_lookup)

其中，参数 Lookup_value 指定要在表格数组第 1 列中查找的数值，可以是数值或引用。参数 Table_array 为两列或多列数据，可使用对区域或区域名称的引用。Table_array 第 1 列中的值是由 Lookup_value 搜索的值，这些值可以是文本、数字或逻辑值，其中文本不区分大小写。Table_array 第 1 列中的值必须以升序排序，否则可能无法返回正确的值。

Col_index_num 为 Table_array 中待返回的匹配值的列序号。当 Col_index_num 为 1 时，将返回 Table_array 第 1 列中的数值；当 Col_index_num 为 2 时，将返回 Table_array 第 2 列中的数值，以此类推。

Range_lookup 为逻辑值，指定希望查找精确的匹配值还是近似匹配值：如果为 TRUE 或省略，则返回精确匹配值或近似匹配值。也就是说，如果找不到精确匹配值，则返回小于 Lookup_value 的最大数值。如果为 FALSE，则只寻找精确匹配值。在这种情况下，Table_array 第 1 列的值不需要排序。如果 Table_array 第 1 列中有两个或多个值与 Lookup_value 匹配，则使用第 1 个找到的值。如果找不到精确匹配值，则返回错误值#N/A。

【实战演练】使用函数进行查找。

（1）打开“查找和引用函数应用示例.xlsx”工作簿。

（2）添加一个新工作表并命名为“查找一”，在该工作表中的 A1 单元格、A2:C2 区域以及 A3:A14 区域中分别输入文本或日期。

（3）选择区域 A1:C1，合并后居中。

（4）在区域 B3:B14 的各个单元格中输入以字符“'”开头的公式（将处理为文本）。例如，在单元格 B3 中输入“'=LOOKUP(MONTH(A3), {1, 4, 7, 10}, {"第 1 季度", "第 2 季度", "第 3 季度","第 4 季度"})”。

（5）在区域 C3:C14 的各个单元格中输入与其左侧相邻单元格对应的公式本身。例如，在单元格 C3 中输入“=LOOKUP(MONTH(A3), {1, 4, 7, 10}, {"第 1 季度", "第 2 季度", "第 3 季度","第 4 季度"})”。对单元格设置边框样式，结果如图 7.38 所示。

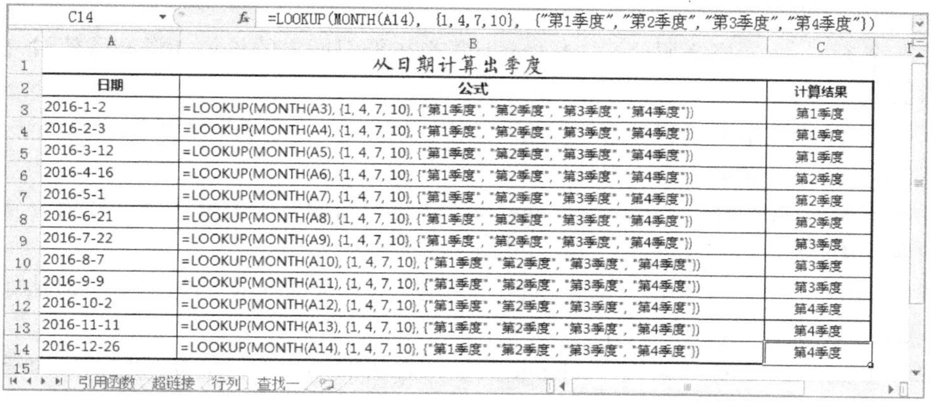
C14　=LOOKUP(MONTH(A14), {1,4,7,10}, {"第1季度","第2季度","第3季度","第4季度"})

	A	B	C
1	从日期计算出季度		
2	日期	公式	计算结果
3	2016-1-2	=LOOKUP(MONTH(A3), {1, 4, 7, 10}, {"第1季度", "第2季度", "第3季度", "第4季度"})	第1季度
4	2016-2-3	=LOOKUP(MONTH(A4), {1, 4, 7, 10}, {"第1季度", "第2季度", "第3季度", "第4季度"})	第1季度
5	2016-3-12	=LOOKUP(MONTH(A5), {1, 4, 7, 10}, {"第1季度", "第2季度", "第3季度", "第4季度"})	第1季度
6	2016-4-16	=LOOKUP(MONTH(A6), {1, 4, 7, 10}, {"第1季度", "第2季度", "第3季度", "第4季度"})	第2季度
7	2016-5-1	=LOOKUP(MONTH(A7), {1, 4, 7, 10}, {"第1季度", "第2季度", "第3季度", "第4季度"})	第2季度
8	2016-6-21	=LOOKUP(MONTH(A8), {1, 4, 7, 10}, {"第1季度", "第2季度", "第3季度", "第4季度"})	第2季度
9	2016-7-22	=LOOKUP(MONTH(A9), {1, 4, 7, 10}, {"第1季度", "第2季度", "第3季度", "第4季度"})	第3季度
10	2016-8-7	=LOOKUP(MONTH(A10), {1, 4, 7, 10}, {"第1季度", "第2季度", "第3季度", "第4季度"})	第3季度
11	2016-9-9	=LOOKUP(MONTH(A11), {1, 4, 7, 10}, {"第1季度", "第2季度", "第3季度", "第4季度"})	第3季度
12	2016-10-2	=LOOKUP(MONTH(A12), {1, 4, 7, 10}, {"第1季度", "第2季度", "第3季度", "第4季度"})	第4季度
13	2016-11-11	=LOOKUP(MONTH(A13), {1, 4, 7, 10}, {"第1季度", "第2季度", "第3季度", "第4季度"})	第4季度
14	2016-12-26	=LOOKUP(MONTH(A14), {1, 4, 7, 10}, {"第1季度", "第2季度", "第3季度", "第4季度"})	第4季度
15			

引用函数　超链接　行列　查找一

图 7.38　由日期计算季度

【实战演练】使用函数进行查找。

（1）打开"查找和引用函数应用示例.xlsx"工作簿，添加一个工作表并命名为"查找二"。

（2）在 A1、A2、B2、C2 和 D2 单元格中，分别输入文本；选择单元格区域 A1:D1，合并后居中。

（3）在区域 A2:A8 的各个单元格中，分别输入不同水果的名称。

（4）在区域 B2:B8 的各个单元格中，分别输入这些水果的数量。

（5）在区域 C3:C6 的各个单元格中，分别输入以字符""开头的公式（将处理为文本）。例如，在单元格 C3 中输入"'=MATCH(68, B3:B8,0)"。

（6）在区域和 D3:D8 的各个单元格中，分别输入与其左侧相邻单元格对应的公式本身。例如，在单元格 D3 中输入公式"=MATCH(68, B3:B8, 0)"。

（7）设置工作表样式。此时各个公式的计算结果如图 7.39 所示。

产品	数量	公式	计算结果
香蕉	25	=MATCH(68,B3:B8,0)	5
苹果	38	=MATCH(39,B3:B8,1)	2
菠萝	45	=HLOOKUP("数量",A2:B8,3,TRUE)	38
芒果	56	=HLOOKUP("产品",A2:B8,2,FALSE)	香蕉
雪梨	68	=VLOOKUP("芒果",A2:B8,2,TRUE)	56
水蜜桃	86	=VLOOKUP("水蜜桃",A2:B8,2,FALSE)	86

图 7.39   查找函数应用示例

7.3.7　财务函数

Excel 2010 提供了许多财务函数，使用这些函数可以轻松地分析和处理财务数据。下面介绍一些常用的财务函数。

1. 计算折旧值

企业的固定资产都有一定的使用年限。在使用年限内，固定资产因损耗而逐年丧失其应有的功能，需要将固定资产的成本在使用年限内转化为现值，这个过程就是折旧。

（1）SLN 函数返回某项固定资产在一个期间中的线性折旧费。语法如下：

SLN(Cost,Salvage,Life)

其中，参数 Cost 为资产原值；Salvage 为资产在折旧期末的价值（资产残值）；Life 为折旧期限（使用寿命）。

（2）SYD 函数按年限总和折旧法计算某项固定资产在指定期间的折旧值。语法如下：

SYD(Cost,Salvage,Life,Per)

其中，参数 Cost 为资产原值；Salvage 为资产在折旧期末的价值（资产残值）；Life 为折旧期限（使用寿命）；Per 为期间，其单位与 Life 相同。

（3）DB 函数使用固定余额递减法返回一笔资产在给定期间内的折旧值。语法如下：

DB(Cost,Salvage,Life,Period,Month)

其中，参数 Cost 为资产原值；Salvage 为资产在折旧期末的价值，有时也称为资产残值；Life 为折旧期限，有时也称作资产的使用寿命；Period 为需要计算折旧值的期间，其单位与

Life 相同；Month 为第 1 年的月份数，若省略，则假设为 12。

【实战演练】使用函数计算折旧值。

（1）创建一个新的空白工作簿，然后将其保存为“财务函数应用示例.xlsx”。

（2）将工作表 Sheet1 命名为“折旧”，然后在单元格 A1、区域 A2:C3、A5:C5 以及 A6:A15 的各个单元格中分别输入文本或数字。

（3）将单元格 A3 和 B3 设置为“货币”格式。

（4）选择区域 A1:C1，合并后居中。

（5）在区域 B6:B15 的各个单元格中，分别输入以字符“'”开头的公式（将处理为文本）。例如，在单元格 B6 中输入“'=SLN(A4, B4, C4)”。

（6）在区域和 C6:C15 的各个单元格中，分别输入与其左侧相邻单元格对应的公式本身。例如，在单元格 C6 中输入公式“=SLN(A4, B4, C4)”。

（7）设置工作表边框样式。此时各个公式的计算结果如图 7.40 所示。

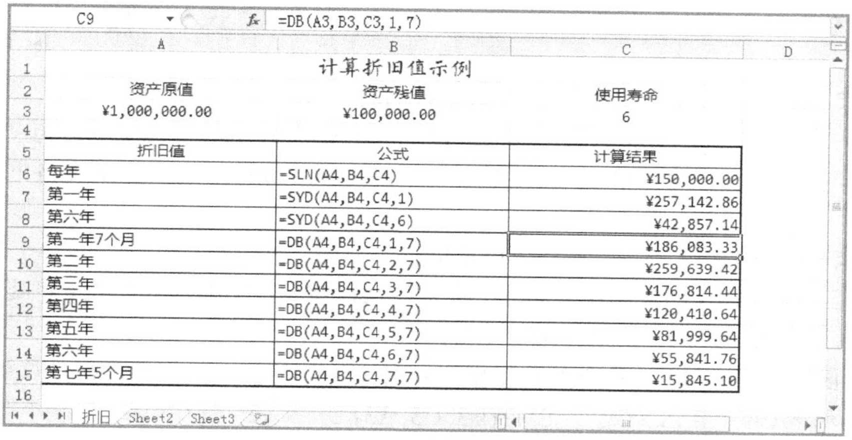
C9 =DB(A3,B3,C3,1,7)

	A	B	C
1	计算折旧值示例		
2	资产原值	资产残值	使用寿命
3	¥1,000,000.00	¥100,000.00	6
4			
5	折旧值	公式	计算结果
6	每年	=SLN(A4,B4,C4)	¥150,000.00
7	第一年	=SYD(A4,B4,C4,1)	¥257,142.86
8	第六年	=SYD(A4,B4,C4,6)	¥42,857.14
9	第一年7个月	=DB(A4,B4,C4,1,7)	¥186,083.33
10	第二年	=DB(A4,B4,C4,2,7)	¥259,639.42
11	第三年	=DB(A4,B4,C4,3,7)	¥176,814.44
12	第四年	=DB(A4,B4,C4,4,7)	¥120,410.64
13	第五年	=DB(A4,B4,C4,5,7)	¥81,999.64
14	第六年	=DB(A4,B4,C4,6,7)	¥55,841.76
15	第七年5个月	=DB(A4,B4,C4,7,7)	¥15,845.10
16			

图 7.40　计算折旧值示例

2. 计算支付金额

利用以下函数可以计算支付额、本金和利息。

（1）PMT 函数基于固定利率及等额分期付款方式，返回贷款的每期付款额。语法如下：

PMT(Rate, Nper, Pv, Fv, Type)

其中，参数 Rate 为贷款利率。Nper 为该项贷款的付款总数。Pv 为现值，或一系列未来付款的当前值的累积和，也称为本金。Fv 为未来值，或在最后一次付款后希望得到的现金余额，若省略 Fv，则假设其值为零，也就是一笔贷款的未来值为零。Type 指定各期的付款时间是在期初还是期末，若其值为 0 或省略，则支付时间为期末；若为 1，则支付时间为期初。

PMT 函数返回的支付款项包括本金和利息，但不包括税款、保留支付或某些与贷款有关的费用。如果要计算贷款期间的支付总额，可用 PMT 返回值乘以 Nper。

（2）PPMT 函数基于固定利率及等额分期付款方式，返回投资在某一给定期间内的本金偿还额。语法如下：

PPMT(Rate, Per, Nper, Pv, Fv, Type)

其中，参数 Rate 为各期利率。Per 用于计算其本金数额的期数，必须介于 1 到 Nper 之间。Nper 为总投资期，即该项投资的付款期总数。Pv 为现值，即从该项投资开始计算时已经入账的款项，或一系列未来付款当前值的累积和，也称为本金。Fv 为未来值，或在最后一次付款后希望得到的现金余额，如果省略 Fv，则假设其值为零，也就是一笔贷款的未来值为零。Type 指定各期的付款时间是在期初还是期末，若其值为 0 或省略，则支付时间为期末；若为 1，则支付时间为期初。

（3）IPMT 函数基于固定利率及等额分期付款方式，返回给定期数内对投资的利息偿还额。语法如下：

> IPMT(Rate, Per, Nper, Pv, Fv, Type)

其中，参数 Rate 为各期利率。Per 用于计算其利息数额的期数，必须在 1 到 Nper 之间。Nper 为总投资期，即该项投资的付款期总数。Pv 为现值，或一系列未来付款的当前值的累积和。Fv 为未来值，或在最后一次付款后希望得到的现金余额；如果省略 Fv，则假设其值为零。Type 指定各期的付款时间是在期初还是期末，若其值为 0 或省略，则支付时间为期末；若为 1，则支付时间为期初。

对于所有参数，支出的款项（如银行存款）表示为负数；收入的款项（如股息收入）表示为正数。

【实战演练】使用函数计算支付额、本金和利息。

（1）打开"财务函数应用示例.xlsx"工作簿，然后将工作表 Sheet2 命名为"支付"。

（2）在单元格 A1、单元格区域 A2:C3、A5:C5 以及 A6:A13 的各个单元格中分别输入文本或数字。

（3）选择单元格区域 A1:C1，合并后居中。

（4）在区域 B6:B13 的各个单元格中，分别输入以字符"'"开头的公式（将处理为文本）。例如，在单元格 B6 中输入"'=PMT(B3, C3, A3)"。

（5）在区域和 C6:C15 的各个单元格中，分别输入与其左侧相邻单元格对应的公式本身。例如，在单元格 C6 中输入公式"=PMT(B3, C3, A3)"。

（6）对工作表样式进行设置。此时各个公式的计算结果如图 7.41 所示。

C9		fx	=PPMT(B3/12, 2, C3*12, -A3)		
	A	B		C	D
1		计算支付额、本金和利息示例			
2	贷款额	年利率		贷款年限	
3	100000	7.50%		10	
5	支付额	公式		计算结果	
6	按年每期支付额	=PMT(B3,C3,-A3)		¥14,568.59	
7	按月每期支付额	=PMT(B3/12,C3*12,-A3)		¥1,187.02	
8	第一个月支付本金	=PPMT(B3/12,1,C3*12,-A3)		¥562.02	
9	第二个月支付本金	=PPMT(B3/12,2,C3*12,-A3)		¥565.53	
10	最后一月支付本金	=PPMT(B3/12,120,C3*12,-A3)		¥1,179.64	
11	第一个月支付利息	=IPMT(B3/12,1,C3*12,-A3)		¥625.00	
12	第二个月支付利息	=IPMT(B3/12,2,C3*12,-A3)		¥621.49	
13	最后一月支付利息	=IPMT(B3/12,120,C3*12,-A3)		¥7.37	
14					

图 7.41　计算支付额、本金和利息示例

3. 投资预算

利用以下工作表函数可对投资的未来收益进行计算。

（1）EFFECT 函数利用给定的名义年利率和每年的复利期数，计算有效的年利率。语法

如下：

EFFECT(Nominal_rate, Npery)

其中，参数 Nominal_rate 为名义利率；Npery 为每年的复利期数。

（2）FV 函数基于固定利率及等额分期付款方式，返回某项投资的未来值。语法如下：

FV(Rate, Nper, Pmt, Pv, Type)

其中，参数 Rate 为各期利率；Nper 为总投资期，即该项投资的付款期总数；Pmt 为各期所应支付的金额，其数值在整个年金期间保持不变。Pv 为现值，或一系列未来付款的当前值的累积和；如果省略 Pv，则假设其值为零，并且必须包括 Pmt 参数；Type 指定各期的付款时间是在期初还是期末，如果为 0 或省略，则在期末付款，如果为 1，则在期初付款。

一般情况下，Pmt 包括本金和利息，但不包括其他费用或税款。如果省略 Pmt 参数，则必须包括 Pv 参数。

对于所有参数，支出的款项，如银行存款，表示为负数；收入的款项，如股息收入，表示为正数。

（3）PV 函数返回投资的现值，现值为一系列未来付款的当前值的累积和。语法如下：

PV(Rate, Nper, Pmt, Fv, Type)

其中，参数 Rate 为各期利率；Nper 为总投资期，即该项投资的付款期总数；Pmt 为各期所应支付的金额，其数值在整个年金期间保持不变；Fv 为未来值，或在最后一次支付后希望得到的现金余额，如果省略 Fv，则假设其值为 0；如果忽略 Fv，则必须包含 Pmt 参数；Type 指定各期的付款时间是在期初还是期末，如果 Type 值为 0 或省略，则支付时间为期末，如果 Type 值为 1，则支付时间为期初。

【实战演练】使用投资预算函数进行计算。

（1）打开“财务函数应用示例.xlsx”工作簿，将工作表 Sheet3 命名为“预算”。

（2）在此工作表的单元格 A1、区域 A2:B4、A6:D7 及 A9:C10 的各个单元格中，分别输入文本或数字。

（3）选择区域 A1:F1，合并后居中。

（4）在单元格 C4、E7 和 D10 中，分别输入以字符“'”开头的公式（将处理为文本）。例如，在单元格 C4 中输入“'=EFFECT(A4, B4)”。

（5）在单元格 D4、F7 和 E10 中，分别输入与其左侧相邻单元格对应的公式本身。例如，在单元格 C4 中输入公式“=EFFECT(A4, B4)”。

（6）对工作表框边样式进行设置。此时各个公式的计算结果如图 7.42 所示。

E10　=PV(A10/12,B10*12,-C10,,0)

	A	B	C	D	E	F	G
1	投资预算函数应用示例						
2							
3	名义利率	每年的复利期数	计算公式	有效利率			
4	5%	4	=EFFECT(A4,B4)	5.09%			
5							
6	年利率	付款年限	每年应付金额	现值	计算公式	未来值	
7	5%	10	-1000	-5000	=FV(A7/12,B7,C7,D7,1)	¥15,444.34	
8							
9	投资收益率	付款年限	每月底支付金额	计算公式	年金现值		
10	5%	10	500	=PV(A10/12,B10*12,-C10,,0)	¥47,140.68		
11							

折旧　支付　预算

图 7.42　投资预算函数应用示例

本章小结

　　本章讨论了如何在 Excel 2010 中使用函数对工作表数据进行计算，主要内容包括函数概述、使用函数以及常用函数的应用等。

　　函数是预定义的公式，可以使用一些参数值按照特定的顺序或结构执行运算，并返回一个或多个值。函数在数据处理中具有重要作用，利用函数可以简化计算公式、实现特殊运算并实现智能判断。使用函数时，应遵循一定的语法格式，即以函数名称开始，后面跟左圆括号 "("，然后列出以逗号分隔的函数参数，最后以右圆括号 ")" 结束。

　　在 Excel 2010 中，可以使用公式记忆式输入函数，也可以使用 "插入函数" 对话框插入函数及其参数，还可以将一个函数作为另一个函数的参数来使用。

　　Excel 2010 提供了数百个工作表函数，可以将这些函数直接用在公式中，以完成各种各样的计算任务。对于本章介绍的各个常用函数，建议在理解的基础上通过上机操作掌握其使用方法。

习题 7

一、填空题

　　1. 函数是预定义的_____，可以使用一些_____值按照特定的顺序或结构执行运算，并返回一个或多个值。

　　2. 函数的语法格式是：以_____开始，后面跟_____，然后列出以逗号分隔的_____，最后以_____结束。

　　3. 嵌套函数是指使用一个_____作为另一个_____的一个_____。最多可以嵌套____个级别的函数。

　　4. IF 函数根据对指定的条件计算结果为　　　或　　　　返回不同的结果。

二、选择题

　　1. 若要得到商的整数部分，可使用（　　）函数。

　　　　A. ROUND　　　　　　　　　　　　B. FLOOR

　　　　C. QUOTIENT　　　　　　　　　　　D. MOD

　　2. 若要按给定条件对指定单元格求和，可使用（　　）函数。

　　　　A. SUM　　　　　　　　　　　　　　B. SUMIF

　　　　C. SUMIFS　　　　　　　　　　　　D. SUMSQ

　　3. 使用 SUMIF 函数时，如果要查找实际的问号或星号，可在该字符前输入字符（　　）。

　　　　A. !　　　　　　　　　　　　　　　　B. @

　　　　C. #　　　　　　　　　　　　　　　　D. ~

三、简答题

　　1. 函数在数据处理中有哪些作用？

　　2. LEN 函数与 LENB 函数有什么区别？

3. SUMIF 函数与 SUMIFS 函数有什么区别？

上机实验 7

1. 利用工作表函数对员工工资进行分析，计算出不同工资区间的员工所占百分比以及最高工资、最低工资和平均工资。

（1）在 Excel 2010 中，打开"工资表.xlsx"工作簿。

（2）在单元格 I2 中输入"工资额分析"，然后选择区域 I2:J2，合并后居中。

（3）在单元格 I3、J3 以及区域 I4:I8、I10:I12 的各个单元格中分别输入文本。

（4）选择区域 J4:J8，然后输入以下公式：

=FREQUENCY(G4:G13,{4000,4999,5999,6999})/COUNT(G4:G13)

（5）按 Ctrl+Shift+Enter 组合键，以完成数组公式的输入。

（6）在单元格 J10 中输入以下公式：

=MAX(G4:G13)

（7）在单元格 J11 中输入以下公式：

=MIN(G4:G13)

（8）在单元格 J12 中输入以下公式：

=AVERAGE(G4:G13)

（9）对工作表样式进行设置，结果如图 7.43 所示。

图 7.43　利用工作表函数分析工资额

2. 假设某人得到一笔为期 10 年的住房贷款，总金额为 200000 元，按月偿还，年利率为 6.83%。试利用财务函数计算前 3 个月及最后一个月应支付的利息和本金。

（1）在 Excel 2010 中创建一个新的空白工作簿，并将其保存为"住房贷款计算.xlsx"。

（2）在工作表 Sheet1 的单元格 A1、区域 A2:C10、A5:D5、A6:A9 的各个单元格中分别输入文本或数字。

（3）选择区域 A1:D1，合并后居中。

（4）在区域 B6:B9 的各个单元格中分别输入以下公式：

=IPMT($B$3/12,1,$C$3*12,-$A$3)

=IPMT($B$3/12,2,$C$3*12,-$A$3)

=IPMT($B$3/12,3,$C$3*12,-$A$3)

=IPMT($B$3/12,120,$C$3*12,-$A$3)

（5）在区域 C6:C9 的各个单元格中分别输入以下公式：

=PPMT($B$3/12,1,$C$3*12,-$A$3)

=PPMT($B$3/12,2,$C$3*12,-$A$3)

=PPMT($B$3/12,3,$C$3*12,-$A$3)

=PPMT($B$3/12,120,$C$3*12,-$A$3)

（6）在单元格 D6 中输入以下公式：

=SUM(B6:C6)

（7）选择单元格 D6，然后将填充柄拖至单元格 D9，以复制公式。

（8）对单元格格式进行设置，结果如图 7.44 所示。

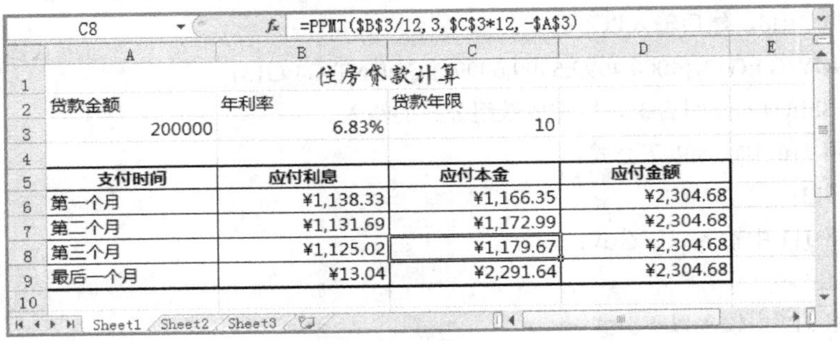

C8　=PPMT($B$3/12,3,$C$3*12,-$A$3)

住房贷款计算

贷款金额	年利率	贷款年限	
200000	6.83%	10	

支付时间	应付利息	应付本金	应付金额
第一个月	¥1,138.33	¥1,166.35	¥2,304.68
第二个月	¥1,131.69	¥1,172.99	¥2,304.68
第三个月	¥1,125.02	¥1,179.67	¥2,304.68
最后一个月	¥13.04	¥2,291.64	¥2,304.68

图 7.44　住房贷款计算

第 8 章

图表制作

前面两章分别讨论了如何利用公式和函数对工作表数据进行处理。为了更加形象直观地表现数据表数据，还可以在根据工作表数据来创建各种类型的图表。在 Excel 2010 中，可以很轻松地创建具有专业外观的图表。只需选择图表类型、图表布局和图表样式，便可以在每次创建图表时即刻获得专业效果。本章将介绍如何在 Excel 2010 中制作图表，主要内容包括图表概述、创建图表以及设置图表格式。

8.1 图表概述

在 Excel 2010 中，图表是表现工作表数据的图形形式。通过创建图表可将工作表中的数据显示为柱形图、条形图、折线图以及饼图等，供分析数据时使用。下面介绍图表组成和可用的图表类型。

8.1.1 图表组成

如图 8.1 所示，是一个三维的柱形图表，它用于显示两个年份中各个季度的销售额数据。在这个图表中，包含了一些常用的图表元素。

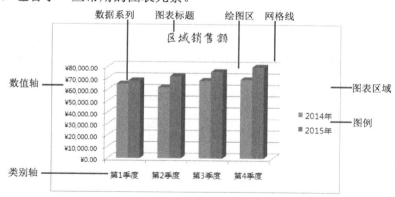

图 8.1　图表组成

下面介绍与 Excel 图表相关的一些常用术语。

（1）图表区域：整个图表及其包含的所有元素。

（2）绘图区：在二维图表中，是指通过轴来界定的区域，包括所有数据系列。在三维图表中，同样是通过轴来界定的区域，包括所有数据系列、分类名、刻度线标志和坐标轴标题。

（3）图表标题：用于标识图表的说明性文本，可自动与坐标轴对齐或在图表顶端居中。

（4）数据点：在图表中绘制的单个值，这些值由条形、柱形、折线、饼图或圆环图的扇面、圆点和其他被称为数据标记的图形表示。相同颜色的数据标记组成一个数据系列。

（5）数据标记：图表中的条形、面积、圆点、扇面或其他符号，代表源于数据表单元格的单个数据点或值。图表中的相关数据标记构成了数据系列。

（6）数据系列：在图表中绘制的相关数据点，这些数据源自数据表的行或列。图表中的每个数据系列具有唯一的颜色或图案并且在图表的图例中表示。在图表中可以绘制一个或多个数据系列。饼图只有一个数据系列。

（7）图例：是一个方框，用于标识为图表中的数据系列或分类指定的图案或颜色。

（8）数据标签：为数据标记提供附加信息的标签，数据标签代表源于数据表单元格的单个数据点或值。

（9）坐标轴：界定图表绘图区的线条，用作度量的参照框架。Y 轴通常为垂直坐标轴并包含数据，也称为数值轴；X 轴通常为水平轴并包含分类，也称为分类轴。对于三维图表，增加了一个系列轴，它用来在图表区域中显示多个数据系列。

（10）网格线：可添加到图表中的线条，以便于查看和计算数据。网格线是坐标轴上刻度线的延伸，它穿过了绘图区。

8.1.2　图表类型

Excel 2010 支持各种类型的图表，以帮助用户使用有意义的方式来显示数据。当要创建图表或更改现有图表时，可以从下列图表类型提供的各种图表子类型中进行选择。

1. 迷你图

迷你图是 Excel 2010 中的一个新功能，它是工作表单元格中的一个微型图表，可提供数据的直观表示，如图 8.2 所示。

迷你图有 3 种类型：折线图、柱形图和盈亏图。

2. 柱形图

柱形图用于显示一段时间内的数据变化或显示各项之间的比较情况，如图 8.3 所示。在柱形图中，通常沿水平轴组织类别，而沿垂直轴组织数值。排列在工作表的列或行中的数据可以绘制到柱形图中。

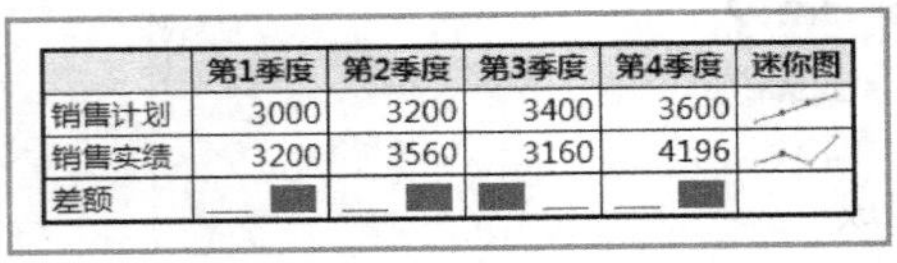

	第1季度	第2季度	第3季度	第4季度	迷你图
销售计划	3000	3200	3400	3600	
销售实绩	3200	3560	3160	4196	
差额					

图 8.2　迷你图

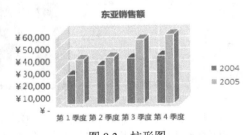

图 8.3　柱形图

柱形图具有下列图表子类型：簇状柱形图和三维簇状柱形图；堆积柱形图和三维堆积柱形图；百分比堆积柱形图和三维百分比堆积柱形图；三维柱形图；圆柱图、圆锥图和棱锥图。

3. 折线图

折线图可以显示随时间（根据常用比例设置）而变化的连续数据，因此非常适用于显示在相等时间间隔下数据的趋势，如图 8.4 所示。在折线图中，类别数据沿水平轴均匀分布，所有值数据沿垂直轴均匀分布。排列在工作表的列或行中的数据可以绘制到折线图中。

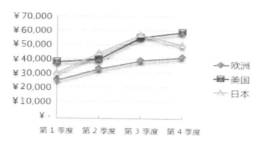

图 8.4   折线图

折线图具有下列图表子类型：折线图和带数据标记的折线图；堆积折线图和带数据标记的堆积折线图；百分比堆积折线图和带数据标记的百分比堆积折线图；三维折线图。

4. 饼图

仅排列在工作表的一列或一行中的数据可以绘制到饼图中。饼图显示一个数据系列中各项的大小与各项总和的比例，饼图中的数据点显示为整个饼图的百分比，如图 8.5 所示。

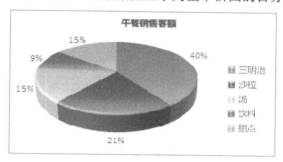

图 8.5   饼图

饼图具有下列图表子类型：饼图和三维饼图；复合饼图和复合条饼图；分离型饼图和分离型三维饼图。

5. 条形图

条形图显示各个项目之间的比较情况，如图 8.6 所示。排列在工作表的列或行中的数据可以绘制到条形图中。

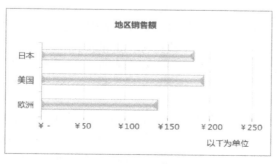

图 8.6   条形图

条形图具有下列图表子类型：簇状条形图和三维簇状条形图；堆积条形图和三维堆积条形图；百分比堆积条形图和三维百分比堆积条形图；水平圆柱图、圆锥图和棱锥图。

6. 面积图

面积图强调数量随时间而变化的程度，也可用于引起人们对总值趋势的注意。排列在工作表的列或行中的数据可以绘制到面积图中，如图 8.7 所示。通过显示所绘制的值的总和，面积图还可以显示部分与整体的关系。

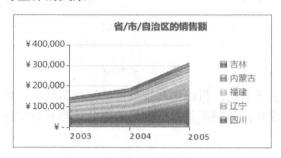

图 8.7　面积图

面积图具有下列图表子类型：面积图和三维面积图；堆积面积图和三维堆积面积图；百分比堆积面积图和三维百分比堆积面积图；三维面积图。

7. XY 散点图

散点图显示若干数据系列中各数值之间的关系，或者将两组数绘制为 XY 坐标的一个系列，如图 8.8 所示。排列在工作表的列或行中的数据可以绘制到 XY 散点图中。

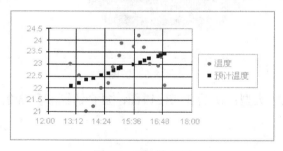

图 8.8　XY 散点图

散点图有两个数值轴，沿水平轴（X 轴）方向显示一组数值数据，沿垂直轴（Y 轴）方向显示另一组数值数据。散点图将这些数值合并到单一数据点并以不均匀间隔或簇显示它们。散点图通常用于显示和比较数值，例如科学数据、统计数据和工程数据。

散点图具有下列图表子类型：仅带数据标记的散点图；带平滑线的散点图和带平滑线和数据标记的散点图；带直线的散点图和带直线和数据标记的散点图。

8. 股价图

股价图经常用来显示股价的波动，如图 8.9 所示。不过，这种图表也可以用于显示科学数据。例如，可以使用股价图来显示每天或每年温度的波动。必须按正确的顺序组织数据才能创建股价图。以特定顺序排列在工作表的列或行中的数据可以绘制到股价图中。

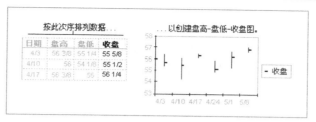

图 8.9　股价图

股价图数据在工作表中的组织方式非常重要。例如，要创建一个简单的盘高-盘低-收盘股价图，应根据盘高、盘低和收盘次序输入的列标题来排列数据。

股价图具有下列图表子类型：盘高-盘低-收盘图；开盘-盘高-盘低-收盘图；成交量-盘高-盘低-收盘图；成交量-开盘-盘高-盘低-收盘图。

9. 曲面图

如果要找到两组数据之间的最佳组合，可以使用曲面图，如图 8.10 所示。就像在地形图中一样，颜色和图案表示具有相同数值范围的区域。排列在工作表的列或行中的数据可以绘制到曲面图中。

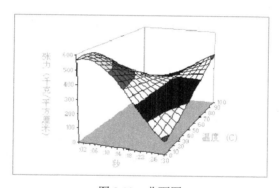

图 8.10　曲面图

当类别和数据系列都是数值时，可以使用曲面图。曲面图具有下列图表子类型：三维曲面图；三维曲面图（框架图）；曲面图和曲面图（俯视框架图）。

10. 圆环图

仅排列在工作表的列或行中的数据可以绘制到圆环图中，如图 8.11 所示。像饼图一样，圆环图显示各个部分与整体之间的关系，但是它可以包含多个数据系列。

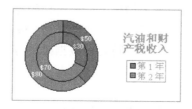

图 8.11　圆环图

圆环图具有下列图表子类型：圆环图；分离型圆环图。

11. 气泡图

排列在工作表的列中的数据（第一列中列出 X 值，在相邻列中列出相应的 Y 值和气泡大小的值）可以绘制在气泡图中，如图 8.12 所示。

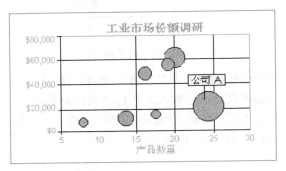

图 8.12　气泡图

气泡图具有下列图表子类型：气泡图；三维气泡图。

12. 雷达图

雷达图用于比较若干数据系列的聚合值，如图 8.13 所示。排列在工作表的列或行中的数据可以绘制到雷达图中。

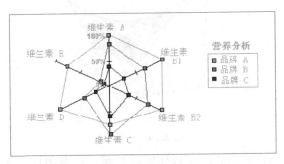

图 8.13　雷达图

雷达图具有下列图表子类型：雷达图和带数据标记的雷达图；填充雷达图。

8.2　创建图表

在 Excel 2010 中创建图表既快速又简便，而且可以根据不同用途选择所需的图表类型。对于多数图表（如柱形图和条形图），可以将工作表的行或列中排列的数据绘制在图表中。但某些图表类型（如饼图和气泡图）则需要特定的数据排列方式。

8.2.1　创建迷你图

迷你图是存在于单元格中的微型图表。使用迷你图可以显示一系列数值的趋势（如季节性增加或减少等），也可以突出显示最大值和最小值。在数据旁边放置迷你图可达到最佳效果。

1. 迷你图的特点

与标准 Excel 图表相比，迷你图具有以下特点。

- 迷你图是单元格中的一个微型图表，标准图表是嵌入工作表中的一个图形对象。
- 迷你图比较简洁，没有坐标轴、图表标题、图例、标志、网格线等图表元素，主要用于表现数据的变化趋势或者数据对比。
- 可以像填充公式一样创建一组迷你图。
- 在包含迷你图的单元格中可以输入文字和设置填充颜色。
- 迷你图只有 3 种类型，即"折线"、"柱形"和"盈亏"，并且不能制作两种以上图表类型的组合图。
- 迷你图有 36 种常用样式，并且可以根据需要自定义颜色和线条。
- 迷你图可以根据需要突出显示最大值和最小值。
- 迷你图占用空间小，可以方便地进行页面设置和打印。

2. 创建迷你图的方法

若要创建迷你图，可执行以下操作。

（1）在工作表中，选择要在其中插入迷你图中的一个或一组空白单元格。

（2）在"插入"选项卡中的"迷你图"组中，单击要创建的迷你图的类型，可以是"折线图"、"柱形图"或"盈亏图"，如图 8.14 所示。

图 8.14　"插入"选项卡中的"迷你图"组

（3）在如图 8.15 所示的"创建迷你图"对话框中，在"数据范围"框中选择或输入包含迷你图所基于的数据的单元格区域，在"位置范围"对话框中选择或输入要放置迷你图的单元格区域，然后单击"确定"按钮。

（4）若要向迷你图添加文本，可以在含有迷你图的单元格中直接输入文本，并设置文本格式（例如更改其字体颜色、字号或对齐方式），还可以对该单元格应用填充（背景）颜色。

图 8.15　"创建迷你图"对话框

3. 自定义迷你图

创建迷你图之后，可以控制显示的值点（例如高值、低值、第一个值、最后一个值或任何负值），更改迷你图的类型（折线、柱形或盈亏），从一个库中应用样式或设置各个格式选项，设置垂直轴上的选项，以及控制如何在迷你图中显示空值或零值。

（1）若要控制显示的值点，可选择要设置格式的一幅或多幅迷你图，在"迷你图工具"下单击"设计"选项卡，然后在"显示"组中执行下列操作，如图 8.16 所示。

- 若要显示所有数据标记，选中"标记"复选框。

- 若要显示负值，可选中"负点"复选框。
- 若要显示最高值或最低值，可选中"高点"或"低点"复选框。

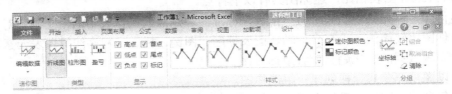

图 8.16　"迷你图工具"的"设计"选项卡

- 若要显示第一个值或最后一个值，可选中"首点"或"尾点"复选框。
- 若要显示所有标记，可选中"标记"复选框。
- 若要隐藏指定的一个或多个标记，可清除相应的复选框。

（2）若要更改迷你图的样式或格式，可选择一个迷你图或一个迷你图组，在"迷你图工具"下单击"设计"选项卡，然后在"样式"组中单击某个样式，或单击该框右下角的"更多"按钮以查看其他样式，如图 8.17 所示。

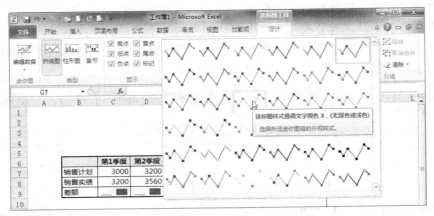

图 8.17　迷你图的样式库

（3）若要更改迷你图或其标记的颜色，可在"设计"选项卡中单击"迷你图颜色"或"标记颜色"，然后单击所需的颜色，如图 8.18 所示。

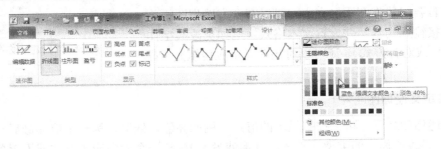

图 8.18　更改迷你图的颜色

（4）若要处理空单元格或零值，可在"迷你图工具"下单击"设计"选项卡，在"迷你图"组中单击"编辑数据"按钮，选择"隐藏和清空单元格"，在如图 8.19 所示的"隐藏和空单元格设置"对话框中，设置相关选项以控制迷你图如何处理区域中的空单元格。

【实战演练】 在单元格中创建迷你图。

（1）在 Excel 2010 中创建一个新的空白工作簿，然后将其保存为"图表.xlsx"。

图 8.19 "隐藏和空单元格设置"对话框

（2）将工作表 Sheet1 命名为"地区销售额"。

（3）在此工作表中输入各地区销售额数据，然后选择区域 E3:E9。

（4）在"插入"选项卡的"迷你图"组中单击"折线图"选项，如图 8.20 所示。

（5）在如图 8.21 所示的"创建迷你图"对话框中，在"数据范围"框中输入"B3:D9"，在"位置范围"框中输入"$E$3:$E$9"，然后单击"确定"按钮。

图 8.20 选择"折线图"

图 8.21 "创建迷你图"对话框

（6）在"迷你图工具"下单击"设计"选项卡，然后在"显示组"中选中"标记"复选框，如图 8.22 所示。此时在区域 E3:E9 中出现一组迷你图，如图 8.23 所示。

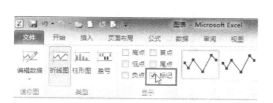

图 8.22 选中"标记"复选框

图 8.23 创建一组迷你图

（7）选择区域 B10:D10，然后在"插入"选项卡的"迷你图"组中单击"柱形图"选项，如图 8.24 所示。

（8）在如图 8.25 所示的"创建迷你图"对话框中，在"数据范围"框中输入"B3:D9"，在"位置范围"框中输入"$B$10:$D$10"，然后单击"确定"按钮。

图 8.24 选择"柱形图"

图 8.25 "创建迷你图"对话框

（9）加大第 10 行的高度。

此时的迷你图效果如图 8.26 所示。

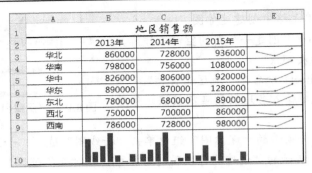

图 8.26　在单元格中创建一组迷你图

8.2.2　创建默认类型图表

若要基于默认图表类型快速创建图表，可执行以下操作。

（1）在工作表中，选择要用于图表的数据。

（2）执行下列操作之一。

● 如果希望图表显示为嵌入图表，可按 Alt+F1 组合键。

● 如果希望图表显示在单独的图表工作表上，可按 F11 键。

创建图表之后，图表工具将变为可用状态，此时将显示"设计"、"布局"和"格式"选项卡，可以使用这些选项卡上的命令修改图表，以使图表按照所需的方式表示数据。

使用"设计"选项卡可以按行或列显示数据系列，更改图表的源数据，更改图表的位置，更改图表类型，将图表保存为模板或选择预定义布局和格式选项，如图 8.27 所示。

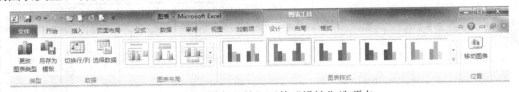

图 8.27　"图表工具"下的"设计"选项卡

使用"布局"选项卡可以更改图表元素（如图表标题和数据标签）的显示，使用绘图工具或在图表上添加文本框和图片，如图 8.28 所示。

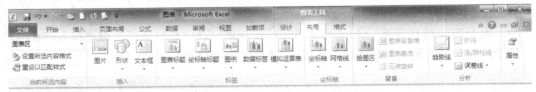

图 8.28　"图表工具"下的"布局"选项卡

使用"格式"选项卡可以添加填充颜色、更改线型或应用特殊效果，如图 8.29 所示。

图 8.29　"图表工具"下的"格式"选项卡

【**实战演练**】基于默认图表类型快速创建图表。

（1）打开"图表.xlsx"工作簿。

（2）选择"地区销售额"工作表。

（3）选择区域 A2:D9，然后按 Alt+F1 组合键。此时，将在当前工作表中嵌入一个默认类型的图表（二维的簇状柱形图）。

（4）用鼠标移动图表在工作表上的位置，结果如图 8.30 所示。

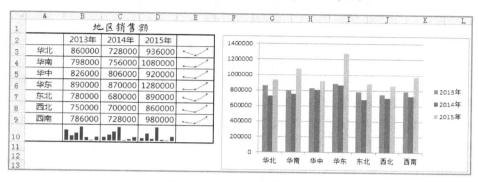

图 8.30 创建默认类型图表

8.2.3 设置默认图表类型

一般情况下，默认的图表类型是二维的簇状柱形图。如果在创建图表时经常使用某个图表类型，则可能希望将该图表类型设置为默认图表类型。具体设置方法如下：

（1）在功能区选择"插入"选项卡，单击"图表"组中的某个图表类型，然后单击"所有图表类型"，如图 8.31 所示。

（2）在如图 8.32 所示的"插入图表"对话框中，选择希望作为默认图表类型的图表类型，然后在其下方选择所需的图表子类型。

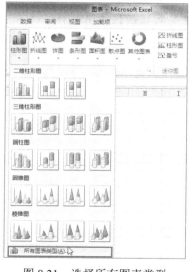

图 8.31 选择所有图表类型

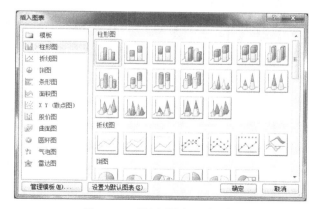

图 8.32 "插入图表"对话框

（3）单击"设置为默认图表"按钮，然后单击"确定"按钮。

8.2.4　创建特定类型图表

Excel 2010 提供了多种类型的图表，可以用于查看分析各种不同的数据关系。若要基于特定图表类型来创建图表，可执行以下操作。

（1）在工作表上，排列要绘制在图表中的数据。对于不同的图表类型，排列数据的要求是有所不同的。

- 对于柱形图、条形图、折线图、面积图、曲面图或雷达图来说，数据可排列在列或行中，类似于 ▦ 或 ▦ 。
- 对于包含一个系列的饼图或圆环图来说，数据可排列在一个数据列或数据行及一个数据标签列或数据标签行中，类似于 ▦ 或 ▦ 。
- 对于包含多个系列的饼图或圆环图来说，数据可排列在在多个数据列或数据行及一个数据标签列或数据标签行中，类似于 ▦ 或 ▦ 。
- 对于 XY 散点或气泡图来说，X 值放在第一列中，相应的 Y 值和/或气泡大小值放在相邻的列中，类似于 ▦ 。

（2）选择包含要用于图表的数据的单元格。如果只选择了一个单元格，则 Excel 自动将紧邻该单元格的包含数据的所有单元格绘制在图表中。如果要绘制在图表中的单元格不在连续的区域中，则只要选择的区域为矩形，便可以按住 Ctrl 键来选择不相邻的单元格或区域。

（3）在"插入"选项卡的"图表"组中，执行下列操作之一。

- 单击图表类型，然后单击要使用的图表子类型。
- 若要查看所有可用图表类型，可单击图表类型，然后单击"所有图表类型"以显示"插入图表"对话框，单击箭头滚动浏览所有可用图表类型和图表子类型，再单击要使用的图表类型。

此时，图表将作为嵌入图表放置在工作表上。

【实战演练】使用饼图表示学校各系人数。

（1）打开"图表.xlsx"工作簿，将工作表 Sheet2 命名为"各系人数"。

（2）在此工作表中输入各系人数数据，然后选择包含这些数据的区域 A2:B5。

（3）在"插入"选项卡的"图表"组中单击"饼图"选项，然后在"二维饼"下方单击的"饼图"，如图 8.33 所示。

（4）单击所创建的饼图类型的图表，然后在"设计"选项卡的"图表布局"组中单击"布局 6"选项，如图 8.34 所示。

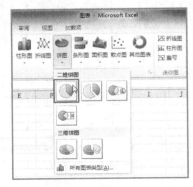

图 8.33　插入二维饼图

图 8.34　更改图表布局

（5）在"设计"选项卡的"图表样式"组中选择"样式 26"选项，如图 8.35 所示。

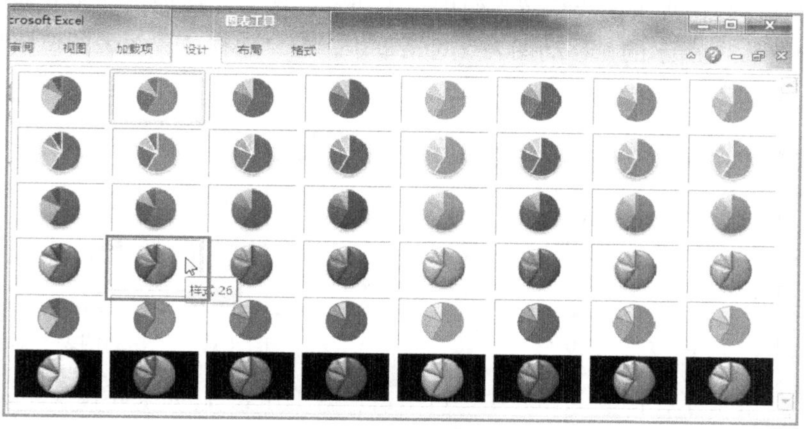

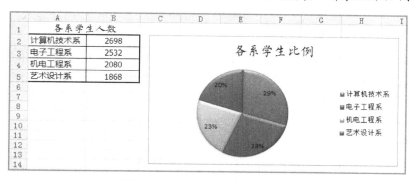

图 8.35　设置图表样式

（6）将图表标题文本更改为"各系学生比例"。此时的图表工作表效果如图 8.36 所示。

图 8.36　用饼图表示各系学生人数

8.2.5　调整图表的位置和大小

在 Excel 2010 中，既可以将图表作为嵌入图表放在现在的工作表上，也可以将图表放在一个单独的图表工作表中。对于嵌入图表，可以在所在工作表上移动其位置，也可以将其移动到单独的图表工作表中。

若要在工作表上移动图表的位置，可用鼠标指针指向要移动的图表，当鼠标指针变成形状时，将图表拖到新的位置上，然后释放鼠标。

对于嵌入图表，还可以调整其大小。具体操作方法如下：在工作表上单击图表，以选定它；然后用鼠标指针指向图表的四个角或四条边上尺寸控制柄，当鼠标指针变成双箭头形状时，拖动鼠标左键，以调整图表的大小，如图 8.37 所示。

若要将嵌入图表放到单独的图表工作表中，可执行以下操作。

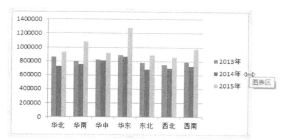

图 8.37　调整嵌入图表的大小

（1）在工作表上，单击嵌入图表以选中该图表。

（2）在"设计"选项卡的"位置"组中单击"移动图表"选项，如图 8.38 所示。

（3）在如图 8.39 所示的"移动图表"对话框中，在"选择放置图表的位置"下执行下列操作之一。

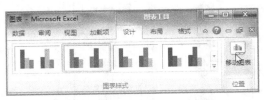

图 8.38　单击"移动图表"   图 8.39　"移动图表"对话框

- 若要将图表显示在图表工作表中，可单击"新工作表"。如果要替换图表的建议名称，则可以在"新工作表"框中输入新的名称。
- 若要将图表显示为其他工作表中的嵌入图表，可单击"对象位于"单选框，然后在"对象位于"列表框中选择目标工作表。

8.2.6　更改现有图表的类型

对于大多数二维图表，可以更改整个图表的图表类型以赋予其完全不同的外观，也可以为任何单个数据系列选择另一种图表类型，使图表转换为组合图表。对于气泡图和大多数三维图表，只能更改整个图表的图表类型。

若要更改现有图表的图表类型，可执行以下操作。

（1）执行下列操作之一。

- 若要更改整个图表的图表类型，可单击图表的图表区或绘图区以显示图表工具。
- 若要更改单个数据系列的图表类型，可单击该数据系列。

此操作将显示图表工具，其中包含"设计"、"布局"和"格式"选项卡。

（2）在"设计"选项卡上的"类型"组中单击"更改图表类型"，如图 8.40 所示。

（3）在如图 8.41 所示的"更改图表类型"对话框中，执行下列操作之一。

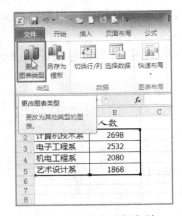

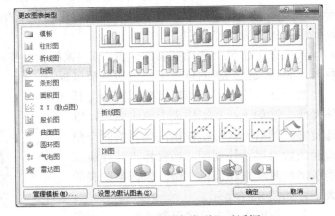

图 8.40　更改图表类型   图 8.41　"更改图表类型"对话框

- 在左边的框中单击图表类型，然后在右边的框中单击要使用的图表子类型。

- 如果已经将图表类型另存为模板，可在左边的框中单击"模板"选项，然后在右边的框中单击要使用的图表模板。

（4）单击"确定"按钮。

注意： 一次只能更改一个数据系列的图表类型。若要更改图表中多个数据系列的图表类型，必须针对每个数据系列重复上述操作步骤。

8.2.7 交换行列数据

创建图表之后，可以很容易更改在图表中绘制工作表行和列的方式。通过交换行列数据，可将标在 X 轴上的数据与 Y 轴的数据互换。

若要交换行列数据，可执行以下操作。

（1）单击其中包含要以不同方式绘制的数据的图表。此时，将显示图表工具，其中包含"设计"、"布局"和"格式"选项卡。

（2）在"图表工具"下单击"设计"选项卡，然后在"数据"组中单击"切换行/列"，如图 8.42 所示。

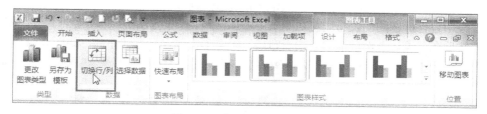

图 8.42 选择"切换行/列"

此时，将在从工作表行或从工作表列绘制图表中的数据系列之间进行快速切换。

【实战演练】在图表中交换坐标轴上的数据。

（1）打开"图表.xlsx"工作簿。

（2）选择"地区销售额"工作表，单击其中的图表。

（3）在"图表工具"下方单击"设计"选项卡，然后在"数据"组中单击"切换行/列"命令。

此时，X 轴与 Y 轴上的数据将进行交换，即年份显示在 X 轴上，区域则显示在图例中，结果如图 8.43 所示。

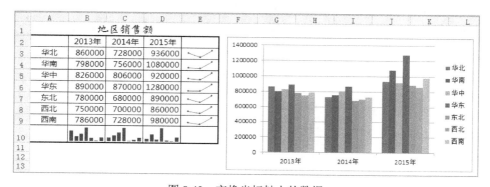

图 8.43 交换坐标轴上的数据

8.3　设置图表格式

创建某种类型的图表之后，还可以根据需要对图表的格式进行设置。例如，在图表上使用标题、更改图表的布局和样式以及设置图表元素格式等。

8.3.1　设置图表标题

为使图表更易于理解，可以对任何类型的图表添加标题，例如图表标题和坐标轴标题。坐标轴标题通常用于能够在图表中显示的所有坐标轴，包括三维图表中的竖（系列）坐标轴。有些图表类型有坐标轴，但不能显示坐标轴标题。没有坐标轴的图表类型也不能显示坐标轴标题。通过创建对工作表单元格的引用，可以将图表和坐标轴标题链接到这些单元格中的相应文本。在对工作表中相应的文本进行更改时，图表中链接的标题将自动更新。对于已添加的标题，可以轻松地编辑其文本；如果不希望再显示标题，可以从图表中将其删除。

1. 在图表中添加标题

在 Excel 2010 中，有多种方法可在图表中添加标题。

通过应用包含标题的图表布局可在图表中添加标题。操作方法是：单击要对其应用图表布局的图表，然后在"设计"选项卡的"图表布局"组中单击包含标题的布局，如图 8.44 所示。

图 8.44　选择包含标题的布局

也可以使用手动方式添加图表标题，操作步骤如下。

（1）单击要对其添加标题的图表。

（2）在"图表工具"下单击"布局"选项卡，在"标签"组中单击"图表标题"，然后单击"居中覆盖标题"或"图表上方"，如图 8.45 所示。

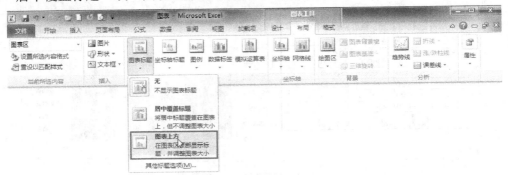

图 8.45　添加图表标题

（3）在图表中显示的"图表标题"文本框中输入所需的文本。要插入换行符，可在要换行的位置单击，将光标置于该位置，然后按 Enter 键。

（4）要设置文本的格式，可选择文本，然后在浮动工具栏上单击所需的格式选项，如图 8.46 所示。也可以使用功能区上的格式按钮（"开始"选项卡中的"字体"组）。

（5）要设置整个标题的格式，可以右键单击该标题，单击快捷菜单上的"设置图表标题格式"，如图 8.47 所示，然后在"设置图表标题格式"对话框中选择所需的格式选项。

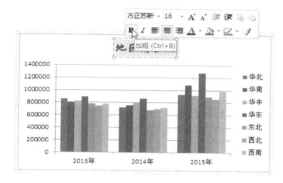

图 8.46　利用浮动工具栏设置图表标题格式

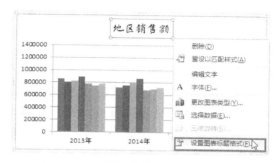

图 8.47　利用快捷菜单设置图表标题格式

若要手动添加坐标轴标题，可执行以下操作。

（1）单击要对其添加坐标轴标题的图表。

（2）在"布局"选项卡上的"标签"组中，单击"坐标轴标题"。

（3）执行下列操作之一：

- 要向主要水平（分类）轴添加标题，可单击"主要横坐标轴标题"，然后单击所需的选项，如图 8.48 所示。如果图表有次要水平轴，还可以单击"次要水平轴标题"。

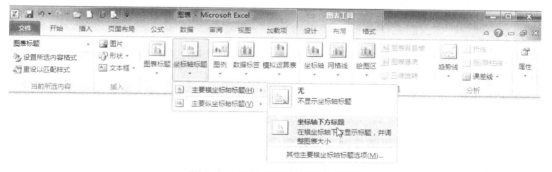

图 8.48　设置主要横坐标轴标题

- 要向主要垂直（数值）轴添加标题，可单击"主要纵坐标轴标题"或"次要垂直轴标题"，然后单击所需选项，如图 8.49 所示。如果图表有次要垂直轴，还可以单击"次要垂直轴标题"。
- 要向竖（系列）坐标轴添加标题，可单击"竖坐标轴标题"，然后单击所需的选项。此选项仅在所选图表是真正的三维图表（如三维柱形图）时才可用。

（4）在图表中显示的"坐标轴标题"文本框中，输入所需的文本。要插入换行符，请在要换行的位置单击，将光标置于该位置，然后按 Enter 键。

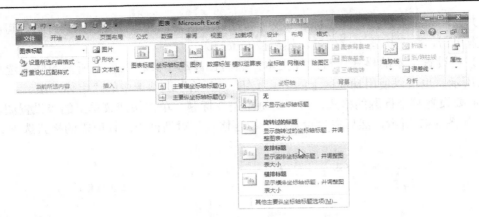

图 8.49　设置主要纵坐标标题

（5）要设置文本的格式，可选择文本，然后在浮动工具栏上单击所需的格式选项。也可以使用功能区上的格式按钮（"开始"选项卡中的"字体"组）。

（6）要设置整个标题的格式，可以右键单击该标题，单击快捷菜单上的"设置坐标轴标题格式"，然后选择所需的格式选项。

2．编辑图表或坐标轴标题

如果图表或坐标轴标题没有链接到工作表单元格，则可以通过以下操作来编辑图表标题或坐标轴标题。

（1）在图表上，单击图表或坐标轴标题将其激活，然后再次单击以将光标放入文本中所示。也可以右键单击该标题，然后在快捷菜单中选择"编辑文字"命令。

（2）输入新文本。如果需要，还可以通过拖动来选择要更改的文本，然后输入新文本。

（3）单击图表空白处。

如果图表或坐标轴标题已链接到工作表上的某个单元格，可双击该单元格，编辑文本，然后按 Enter 键。此时图表上相应的标题文本将自动更新。

若要设置文本的格式，可选择文本，然后在浮动工具栏上单击所需的格式选项。还可以使用功能区上的格式按钮（位于"开始"选项卡的"字体"组中）。

若要设置整个标题的格式，可以右键单击该标题，在快捷菜单中选择"设置图表标题格式"或"设置坐标轴标题格式"，然后选择所需的格式选项。

3．将图表或坐标轴标题链接到工作表单元格

若要将图表或坐标轴标题链接到工作表上的某个单元格，可执行以下操作。

（1）在图表上，单击要链接到工作表单元格的图表或坐标轴标题。

（2）在工作表上的编辑栏中单击，然后输入一个等号（=）。

（3）选择包含要在图表中显示的数据或文本的工作表单元格。也可以在编辑栏中输入对工作表单元格的引用，包括等号、工作表名，后跟一个感叹号。例如"=Sheet1!F2"。

（4）按 Enter 键。

4．从图表中删除图表或坐标轴标题

若要从图表中删除图表标题或坐标轴标题，可执行以下操作。

（1）单击标题所在的图表。

（2）执行下列操作之一。

- 若要删除图表标题，可在"布局"选项卡中的"标签"组中，单击"图表标题"，然后单击"无"命令，如图 8.50 所示。

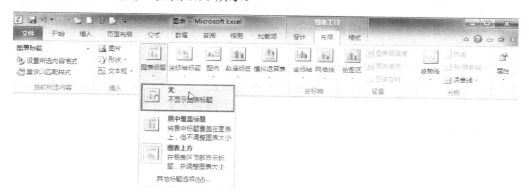

图 8.50　删除图表标题

- 若要删除坐标轴标题，可在"布局"选项卡中的"标签"组中，单击"坐标轴标题"，单击要删除的坐标轴标题类型，然后单击"无"命令，如图 8.51 所示。

图 8.51　删除坐标轴标题

- 若要快速删除图表或坐标轴标题，可单击相应的标题，然后按 Delete 键。也可以右键单击图表或坐标轴标题，然后在快捷菜单中选择"删除"命令。
- 若要在添加图表或坐标轴标题之后立即将其删除，可以单击快速访问工具栏上的"撤销"命令，或者按 Ctrl+Z 组合键。

【实战演练】设置图表标题和坐标轴标题。

（1）打开"图表.xlsx"工作簿，选择"地区销售额"工作表。

（2）将图表标题设置为"地区销售额"并设置其格式。

（3）将主要横坐标标题设置为"年份"。

（4）将主要纵坐标标题设置为竖排格式，标题文本为"销售额"。

设置标题后的图表如图 8.52 所示。

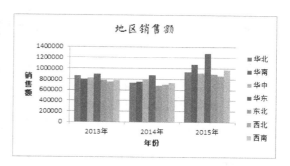

图 8.52　设置图表标题和坐标轴标题

8.3.2　设置图表元素格式

设置图表元素的格式时，首先需要选择图表元素，例如图表区、绘图区、数据系列、坐标轴、标题、数据标签或图例。在 Excel 2010 中，可以使用鼠标在图表上快速选择图表元素。不过，如果不确定特定元素位于图表中的什么位置，则可以从图表元素列表中选择该元素。此外，还可以使用键盘来选择图表元素。

若要使用鼠标选择图表元素，可在图表上单击要选择的图表元素。此时，所选择的元素将用选择手柄进行标记。

若要从图表元素列表中选择图表元素，可单击图表，在"图表工具"下单击"布局"或"格式"选项卡，然后在"当前所选内容"组中单击"图表元素"列表框旁的箭头，再单击要选择的图表元素，如图 8.53 所示。

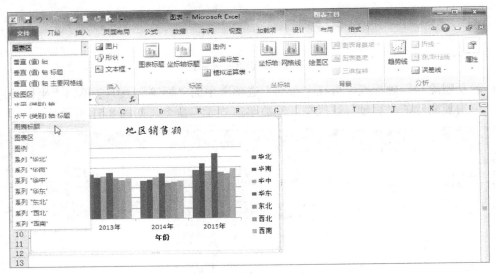

图 8.53　选择图表元素

若要使用键盘选择图表元素，可按 Ctrl+Page Down 或 Ctrl+Page Up 组合键：以选择下一个或上一个工作表，重复此操作直至选择所需的图表工作表，然后使用键盘选择各个图表元素，按键如下所示。

- 若要选择图表中的上一组元素，可按↓键。
- 若要选择图表中的下一组元素，可按↑键。
- 若要选择组中的下一个元素，可按→键。若当前元素是组中的最后一个元素，则在按→键时会选择下一组；再次按向→将选择下一组中的第一个元素。
- 若要选择组中的上一个元素，可按←键。若当前元素是组中的第一个元素，则在按←键时会选择上一组；再次按←键将选择上一组中的最后一个元素。
- 若要取消选择，可按 Esc 键。
- 若要选择下一个对象或形状并在任何对象或形状之间导航，可按 Tab 键。
- 若要选择上一个对象或形状并在任何对象或形状之间导航，可按 Shift+Tab 组合键。

选择图表元素之后，即可对该图表元素格式进行设置。为此，可在"图表工具"下单击"格式"选项卡，然后执行下列一项或多项操作，如图 8.54 所示。

图 8.54 "图表工具"下的"格式"选项卡

- 若要为选择的任意图表元素设置格式,可在"当前所选内容"组中单击"设置所选内容格式",然后在弹出的对话框中选择需要的格式选项。
- 若要为所选图表元素的形状设置格式,可在"形状样式"组中单击需要的样式,或者单击"形状填充"、"形状轮廓"或"形状效果",然后选择需要的格式选项。
- 若要通过使用"艺术字"为所选图表元素中的文本设置格式,可在"艺术字样式"组中单击需要的样式,或者单击"文本填充"、"文本轮廓"或"文本效果",然后选择需要的格式选项。

也可以使用常规文本格式为图表元素中的文本设置格式,操作方法是:右键单击或选择该文本,然后在"浮动工具栏"上单击需要的格式选项,如图 8.55 所示。此外,还可以使用"开始"选项卡的"字体"组中的格式化按钮来设置图表元素的文本格式。

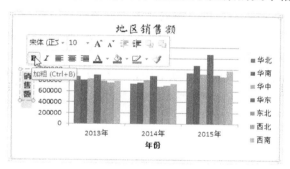

图 8.55 利用浮动工具栏设置图表元素格式

8.3.3 更改图表的布局和样式

创建图表后,可以立即更改它的外观。Excel 2010 提供了多种有用的预定义布局和样式,可以从中选择;也可以手动更改单个图表元素的布局和样式来进一步自定义布局或样式。

若要选择预定义图表布局,可单击要设置格式的图表,然后在"设计"选项卡的"图表布局"组中单击要使用的图表布局,如图 8.56 所示。

图 8.56 设置图表的布局

　　若要选择预定义图表样式，可单击要设置格式的图表，可在"设计"选项卡的"图表样式"组中，单击要使用的图表样式，如图 8.57 所示。

图 8.57　设置图表的样式

　　若要手动更改图表元素的布局，可执行以下操作。

　　（1）单击图表，或选择要为其更改布局的图表元素。

　　（2）在"图表工具"下单击"布局"选项卡，在"当前所选内容"组中单击"图表元素"框旁的箭头，然后选择所需图表元素。

　　（3）在如图 8.58 所示的"布局"选项卡中，执行以下一个或多个操作：

图 8.58　"图表工具"下的"布局"选项卡

- 在"标签"组中，单击所需的标签布局选项。
- 在"坐标轴"组中，单击所需的坐标轴或网格线选项。
- 在"背景"组中，单击所需的布局选项。

　　选择的布局选项会应用到已经选中的元素。例如，如果选中了整个图表，数据标签将应用到所有数据系列。如果选中了单个数据点，则数据标签只应用到选中的数据系列或数据点。

　　若要手动更改图表元素的样式，可执行以下操作。

　　（1）单击图表以激活"图表工具"，在"格式"选项卡的"当前所选内容"组中单击"图表元素"列表框中的箭头，然后选择要设置格式的图表元素。

　　（2）在"当前选择"组中单击"设置所选内容格式"。

　　（3）在弹出的对话框中选择所需的格式选项。

8.3.4　添加或删除数据标签

　　要快速标识图表中的数据系列，可以向图表的数据点添加数据标签。默认情况下，数据标签链接到工作表中的值，在对这些值进行更改时它们会自动更新。

1. 向图表中添加数据标签

若要在图表中添加数据标签，可执行以下操作。

（1）在图表中，执行下列操作之一。

● 若要向所有数据系列的所有数据点添加数据标签，可单击图表区。

● 若要向一个数据系列的所有数据点添加数据标签，可单击要标记的数据系列。

● 若要向一个数据系列的单个数据点添加数据标签，可单击要标记的数据点所在的数据系列，然后再次单击数据点。

（2）在"布局"选项卡的"标签"组中单击"数据标签"，然后单击所需的显示选项，如图 8.59 所示。可用的数据标签选项因使用的图表类型而异。

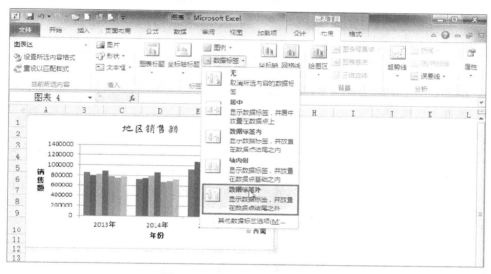

图 8.59　设置数据标签显示选项

2. 更改显示的数据标签项

若要更改显示的数据标签项的格式，可以执行以下操作。

（1）在图表中，执行下列操作之一。

● 若要显示系列中所有数据点的其他标签项，可单击一次数据标签以选择该数据系列的所有数据标签。

● 若要显示单个数据点的其他标签项，可单击要更改的数据点中的数据标签，然后再次单击数据标记。

（2）在"格式"选项卡的"当前选择"组中，单击"设置所选内容格式"。

（3）在如图 8.60 所示的"设置数据标签"对话框中单击"标签选项"，然后在"标签包括"下选择要添加的标签项对应的复选框。

图 8.60　"设置数据标签格式"对话框

（4）若要更改数据标签项之间的分隔符，可在"分隔符"框中输入自定义分隔符。

（5）若要调整标签位置以更好地呈现其他文本，可在"标签位置"下选择所需的选项。

3. 更改数据标签的位置

若要更改数据标签的位置，可执行以下操作。

（1）在图表中，执行下列操作之一。

- 若要重定位整个数据系列的所有数据标签，可单击数据标签一次以选择该数据系列。
- 若要重定位特定的数据标签，可单击该数据标签两次以选择它。

（2）在"布局"选项卡的"标签"组中，单击"数据标签"，然后单击所需的选项。

（3）若要选择其他数据标签选项，可单击"其他数据标签选项"，然后在弹出的对话框中单击"标签选项"，再选择所需选项。

4. 从图表中删除数据标签

若要从图表中删除数据标签，可执行以下操作。

（1）单击要从中删除数据标签的图表。

（2）执行下列操作之一。

- 在"布局"选项卡的"标签"组中，单击"数据标签"，然后单击"无"命令。
- 单击一次数据标签以选择数据系列中的所有数据标签，或者单击两次只选择要删除的一个数据标签，然后按 Delete 键。
- 右键单击数据标签，然后单击快捷菜单上的"删除"命令，这将从数据系列中删除所有数据标签。

【实战演练】在图表中调整数据标签的位置。

（1）打开"图表.xlsx"工作簿，选择"各系人数"工作表。

（2）在饼图类型的图表中，单击数据标签以选择该数据系列。

（3）在"布局"选项卡的"标签"组中，单击"数据标签"，然后单击"数据标签外"命令，如图 8.61 所示。

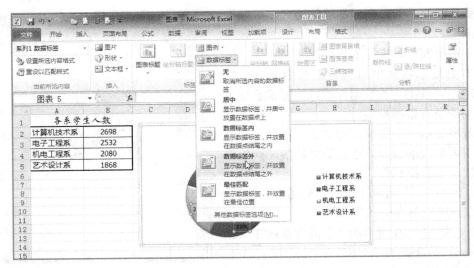

图 8.61　选择"数据标签外"

此时图表的显示效果如图 8.62 所示。

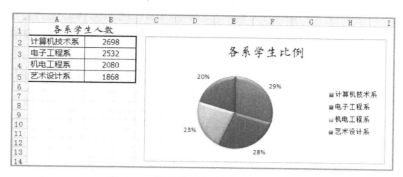

图 8.62　调整数据标签位置后的图表

8.3.5　添加或删除图例

图例是一个方框，可用于标识为图表中的数据系列或分类指定的图案或颜色。若要向图表中添加图例，可以执行以下操作。

（1）单击要添加图例的图表。

（2）在"图表工具"下单击"布局"选项卡，在"标签"组中单击"图例"，然后单击所需的图例选项，如图 8.63 所示。

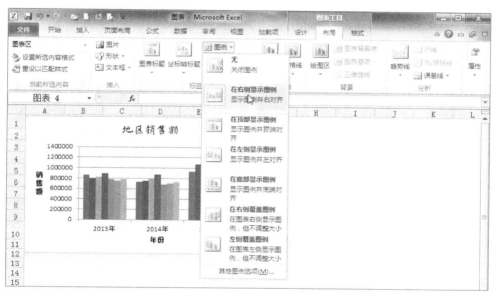

图 8.63　选择图例选项

（3）若要设置更多的图例选项，在"布局"选项卡的"标签"组中单击"图例"，然后单击"其他图例选项"，并在弹出的对话框中选择所需的选项。

提示：也可以在"设计"选项卡中选择一种包含图例的布局，以在图表中添加图例。

在图表中添加图例后，可以对图例的格式进行设置，具体步操作骤如下。

（1）在图表中选择图例。

（2）在"布局"选项卡的"当前所选内容"组中单击"设置所选内容格式"。

图 8.64　"设置图例选项"对话框

（3）在"设置图例格式"对话框中选择所需选项，例如图例的位置、填充、边框颜色、边框样式以及阴影等，如图 8.64 所示。

若要从图表中删除图例，可在图表单击图例，然后在"布局"选项卡的"标签"组中单击"图例"，再单击"无"。

【实战演练】在图表中设置图例的格式。

（1）打开"图表.xlsx"工作簿，选择"各系人数"工作表。

（2）在饼图类型的图表中，选择图例。

（3）在"布局"选项卡的"当前所选内容"组中，单击"设置所选内容格式"。

（4）在"设置图例格式"对话框中选择"边框颜色"，然后在"边框颜色"下方单击"实线"，如图 8.65 所示。

此时的图表显示效果如图 8.66 所示。

图 8.65　设置图例边框颜色

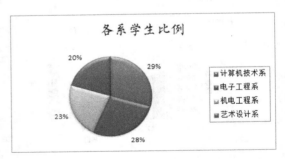

图 8.66　设置图例格式后的图表

8.3.6　设置图表坐标轴选项

图表通常有两个用于对数据进行度量和分类的坐标轴，即垂直轴（也称数值轴或 Y 轴）和水平轴（也称分类轴或 X 轴）。对于三维图表而言，还有第三个坐标轴，即竖坐标轴（也称系列轴或 z 轴），以便能够根据图表的深度绘制数据。雷达图没有水平（分类）轴，而饼图和圆环图没有任何坐标轴。

在创建图表时，默认情况下将在坐标轴上显示刻度线和标签。创建图表之后，还可以调整主要刻度线和次要刻度线以及标签的显示方式。为了避免图表显得太杂乱，可以通过指定需要标记的分类的间隔，或者指定要在刻度线之间显示的分类数来减少水平（分类）轴上显示的轴标签或刻度线。还可以更改标签的对齐方式和方向，并对其显示的文本和数字进行更改或设置格式。

若要显示或隐藏坐标轴，可执行以下操作。

（1）单击要显示或隐藏其坐标轴的图表。

（2）在"布局"选项卡上的"坐标轴"组中，单击"坐标轴"。

（3）执行下列操作之一。

● 若要显示坐标轴，可单击要显示的坐标轴的类型，然后单击所需选项，如图 8.67 所示。

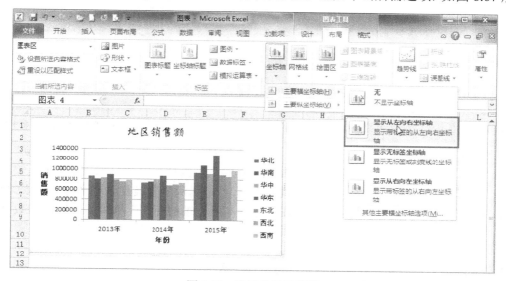

图 8.67　选择坐标轴类型

● 若要隐藏坐标轴，可单击要隐藏的坐标轴的类型，然后单击"无"命令。

若要调整轴刻度线和标签，可执行以下操作。

（1）在图表中单击要调整其刻度线和标签的坐标轴，或从图表元素列表中选择坐标轴。

（2）在"格式"选项卡的"当前所选内容"组中，单击"设置所选内容格式"。

（3）在如图 8.68 所示的"设置坐标轴格式"对话框中单击"坐标轴选项"，然后执行下列一项或多项操作。

● 若要更改主要刻度线的显示，可在"主要刻度线类型"框中，单击所需的刻度线位置。

● 若要更改次要刻度线的显示，可在"次要刻度线类型"下拉列表框中，单击所需的刻度线的位置。

● 若要更改标签的位置，可在"轴标签"框中，单击所需的选项。

● 若要隐藏刻度线或刻度线标签，可下拉式列表框中选择"无"命令。

若要更改标签或刻度线之间的分类数，可执行以下操作。

（1）在图表中单击要更改的水平（分类）轴，或从图表元素列表中选择坐标轴。

（2）在"格式"选项卡上的"当前所选内容"组中，单击"设置所选内容格式"命令。

（3）在如图 8.69 所示的"设置坐标轴格式"对话框中单击"坐标轴选项"，然后执行下列一项或两项操作。

图 8.68   "设置坐标轴格式"对话框（垂直轴）   图 8.69   "设置坐标轴格式"对话框（水平轴）

- 若要更改坐标轴标签之间的间隔，可在"标签间隔"下单击"指定间隔单位"，然后在文本框中输入所需的数字。例如，输入"1"可为每个分类显示一个标签，输入"2"可每隔一个分类显示一个标签，输入"3"可每隔两个分类显示一个标签，依此类推。
- 若要更改坐标轴标签的位置，请在"标签与坐标轴的距离"框中输入所需的数字。输入较小的数字可使标签靠近坐标轴。如果要加大标签和坐标轴之间的距离，请输入较大的数字。

【实战演练】在图表中设置坐标轴及图例的格式。

（1）打开"图表.xlsx"工作簿，选择"地区销售额"工作表。

（2）在图表中，选择垂直轴。

（3）在"格式"选项卡上的"当前所选内容"组中，单击"设置所选内容格式"。

（4）在"设置坐标轴格式"对话框中单击"坐标轴选项"。

（5）在"次要刻度线类型"列表框中选择"外部"，为垂直坐标轴添加次要刻度线，然后单击"关闭"按钮。

（6）在图表中选择图例，然后在"格式"选项卡的"形状样式"组中单击"形状轮廓"，然后对轮廓颜色进行设置。此时的图表效果如图 8.70 所示。

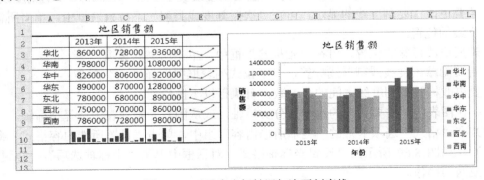

图 8.70   对垂直坐标轴添加次要刻度线

8.3.7　显示或隐藏网格线

为了便于阅读图表中的数据，可以在图表的绘图区显示从任何水平轴和垂直轴延伸出的水平和垂直网格线。在三维图表中还可以显示竖网格线。可以为主要和次要刻度单位显示网格线，并且它们与坐标轴上显示的主要和次要刻度线对齐。

若要在图表中添加网格线，可执行以下操作。

（1）向其中添加网格线的图表。

（2）在"布局"选项卡上的"坐标轴"组中，单击"网格线"。

（3）执行下列操作之一。

● 若要向图表中添加横网格线，可指向"主要横网格线"，然后单击所需的选项，如图 8.71 所示。如果图表有次要水平轴，还可以单击"次要网格线"。

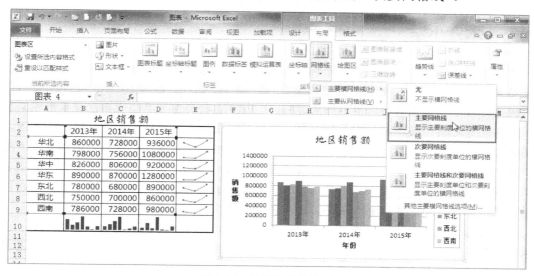

图 8.71　设置网格线选项

● 若要向图表中添加纵网格线，可指向"主要纵网格线"，然后单击所需的选项。如果图表有次要垂直轴，还可以单击"次要网格线"。

● 若要将竖网格线添加到三维图表中，可指向"竖网格线"，然后单击所需选项。此选项仅在所选图表是真正的三维图表（如三维柱形图）时才可用。

● 若要隐藏图表网格线，可指向"主要横网格线"、"主要纵网格线"或"竖网格线"（三维图表上），然后单击"无"。如果图表有次要坐标轴，还可以单击"次要横网格线"或"次要纵网格线"，然后单击"无"选项。

【实战演练】在图表中设置网格线格式。

（1）打开"图表.xlsx"工作簿。

（2）单击"地区销售额"工作表。

（3）单击地区销售额图表。

（4）在"布局"选项卡上的"坐标轴"组中单击"网格线"，指向"主要横网络线"，然后选择"主要网格线和次要网格线"。

网格线设置效果如图 8.72 所示。

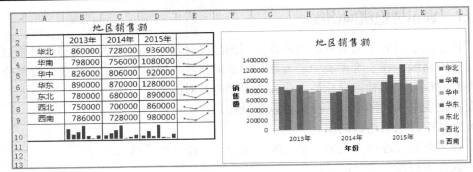

图 8.72　在图表中同时显示主要网格线和次要网格线

本章小结

　　本章讨论了如何在 Excel 2010 中制作图表，主要内容包括图表概述、创建图表以及设置图表格式。

　　图表是表现工作表数据的图形形式。Excel 2010 支持的图表类型主要包括柱形图、折线图、饼图、条形图、面积图、XY 散点图、股价图、曲面图、圆环图、气泡图和雷达图。创建图表或更改现有图表时，首先选择一个图表类型，然后从该类型中选择一个图表子类型。

　　在 Excel 2010 中，可以基于默认图表类型快速创建图表，该图表可以显示为嵌入图表或者显示在单独的图表工作表上。也可以根据需要基于特定的图表类型来创建图表。创建图表之后，还可以调整图表的位置和大小、更改图表的类型，或者交换坐标轴上的数据。

　　对于已创建的图表，可以根据需要对其格式进行设置。例如，在图表上使用标题，设置图表元素格式，更改图表的布局和样式，添加或删除数据标签，添加或删除图例，设置图表坐标轴选项，以及显示或隐藏网格线等。

习题 8

一、填空题

1. 在柱形图中，通常沿水平轴组织_____，而沿垂直轴组织_____。

2. 饼图显示一个数据系列中_____的比例，饼图中的数据点显示为整个饼图的_____。

3. 单击图表之后，将会显示_____、_____和_____选项卡。

4. 要在 X 轴与 Y 轴上的数据之间进行切换，可在_____选项卡的_____组中单击_____。

二、选择题

1. 若要基于默认图表类型创建嵌入图表，可按（　　　）。

　　A. F1　　　　　　　　　　　　B. Alt+F1

　　C. F11　　　　　　　　　　　　C. Alt+F11

2. 选择图表元素之后，要取消选择，可按（　　　）。

  A. Esc   B. Ctrl+Page Down

  C. Tab   D. Shift+Tab

三、简答题

1. 迷你图与标准图表有什么不同？

2. Excel 2010 支持的图表类型有哪些？

3. 在图表中添加标题有哪两种方法？

4. 如何将图表或坐标轴标题链接到工作表单元格？

上机实验 8

  1. 在 Excel 2010 中创建一个空白工作簿，将其保存为"股票趋势.xlsx"；在工作表 Sheet1 中输入数据，然后插入一组迷你图，效果如图 8.73 所示。

	日期	成交量	开盘价	最高	最低	收盘价	迷你图
			股票走势				
3	2月1日	6,869,078	18.06	18.69	17.52	17.96	
4	2月2日	10,556,239	19.26	19.86	18.68	19.32	
5	2月3日	9,879,789	19.38	19.92	18.86	19.51	
6	2月4日	8,673,186	21.16	23.98	20.26	20.82	
7	2月5日	9,688,082	20.66	20.90	20.02	20.31	
8	2月10日	10,569,112	20.29	20.68	19.86	18.93	
9	2月11日	11,698,330	20.21	21.06	20.06	19.62	
10	2月12日	9,381,788	22.62	23.02	22.23	21.35	
11	2月13日	6,068,336	20.16	20.62	19.81	20.12	
12	2月14日	9,169,968	19.62	19.86	18.88	18.66	

图 8.73　用迷你图表示股票走势

  2. 在 Excel 2010 中打开"工资表.xlsx"工作簿，在"工资表"工作表中选择区域 I3:J8，然后插入一个饼图，并对其格式进行设置，效果如图 8.74 所示。

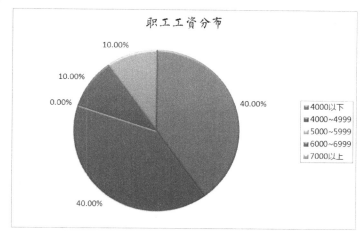

图 8.74　用饼图表示职工工资分布

3. 在 Excel 2010 中打开"销售报表.xlsx"工作簿，选择"按产品"工作表上的所有单元格，然后插入一个柱形图，并对其格式进行设置，图表效果如图 8.75 所示。

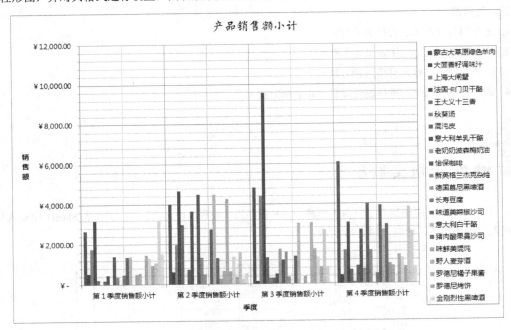

图 8.75　产品销售额分析

第 9 章

数据处理

面对海量的数据时，若要从中获取有价值的信息，就必须掌握数据处理的方法和工具。Excel 2010 提供了许多功能强大的工具，可以帮助用户快速处理工作表数据，以找出所需要的信息。本章将讨论如何在 Excel 2010 中利用各种工具进行数据处理，主要内容包括导入数据、Excel 表格、数据排序、数据筛选以及分类汇总等。

9.1 导入数据

在 Excel 2010 中，除了直接在工作表中输入数据之外，还可以通过各种渠道导入外部数据。例如，可以从文本文件中导入数据，也可以从 Access 数据库中导入数据，还可以从 XML 文档中导入数据，等等。

9.1.1 从文本文件导入数据

在 Excel 2010 中，可以导入作为外部数据区域的文本文件，要求在所导入的文本中使用制表符或符号来分隔文本的每个字段。外部数据区域是指从 Excel 的外部（如数据库或文本文件）导入工作表的数据区域。在 Excel 2010 中，可为外部数据区域中的数据设置格式或用其进行计算，如同对待其他任何数据一样。

若要从文本文件导入数据，可执行以下操作。

（1）在工作表中，单击要用来放置文本文件数据的单元格。

（2）单击"数据"选项卡，在"获取外部数据"组中单击"自文本"选项，如图 9.1 所示。

图 9.1　单击"自文本"

（3）当弹出"导入文本文件"对话框时，定位到存储文本文件的文件夹，找到并选择要导入的文本文件，然后单击"导入"按钮，如图 9.2 所示。

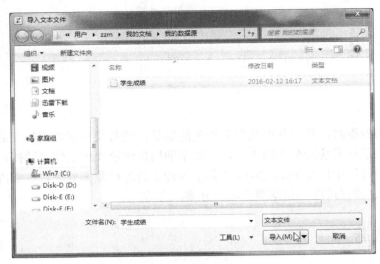

图 9.2　"导入文本文件"对话框

（4）按照"文本导入向导"中的说明进行操作。完成此操作后，即可将文本文件中的数据放置在指定的位置。

【实战演练】创建一个文本文件，然后将其中的数据导入到 Excel 工作表中。

（1）用"记事本"应用程序创建一个文本文件并保存为"学生成绩.txt"；在此文件中输入学生的学号、姓名、性别和出生日期，使用 Tab 键来分隔每个字段，如图 9.3 所示。

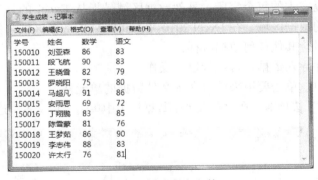

图 9.3　创建文本文件

（2）在 Excel 2010 中创建一个新的空白工作簿，然后将其保存为"导入外部数据.xlsx"。

（3）将工作表 Sheet1 命名为"导入文本文件"，然后在此工作表中单击单元格 A1。

（4）在"数据"选项卡上的"获取外部数据"组中，单击"自文本"。

（5）在"导入文本文件"对话框中，找到并双击在步骤（1）中创建的文本文件。

（6）在如图 9.4 所示的"文本导入向导-步骤 1（共 3 步）"对话框中，选中"分隔符号"，在"文件原始格式"列表中选择"936：简体中文（GB2312）"，然后单击"下一步"按钮。

（7）在如图 9.5 所示的"文本导入向导-步骤 2（共 3 步）"对话框中，选中"分隔符号"下方的"Tab 键"复选框，然后单击"下一步"按钮。

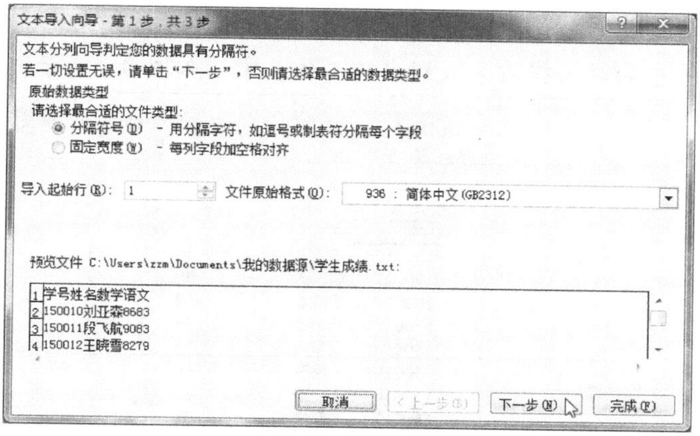

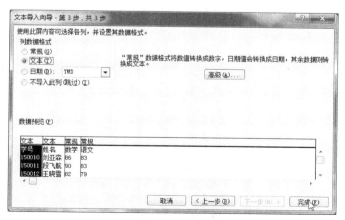

图 9.4　选择文件类型

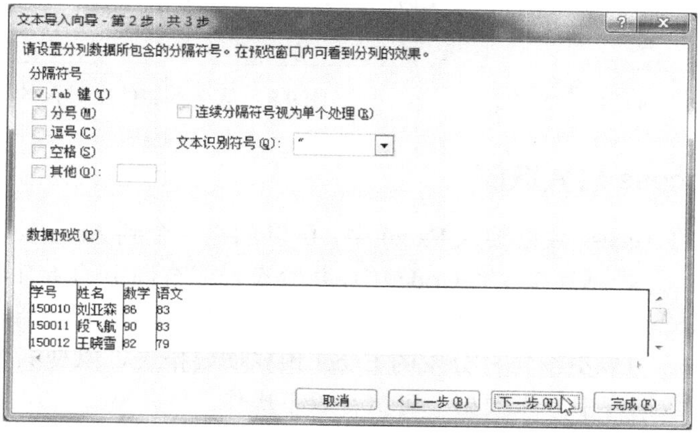

图 9.5　设置分列数据包含的分隔符号

（8）在如图 9.6 所示的"文本导入向导-步骤 3（共 3 步）"对话框中，对各列的数据格式进行设置：学号和姓名均为"文本"，"数学"和"语文"均为"常规"。

图 9.6　设置各列的数据格式

（9）完成上述设置后，单击"完成"按钮。

（10）在如图 9.7 所示的"导入数据"对话框中指定放置数据的位置，单击"现有工作表"，并指定单元格绝对地址为"=$A$1", 然后单击"确定"按钮。

此时, 文本文件中的数据将被导入到当前工作表中, 如图 9.8 所示。

图 9.7　"导入数据"对话框　　　　　图 9.8　从文本文件中导入的数据

9.1.2　从 Access 导入数据

若要将可刷新的 Access 数据装入 Excel 中, 可以创建一个到 Access 数据库的连接, 这个连接通常存储在 Office 数据连接文件(.odc)中, 并检索表或查询中的所有数据。连接到 Access 数据后, 当原始 Access 数据库中的信息更新时, 还可以自动刷新包含该数据库中的数据的 Excel 工作簿。例如, 可以更新每月分发的 Excel 预算摘要报表, 以使其包含当月数据。

若要从 Access 数据库中导入数据, 可执行以下操作。

（1）在工作表中, 单击要存放 Access 数据库中的数据的单元格。

（2）单击"数据"选项卡, 在"获取外部数据"组中单击"自 Access", 如图 9.9 所示。

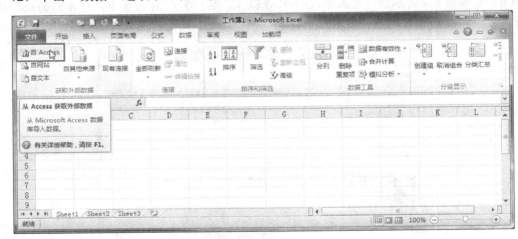

图 9.9　单击"自 Access"

（3）当弹出如图 9.10 所示的"选取数据源"对话框时, 找到并选择要导入的 Access 数据库文件, 然后单击"打开"按钮。

提示：Access 数据库的文件扩展名可以是.mdb 或.accdb。

图 9.10　"选取数据源"对话框

（4）在如图 9.11 所示的"选择表格"对话框中，单击要导入的表或查询，然后单击"确定"按钮。

（5）当弹出如图 9.12 所示的"导入数据"对话框时，在"选择数据显示方式"下，执行下列操作之一。

- 若要以表的形式查看数据，可选择"表"。
- 若要以数据透视表的形式查看数据，可选择"数据透视表"。
- 若要以数据透视图和数据透视表的形式查看数据，可选择"数据透视图和数据透视表"。

（6）在"数据的放置位置"下，执行下列操作之一。

- 若要将数据返回到选择的位置，可单击"现有工作表"。
- 若要将数据返回到新工作表的左上角，可单击"新建工作表"。

图 9.11　"选择表格"对话框

图 9.12　"导入数据"对话框

（7）单击"确定"按钮，完成 Access 数据导入操作。

此时，Excel 会将 Access 数据中的数据放在所指定的位置。

【实战演练】将 Access 示例数据库中的数据导入 Excel 工作表中。

（1）在 Excel 2010 中，打开"导入外部数据.xlsx"工作簿。

（2）将工作表 Sheet2 命名为"导入 Access"，然后单击此工作表中的单元格 A1。

（3）在"数据"选项卡上的"获取外部数据"组中，单击"自 Access"。

（4）在"选取数据源"对话框中，找到并选择 Access 数据库文件"罗斯文.accdb"，然后单击"打开"按钮。

（5）在如图 9.13 所示的"选择表格"对话框中，从列表中选择"产品"表，然后单击"确定"按钮。

（6）在如图 9.14 所示的"导入数据"对话框中，选择"表"选项，在"数据的放置位置"下单击"现有工作表"，并指定单元格绝对地址为"=$A$1"，然后单击"确定"按钮。

图 9.13　选择要导入的数据表　　　　　　图 9.14　在现有工作表中导入表

此时，数据库中的数据将放置在当前工作表中，如图 9.15 所示。

供应商 ID	ID	产品代码	产品名称	说明	标准成本	列出价格	再订购水平	目标水平	单位数量	中断
4	1	NWTB-1	苹果汁		5	30	10	40	10箱 x 20包	FALSE
10	3	NWTCO-3	蕃茄酱		4	20	25	100	每箱12瓶	FALSE
10	4	NWTCO-4	盐		8	25	10	40	每箱12瓶	FALSE
10	5	NWTO-5	麻油		12	40	10	40	每箱12瓶	FALSE
2;6	6	NWTJP-6	酱油		6	20	25	100	每箱12瓶	FALSE
2	7	NWTDFN-7	海鲜粉		20	40	10	40	每箱30盒	FALSE
8	8	NWTS-8	胡椒粉		15	35	10	40	每箱30盒	FALSE
2;6	14	NWTDFN-14	沙茶		12	30	10	40	每箱12瓶	FALSE
6	17	NWTCFV-17	猪肉		2	9	10	40	每袋500克	FALSE
1	19	NWTBGM-19	糖果		10	45	5	20	每箱30盒	FALSE
2;6	20	NWTJP-6	桂花糕		25	60	10	40	每箱30盒	FALSE
1	21	NWTBGM-21	花生		15	35	5	20	每箱30包	FALSE
4	34	NWTB-34	啤酒		10	30	15	60	每箱24瓶	FALSE
7	40	NWTCM-40	虾米		8	35	30	120	每袋3公斤	FALSE
6	41	NWTSO-41	虾子		6	30	10	40	每袋3公斤	FALSE
3;4	43	NWTB-43	柳橙汁		10	30	25	100	每箱24瓶	FALSE
10	48	NWTCA-48	玉米片		5	15	10	100	每箱24包	FALSE
2	51	NWTDFN-51	猪肉干		15	40	10	40	每箱24包	FALSE
1	52	NWTG-52	三合一麦片		12	30	25	100	每箱24包	FALSE
1	56	NWTP-56	白米		3	10	30	120	每袋3公斤	FALSE
1	57	NWTP-57	小米		4	12	20	80	每袋3公斤	FALSE
8	65	NWTS-65	海苔酱		8	30	10	40	每箱24瓶	FALSE
8	66	NWTS-66	肉松		10	35	20	80	每箱24瓶	FALSE
5	72	NWTD-72	酸奶酪		3	8	10	40	每箱2个	FALSE
2;6	74	NWTDFN-74	鸡精		8	15	5	20	每盒24个	FALSE

图 9.15　在 Excel 工作表中导入 Access 数据

9.1.3　从 XML 文档导入数据

XML 是一种简单的数据存储语言，它使用一系列简单的标记来描述数据。虽然 XML 比二进制数据要占用更多的空间，但 XML 极其简单易于掌握和使用。

　　XML 文档是扩展名为.xml 的文本文件，它由两部分组成：文档序言和根元素。序言部分包括必需的 XML 文档声明和一些可选的处理指令等；根元素是文档的顶层元素，其中可以包含一些嵌套子元素。一个 XML 文档具有且仅有一个根元素。

　　Excel 2010 提供了 XML 数据导入功能，可将 XML 文档中的数据导入到 Excel 工作表中。具体操作步骤如下：

　　（1）在工作表中，单击要存放 XML 文档中的数据的单元格。

　　（2）单击"数据"选项卡，在"获取外部数据"组中单击"自其他来源"，然后选择"来自 XML 数据导入"，如图 9.16 所示。

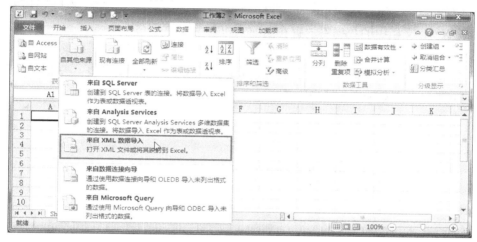

图 9.16　导入 XML 数据

　　（3）当弹出如图 9.17 所示的"选取数据源"对话框时，找到并选择要导入 XML 文档，然后单击"打开"按钮。

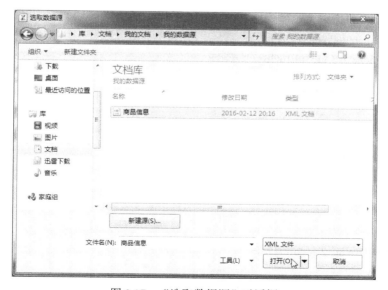

图 9.17　"选取数据源"对话框

（4）在如图 9.18 所示的对话框中单击"确定"按钮，确认 Excel 基于源数据创建架构。

（5）在如图 9.19 所示的"导入数据"对话框中，选择放置 XML 数据的位置，然后单击"确定"按钮。

图 9.18　确认 Excel 基于源数据创建架构　　　　　　图 9.19　"导入数据"对话框

此时，XML 文档中的数据将放置在当前工作表中。

【实战演练】创建一个 XML 文档，然后将其中的数据导入 Excel 工作表中。

（1）利用 Windows 自带的"记事本"应用程序创建一个 XML 文档，其内容如下：

```
<?xml version="1.0" encoding="gb2312"?>
<商品列表>
  <商品>
    <品牌>Apple</品牌>
    <型号>iPhone 6s (A1700) 64GB</型号>
    <价格>5688</价格>
  </商品>
  <商品>
    <品牌>Apple</品牌>
    <型号>iPhone 6s Plus (A1699) 64GB</型号>
    <价格>6488</价格>
  </商品>
  <商品>
    <品牌>>Apple</品牌>
    <型号>iPhone 5s (A1530) 16GB</型号>
    <价格>2488</价格>
  </商品>
  <商品>
    <品牌>华为</品牌>
    <型号>Mate 8 3GB+32GB 版</型号>
    <价格>3199</价格>
  </商品>
  <商品>
    <品牌>小米</品牌>
    <型号>红米 Note 2 16GB</型号>
    <价格>799</价格>
  </商品>
```

```
<商品>
    <品牌>魅族</品牌>
    <型号>MX Pro 16GB 版</型号>
    <价格>999</价格>
  </商品>
</商品列表>
```

将此文档保存为 "商品信息.xml"。

（2）在 Excel 2010 中打开 "导入外部数据.xlsx" 工作簿。

（3）将工作表 Sheet3 命名为 "导入 XML 数据"，然后单击单元格 A1。

（4）在 "数据" 选项卡上的 "获取外部数据" 组中单击 "自其他来源"，然后选择 "来自 XML 数据导入"。

（5）在 "选取数据源" 对话框中，找到并双击在步骤（1）中创建的 XML 文档。

（6）在弹出的对话框中单击 "确定"，在随后弹出的 "导入数据" 对话框中再次单击 "确定" 按钮。此时 XML 文档中的数据将导入到当前工作表中，如图 9.20 所示。

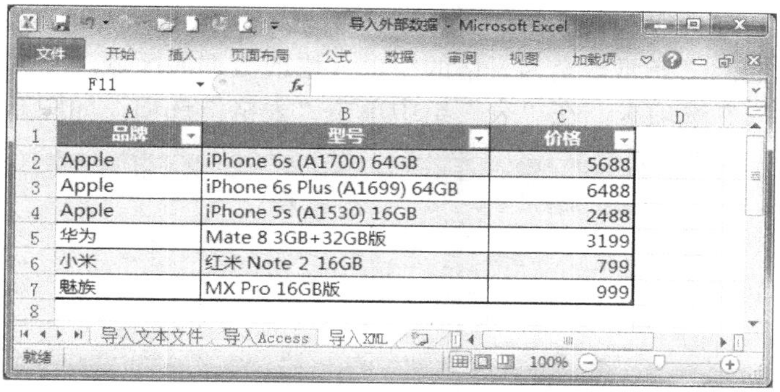

图 9.20　在 Excel 工作表中导入 XML 数据

9.2　使用 Excel 表格

为了更加容易地管理和分析一组相关数据，可以将单元格区域转换为 Excel 表格，这种表格也简称为表。表格是一系列包含相关数据的行和列，这些数据可与工作表上其他行和列中的数据分开进行管理。

9.2.1　Excel 表格概述

默认情况下，表格中的每一列都在标题行中启用了筛选功能，可以快速筛选表数据或对其进行排序。也可以将总计行添加到为每个总计行单元格提供聚合函数下拉列表的表格中。此外，还可以使用表的右下角的大小调整控点可以拖动表格来以调整其大小。要管理多组数据，可以在同一工作表中插入多个表。

使用下列功能可以管理表格数据。

（1）排序和筛选：筛选器下拉列表自动添加在表格的标题行中，可以按升序或降序顺序或者按颜色为表格排序，也可以创建自定义排序顺序。通过筛选表格可使其只显示满足指定条件的数据，也可以按颜色进行筛选。

（2）设置表格数据的格式：通过应用预定义或自定义的表样式可以快速为表格数据设置格式。也可以选择"快速样式"选项，以显示带或不带标题或总计行的表格、应用行或列镶边以使表格更易于阅读，或者将表格的第 1 列或最后一列与其他列区分开。

（3）插入和删除表格的行和列：可以使用多种方法向表中添加行和列。既可以快速在表格的末尾处添加一个空行，或者在表格中包括相邻的工作表行或工作表列，也可以在任意位置插入行和列。根据需要可以删除行和列，还可以从表格中快速删除包含重复数据的行。

（4）使用计算列：要使用一个适用于表格中每一行的公式，可以创建计算列。计算列会自动扩展以包含其他行，从而使公式可以立即扩展到这些行。

（5）显示和计算表格数据总计：可以快速地对表格中的数据进行汇总，即在表格的末尾显示一个总计行，然后使用在每个总计行单元格的下拉列表中提供的函数。

9.2.2　创建 Excel 表格

在 Excel 2010 中创建表格后，就可以独立于该表格外部的数据对该表格中的数据进行管理和分析。例如，可以筛选表格列、添加汇总行以及应用表格格式等。

若要创建表格，可执行以下操作。

（1）在工作表上，选择要转换为表格的空单元格或数据的区域。

（2）单击"插入"选项卡，在"表"组中单击"表格"选项，如图 9.21 所示。

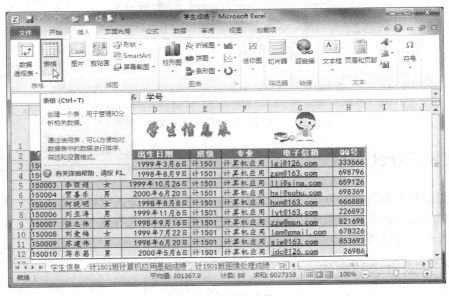

图 9.21　单击"表格"

（3）在如图 9.22 所示的"创建表"对话框中，确认表格数据的来源，然后执行下列操作之一。

● 若选择的区域包含要显示为表格标题的数据，可选中"表格包含标题"复选框。

● 若未选中"表格包含标题"复选框，则表格标题显示为可以更改的默认名称。

图 9.22　"创建表"对话框

提示：从 Access 数据库或 XML 文档中导入数据后，将自动在工作表中创建一个表格。

创建表格后，"表格工具"变得可用，并且会显示"设计"选项卡，使用此选项卡上的工具可以对表格进行自定义或编辑。

【实战演练】基于单元格区域创建 Excel 表格。

（1）打开"学生成绩.xlsx"工作簿。

（2）选择"计 1501 班图像处理成绩"工作表，选择区域 A3:F13。

（3）单击"插入"选项卡，在"表格"组中单击"表格"。

（4）在"创建表"对话框中选中"表格包含标题"复选框，然后单击"确定"按钮。

此时，将在当前工作表中创建一个表格，如图 9.23 所示。

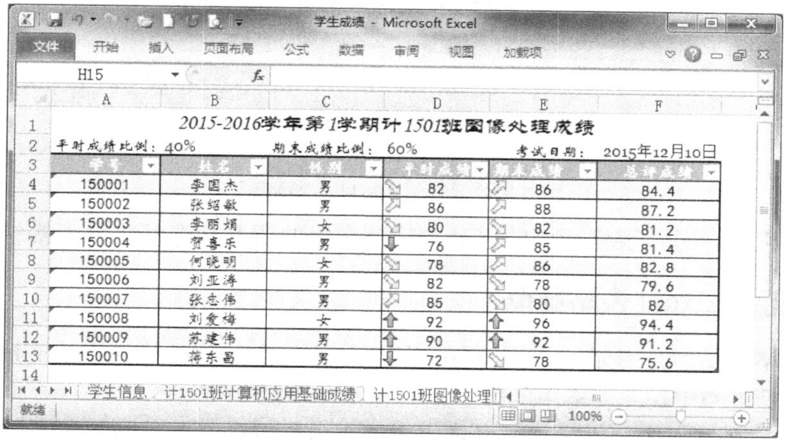

图 9.23　在工作表中创建 Excel 表格

9.2.3　将 Excel 表格转换为区域

如果不再需要 Excel 表格，则可以通过将表格转换为数据区域来删除该表格。具体操作步骤如下。

（1）单击表格中的任意位置，此时将显示"表工具"，同时添加"设计"选项卡。

（2）单击"设计"选项卡，在"工具"组中单击"转换为区域"，如图 9.24 所示。

图 9.24　单击"转换为区域"

（3）在如图 9.25 所示的提示对话框中，单击"是"按钮，以确认转换操作。

提示：要将 Excel 表格转换为区域，也可以用右键单击该表格，指向"表格"，然后选择"转换为区域"命令。此外，还可以单击"快速访问工具栏"上的"撤销"命令来转换刚刚从数据区域创建的 Excel 表格。

图 9.25　确认转换操作

9.2.4 设置 Excel 表格标题

默认情况下，创建表格时会自动添加并显示表格标题。表格标题显示可在工作表上更改的默认名称，如果指定表格包含标题，则它们显示工作表上的标题数据。当显示表格标题时，如果在长表格中移动时，表格标题通过替换工作表标题而与表格列中的数据一起持续可见。

如果不想查看表格标题，可以将它们关闭，具体操作步骤如下。

（1）单击表格中的任意位置，以显示"表格工具"，带有"设计"选项卡。

（2）单击"设计"选项卡，在"表样式选项"组中清除或选中"标题行"复选框以隐藏或显示表格标题，如图 9.26 所示。

图 9.26　设置 Excel 表格标题

当关闭表格标题时，表格标题的自动筛选及应用的所有筛选都将从表格中删除。

9.2.5 汇总 Excel 表格数据

通过在表格的结尾处显示一个汇总行，然后使用每个汇总行单元格的下拉列表中提供的函数，可以快速汇总 Excel 表格中的数据，具体操作步骤如下。

（1）单击表格中的任意位置，以显示"表格工具"，同时显示"设计"选项卡。

（2）单击"设计"选项卡，在"表样式选项"组中选中"汇总行"复选框，如图 9.27 所示。此时汇总行显示为表格中的最后一行，并在最左侧的单元格中显示文字"汇总"。

图 9.27　添加汇总行

（3）在汇总行中，单击要为其计算总计的列中的单元格，然后单击下拉箭头。

（4）在下拉列表中，选择要用于计算总计的函数，可以是"平均值"、"计数"、"数值计数"、"最大值"、"最小值"、"求和"、"标准方差"、"方差"或"其他函数"。

提示：在汇总行中使用的公式并不限于列表中的函数。在任意汇总行单元格中可以输入所需要的任何公式。当在没有汇总行的表格下的紧靠一行中输入公式时，将显示包含公式的汇总行，但不显示文字"汇总"。此外，也可以在汇总行中输入文本项。

【实战演练】 在 Excel 表格中对数据进行汇总计算。

（1）打开"学生成绩.xlsx"工作簿。

（2）单击"计 150 班 1 图像处理成绩"工作表。

（3）单击此工作表中的任意单元格。

（4）在"表格工具"下方单击"设计"选项卡，在"表样式选项"组中选中"汇总行"复选框。

（5）在汇总行中，单击要为其计算总计的列中的单元格（F14），然后单击该单元格右侧显示的下拉列表箭头。

（6）在下拉列表中单击"平均值"，如图 9.28 所示。此时，将在单元格 F14 中显示所有学生总评成绩的平均值。

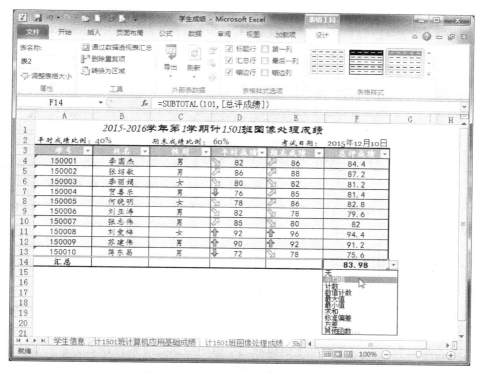

图 9.28　通过汇总计算求出平均成绩

9.3　数据排序

对数据进行排序是数据分析的重要组成部分。既可以对一列或多列中的数据按文本、数字以及日期和时间进行升序或降序排序，也可以按自定义序列（如大、中和小）或格式（包括单元格颜色、字体颜色或图标集）进行排序。对数据进行排序有助于快速直观地显示数据并更好地理解数据，有助于组织并查找所需数据，有助于最终做出更有效的决策。

9.3.1　排序概述

排序条件可以随工作簿一起保存，这样，每当打开工作簿时，都会对 Excel 表格（而不是单元格区域）重新应用排序。如果希望保存排序条件，以便在打开工作簿时可以定期重新应用排序，最好使用 Excel 表格。这对于多列排序或花费很长时间创建的排序尤其重要。

在按升序排序时，Excel 将使用表 9.1 中列出的排序次序，这是默认排序次序。在按降序排序时，则使用相反的排序次序。

表 9.1 默认排序次序

值	说　　明
数字	数字按从最小的负数到最大的正数进行排序
日期	日期按从最早的日期到最晚的日期进行排序
文本	字母数字文本按从左到右的顺序逐字符进行排序。例如，如果一个单元格中含有文本"A100"，Excel 会将这个单元格放在含有"A1"的单元格的后面、含有"A11"的单元格的前面 文本以及包含存储为文本的数字的文本按以下次序排序： 0 1 2 3 4 5 6 7 8 9（空格）! " # $ % & ( ) * , . / : ; ? @ [\ ] ^ _ ` {	} ~ + < = > A B C D E F G H I J K L M N O P Q R S T U V W X Y Z 撇号（'）和连字符（-）会被忽略。但是，如果两个文本字符串除了连字符不同外其余都相同，则带连字符的文本排在后面。汉字按拼音进行排序
逻辑	在逻辑值中，FALSE 排在 TRUE 之前
错误	所有错误值（如 #NUM! 和 #REF!）的优先级相同
空白单元格	无论是按升序还是按降序排序，空白单元格总是放在最后。 空白单元格是空单元格，它不同于包含一个或多个空格字符的单元格

注意： 如果已通过"排序选项"对话框将默认的排序次序更改为区分大小写，则字母字符的排序次序为：a A b B c C d D e E f F g G h H i I j J k K l L m M n N o O p P q Q r R s S t T u U v V w W x X y Y z Z。

9.3.2　按单列排序

若要按单个列进行排序，可执行以下操作。

（1）选择单元格区域中的一列字母数字、数值、日期或时间数据，或者确保活动单元格在包含这些数据的表格列中。

（2）在"数据"选项卡上的"排序和筛选"组中，执行下列操作之一。

● 若要进行升序排序，可单击"升序"按钮 ；
● 若要进行降序排序，可单击"降序"按钮 。

【实战演练】 按学生的出生日期进行升序排序。

（1）打开"学生成绩.xlsx"工作簿。

（2）选择"学生信息"工作表。

（3）选择单元格区域 D9:D20。

（4）单击"数据"选项卡，在"排序和筛选"组中单击"升序" ，如图 9.29 所示。

图 9.29　单击"降序"

（5）在如图 9.30 所示的"排序提醒"对话框中，单击"扩展选定区域"，然后单击"排序"按钮。

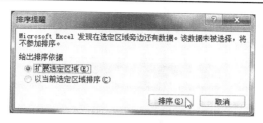

图 9.30　扩展选定区域

按学生的出生日期进行升序排序的结果如图 9.31 所示。

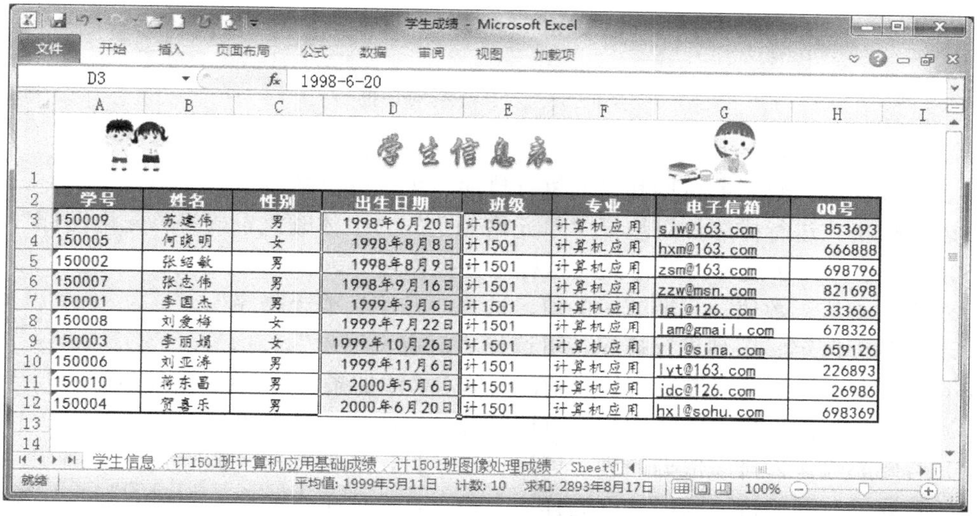

学号	姓名	性别	出生日期	班级	专业	电子信箱	QQ号
150009	苏建伟	男	1998年6月20日	计1501	计算机应用	sjw@163.com	853693
150005	何晓明	女	1998年8月8日	计1501	计算机应用	hxm@163.com	666888
150002	张绍敏	男	1998年8月9日	计1501	计算机应用	zsm@163.com	698796
150007	张志伟	男	1998年9月16日	计1501	计算机应用	zzw@msn.com	821698
150001	李国杰	男	1999年3月6日	计1501	计算机应用	lgj@126.com	333666
150008	刘爱梅	女	1999年7月22日	计1501	计算机应用	lam@gmail.com	678326
150003	李丽娟	女	1999年10月26日	计1501	计算机应用	llj@sina.com	659126
150006	刘亚涛	男	1999年11月6日	计1501	计算机应用	lyt@163.com	226893
150010	蒋东昌	男	2000年5月6日	计1501	计算机应用	jdc@126.com	26986
150004	贺喜乐	男	2000年6月20日	计1501	计算机应用	hxl@sohu.com	698369

图 9.31　按学生的出生日期进行升序排序

9.3.3　按多列排序

当某些数据要按一列中的相同值进行分组，然后将对该组相等值中的另一列进行排序时，可能按多个列或行进行排序。例如，如果工作表有一个"部门"列和一个"职工姓名"列，可以先按部门进行排序（将同一个部门中的所有职工组织在一起），然后按姓名排序（将每个部门内的所有姓名按字母顺序排列）。最多可以按 64 列进行排序。为了获得最佳结果，要排序的单元格区域应包含列标题。

若要按多个列进行排序，可执行以下操作。

（1）选择具有两列或更多列数据的单元格区域，或者确保活动单元格在包含两列或更多列的表格中。

（2）单击"数据"选项卡，在"排序和筛选"组中单击"排序"，如图 9.32 所示。

图 9.32　单击"排序"

（3）在如图 9.33 所示的"排序"对话框中，在"列"下的"排序依据"列表框中选择要排序的第 1 列作为主要关键字。

图 9.33　"排序"对话框

（4）在"排序依据"下选择排序类型，执行下列操作之一。

● 若要按文本、数字或日期和时间进行排序，可选择"数值"。

● 若要按格式进行排序，可选择"单元格颜色"、"字体颜色"或"单元格图标"。

（5）在"次序"下选择排序方式，执行下列操作之一。

● 对于文本值、数值、日期或时间值，选择"升序"或"降序"。

● 若要基于自定义序列进行排序，可选择"自定义序列"。

（6）若要添加作为排序依据的另一列，可单击"添加条件"，然后重复步骤（3）到（5）。

（7）若要复制作为排序依据的列，可选择该条目，然后单击"复制条件"。

（8）若要删除作为排序依据的列，可选择该条目，然后单击"删除条件"。

（9）若要更改列的排序顺序，可选择一个条目，然后单击"向上"或"向下"箭头来更改顺序。列表中位置较高的条目在列表中位置较低的条目之前排序。

（10）单击"确定"按钮。

【实战演练】按学生的总评成绩和姓名排序。

（1）打开"学生成绩.xlsx"工作簿。

（2）选择"计 1501 班图像处理成绩"工作表，单击表格中的任意单元格。

（3）单击"数据"选项卡，在"排序和筛选"组中选择"排序"。

（4）在如图 9.34 所示的"排序"对话框中设置排序条件：选择"总评成绩"作为主要关键字，按其数值进行降序排序；选择"姓名"作为将要关键字，对其值进行升序排序。

图 9.34　设置排序条件

（5）单击"确定"按钮。排序结果如图 9.35 所示。

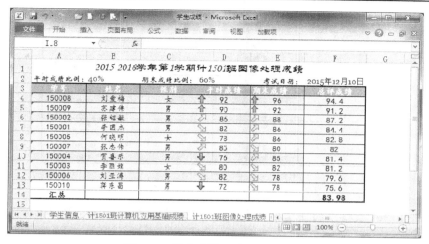

图 9.35 按总成绩和姓名进行排序

9.3.4 按自定义序列排序

在 Excel 2010 中，可以使用自定义序列按用户定义的顺序进行排序。既可以使用内置的星期日期和年月自定义序列，也可以创建自己的自定义序列。

若要按自定义序列进行排序，可执行以下操作。

（1）创建自定义序列。关于创建自定义序列的方法步骤，请参阅本书第 3 章 3.2.4 节。

（2）选择单元格区域中的一列数据，或者确保活动单元格在表格的列中。

（3）在"数据"选项卡上的"排序和筛选"组中单击"排序"选项。

（4）当显示"排序"对话框时，在"列"下的"排序依据"列表框中选择要按自定义序列排序的列。

（5）在"次序"列表框中选择"自定义序列"选项，如图 9.36 所示。

图 9.36 选择"自定义序列"

（6）在"自定义序列"对话框中，选择所需要的序列。

（7）单击"确定"按钮，再次单击"确定"按钮。

【实战演练】首先创建一个自定义序列，然后按该序列对表格数据进行排序。

（1）在 Excel 2010 中创建一个新的空白工作簿，然后将其保存为"数据排序.xlsx"。

（2）创建一个自定义序列，其中包含"教授"、"副教授"、"讲师"和"助教"4 个条目。

（3）将工作表命名为"按自定义序列排序"，然后在此工作表中输入数据，并将包含这些数据的区域转换为 Excel 表格，如图 9.37 所示。

	A	B	C	D
1	职工编号	姓名	性别	职称
2	0001	吕云鹏	男	教授
3	0002	张琳琳	女	助教
4	0003	罗敬之	男	教授
5	0004	黄橙子	女	副教授
6	0005	宋得宝	男	讲师
7	0006	白雪梅	女	助教
8	0007	邹鹏飞	男	教授
9	0008	曹一鸣	女	助教
10	0009	蔡立新	男	讲师
11	0010	蒋国平	男	副教授
12	0011	张汉民	男	助教
13	0012	蒋爱萍	女	助教
14				

图 9.37　创建 Excel 表格

（4）单击 Excel 表格中的任意单元格，然后在"数据"选项卡上的"排序和筛选"组中选择"排序"。

（5）当显示"排序"对话框时，选择"职称"作为主要关键字，排序依据为"数值"，并从"次序"框中选择"自定义序列"；当显示如图 9.38 所示"自定义序列"对话框时，选择"教授，副教授，讲师，助教"序列，然后单击"确定"按钮。

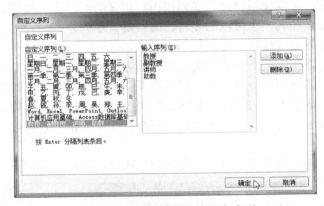

图 9.38　选择要使用的自定义序列

（6）返回"排序"对话框后，单击"添加条件"按钮，选择"姓名"作为次要关键字，设置排序依据为"数值"，并从"次序"列表框中选择"升序"，然后单击"确定"按钮，如图 9.39 所示。

图 9.39　设置数据的排序条件

按自定义序列对 Excel 表格排序后，效果如图 9.40 所示。

职工编号	姓名	性别	职称
0003	罗敬之	男	教授
0001	吕云鹏	男	教授
0007	邹鹏飞	男	教授
0004	黄橙子	女	副教授
0011	张汉民	男	副教授
0009	蔡立新	男	讲师
0010	蒋国平	男	讲师
0005	宋得宝	男	讲师
0006	白雪梅	女	助教
0008	曹一鸣	女	助教
0012	蒋爱萍	女	助教
0002	张琳琳	女	助教

图 9.40　按自定义序列排序的结果

9.3.5　按颜色或图标集排序

如果按单元格颜色或字体颜色手动或有条件地设置了单元格区域或表格列的格式，那么，也可以按这些颜色进行排序。此外，还可以按某个图标集进行排序，这个图标集是通过条件格式创建的。

若要按单元格颜色、字体颜色或图标进行排序，可执行以下操作。

（1）选择单元格区域中的一列数据，或者确保活动单元格在表格的列中。

（2）单击"数据"选项卡，在"排序和筛选"组中单击"排序"。

（3）当显示"排序"对话框时，在"列"下的"排序依据"框中，单击需要排序的列。

（4）在"排序依据"下执行下列操作之一，以选择排序类型：

● 若要按单元格颜色排序，可选择"单元格颜色"。

● 若要按字体颜色排序，可选择"字体颜色"。

● 若要按图标集排序，可选择"单元格图标"。

（5）在"次序"下，单击该按钮旁的箭头，然后根据格式的类型，选择单元格颜色、字体颜色或单元格图标。

（6）在"次序"下执行下列操作之一，以选择排序方式：

● 若要将单元格颜色、字体颜色或图标移到顶部或左侧，对列进行排序时，可选择"在顶端"；对行进行排序时，可选择"在左侧"。

● 若要将单元格颜色、字体颜色或图标移到底部或右侧，对列进行排序时，可选择"在底端"；对行进行排序时，可选择"在右侧"。

注意：没有默认的单元格颜色、字体颜色或图标排序次序。必须为每个排序操作定义所需要的顺序。

（7）若要指定要作为排序依据的下一个单元格颜色、字体颜色或图标，可单击"添加条件"，然后重复执行步骤（3）到步骤（6）。

（8）确保在"排序依据"框中选择同一列，并且在"次序"下进行同样的选择。

（9）对要包括在排序中的每个的单元格颜色、字体颜色或图标，重复上述步骤。

【实战演练】按单元格图标对表格数据进行排序。

（1）打开"数据排序.xlsx"工作簿。

（2）将工作表 Sheet2 命名为"按单元格图标排序"，然后在此工作表中输入数据，并将包含这些数据的区域转换为 Excel 表格。

（3）在上述表格中，使用"四向箭头（彩色）"图标集对"总成绩"列设置条件格式，显示效果如图 9.41 所示。

	A 学号	B 姓名	C 数学	D 语文	E 总成绩
1	学号	姓名	数学	语文	总成绩
2	100001	刘春明	89	92	⬆ 181
3	100002	何红梅	93	95	⬆ 188
4	100003	张中强	76	70	↘ 146
5	100004	丁建军	57	52	⬇ 109
6	100005	黄莺莺	86	92	⬆ 178
7	100006	乔亚楠	90	89	⬆ 179
8	100007	马之章	83	86	↗ 169
9	100008	林颖洁	76	81	↗ 157
10	100009	左文举	90	81	⬆ 171
11	100010	郝宏伟	72	75	↘ 147
12	100011	唐咏秋	93	96	⬆ 189
13	100012	新萍萍	76	79	⬆ 155
14					

图 9.41　使用图标集设置表格格式

（4）单击表格中的任意单元格，在"数据"选项卡上的"排序和筛选"组中单击"排序"。

（5）当显示"排序"对话框时，通过以下操作对排序条件进行设置，如图 9.42 所示。

①选择"总成绩"作为主要关键字，选择"数值"作为排序依据，在"次序"列表框中选择"降序"。

②单击"添加条件"按钮，选择"总成绩"作为次要关键字，选择"单元格图标"作为排序依据，在"次序"列表框中选择向上箭头，并选择"在顶端"。

③重复 3 次添加"总成绩"作为次要关键字，选择"单元格图标"作为排序依据，在"次序"列表中分别选择右上倾箭头、右下倾斜箭头和向下箭头，以设置其排序次序。

图 9.42　设置排序条件

（6）单击"确定"按钮。此时 Excel 表格的排序效果如图 9.43 所示。

	A 学号	B 姓名	C 数学	D 语文	E 总成绩
1	学号	姓名	数学	语文	总成绩
2	100011	唐咏秋	93	96	⬆ 189
3	100002	何红梅	93	95	⬆ 188
4	100001	刘春明	89	92	⬆ 181
5	100006	乔亚楠	90	89	⬆ 179
6	100005	黄莺莺	86	92	⬆ 178
7	100009	左文举	90	81	⬆ 171
8	100007	马之章	83	86	↗ 169
9	100008	林颖洁	76	81	↗ 157
10	100012	新萍萍	76	79	↗ 155
11	100010	郝宏伟	72	75	↘ 147
12	100003	张中强	76	70	↘ 146
13	100004	丁建军	57	52	⬇ 109
14					

图 9.43　按单元格图标对表格数据进行排序

9.4 数据筛选

通过数据筛选可以仅显示那些满足指定条件的行，而隐藏那些不希望显示的行。筛选数据之后，对于筛选过的数据的子集，不需要重新排列或移动就可以复制、查找、编辑、设置格式、制作图表和打印。数据筛选分为自动筛选和高级筛选两种方式，自动筛选又分为按列表值、按格式或按条件 3 种筛选类型。对于单元格区域或表格来说，这些筛选类型是互斥的。

9.4.1 按列表值筛选

通过自动筛选对文本、数字、日期或时间进行筛选，可以方便快捷地查找和使用单元格区域或表列中数据的子集。为了获得最佳的筛选效果，不要在同一列中使用混合的存储格式（如文本和数字，或数字和日期），因为每一列只有一种类型的筛选命令可用。

若要使用自动筛选来得到所需的数据子集，可执行以下操作。

（1）执行下列操作之一。

- 对于单元格区域，选择包含某种存储格式（文本、数值、日期或时间）数据的单元格区域，在"数据"选项卡上的"排序和筛选"组中单击"筛选"，此时列标题中将出现箭头，如图 9.44 所示。
- 对于表格，确保活动单元格位于包含某种存储格式数据的表列中。

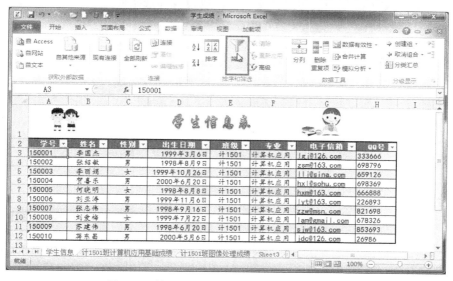

图 9.44 单击"筛选"时在列标题中显示箭头

（2）单击列标题中的箭头，然后执行下列操作之一。

- 从值列表中选择。在值列表中，选择或清除一个或多个要作为筛选依据的值。值列表最多可以达到 10000。如果列表很大，可清除顶部的"（全选）"，然后选择要作为筛选依据的特定值。
- 创建筛选条件。指向"文本筛选"、"数字筛选"或"日期筛选"，然后选择一个比较运算符命令，或者选择"自定义筛选"。对于文本、数字、日期或时间存储格式，可用的筛选命令也是有所不同的，如图 9.45～9.47 所示。

图 9.45　文本筛选命令　　　　　　　　　　图 9.46　数字筛选命令

（3）根据上一步选择的命令，执行下列操作之一。

● 如果在上一步中单击了不包含省略号的命令，将立即执行筛选操作。

● 如果在上一步中单击了带有省略号的命令（如"等于…"或"介于…"）或单击了"自定义筛选"，则会出现如图 9.48 所示的"自定义自动筛选方式"对话框，此时可在右侧框中输入文本或从列表中选择文本值，以设置筛选条件。

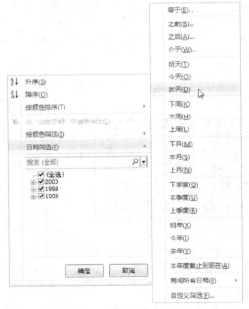

图 9.47　日期筛选命令　　　　　　　　　图 9.48　自定义自动筛选条件

（4）若要添加多个筛选条件，可执行以下操作。

①如果要求两个条件都必须为 True，则选择"与"；如果要求两个条件中的任意一个或者两个都可以为 True，则选择"或"。

②在第 2 个条目中选择比较运算符，在右框中输入文本或从列表中选择文本值。

③单击"确定"按钮。

【实战演练】筛选出实发工资介于 3000 到 5000 的职工。

（1）打开"工资表.xlsx"工作簿。

（2）单击"工资表"工作表，选择单元格区域 A3:G13。

（3）在"数据"选项卡的"排序和筛选"组中单击"筛选"，此时每个标题单元格中将出现箭头 ▼。

（4）在列标题"实发工资"所在单元格 G3 中，单击向下箭头 ▼、指向"数字筛选"，然后选择"介于"命令，如图 9.49 示。

（5）在如图 9.50 所示的"自定义自动筛选方式"对话框中，在第 1 行和第 2 行右侧的文本框中分别输入 3000 和 5000。

（6）单击"确定"按钮。

图 9.49　选择数字筛选命令"介于"

此时将筛选出符合条件的部分职工，如图 9.51 所示。

图 9.50　自定义自动筛选方式　　　　　　　　　图 9.51　通过自动筛选得到的数据子集

9.4.2　按颜色或图标集筛选

如果已手动或有条件地按单元格颜色或字体颜色设置了单元格区域的格式，那么也可以按这些颜色进行筛选。此外，还可以按通过条件格式所创建的图标集进行筛选。

若要按单元格颜色、字体颜色或图标集进行筛选，可执行以下操作。

（1）执行下列操作之一。

● 对于单元格区域，选择一个包含按单元格颜色、字体颜色或图标集设置格式的单元格区域，在"数据"选项卡上的"排序和筛选"组中单击"筛选"，此时列标题中将出现箭头 ▾。

● 对于表格，确保该表列中包含按单元格颜色、字体颜色或图标集设置格式的数据（不需要选择）。

（2）单击列标题中的箭头，然后选择"按颜色筛选"，并根据格式类型选择"按单元格颜色筛选"、"按字体颜色筛选"或"按单元格图标筛选"。

（3）根据格式的类型，从下一级子菜单中选择所需的单元格颜色、字体颜色或单元格图标，如图 9.52 所示。

图 9.52　按单元格颜色筛选

9.4.3　按选定内容筛选

在 Excel 2010 中，可以使用等于活动单元格内容的条件对数据进行快速筛选，具体操作步骤如下。

（1）在单元格区域或表列中，右键单击包含要作为筛选依据的值、颜色、字体颜色或图标的单元格。

（2）单击"筛选"，然后在子菜单中选择下列命令之一，如图 9.53 所示。

● 若要按文本、数字或者按日期或时间进行筛选，可单击"按所选单元格的值筛选"。

● 若要按单元格颜色进行筛选，可单击"按所选单元格的颜色筛选"。

● 若要按字体颜色进行筛选，可单击"按所选单元格的字体颜色筛选"。

● 若要按图标进行筛选，可单击"按所选单元格的图标筛选"。

（3）若要在更改数据后重新应用筛选，可单击区域或表中的某个单元格，然后在"数据"

选项卡上的"排序和筛选"组中单击"重新应用"。

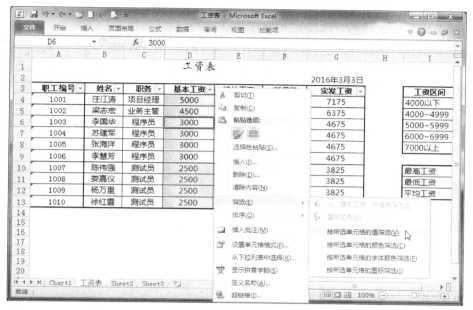

图 9.53　按选定内容筛选

9.4.4　高级条件筛选

若要通过复杂的条件来筛选单元格区域，可使用"数据"选项卡上"排序和筛选"组中的"高级"命令。使用该命令时，可在工作表以及要筛选的单元格区域或表格上的单独条件区域中输入高级条件，然后在"高级筛选"对话框中将单独条件区域用作高级条件的源。

若要使用高级条件筛选，可执行以下操作。

（1）在可用作条件区域的区域上方插入至少 3 个空白行。条件区域必须具有列标签。应确保在条件值与区域之间至少留了一个空白行。

（2）在列标签下面的行中，输入所要匹配的条件。

由于在单元格中输入文本或值时等号（=）用来表示一个公式，因此 Excel 会评估所输入的内容；但这可能会产生意外的筛选结果。为了表示文本或值的相等比较运算符，应在条件区域的相应单元格中输入作为字符串表达式的条件：

="=条目"

其中条目是要查找的文本或值。

以下给出一些复杂条件的设置方法。

- 要查找满足"一列中有多个条件"的行，可直接在条件区域的不同行中依次输入条件。
- 若要用"与"组合多列中的多个条件，可在条件区域的同一行中输入所有条件。
- 若要用"或"组合多列中的多个条件，可在条件区域的不同行中输入条件。
- 多个条件集，其中每个集包括用于多个列的条件。要查找满足这种条件集的行，可在不同的行中输入每个条件集。
- 多个条件集，其中每个集包括用于一个列的条件。要查找满足这种条件集的行，可在多个列中包括同一个列标题。

- 查找共享某些字符而非其他字符的文本值的条件，为此可输入一个或多个不带等号（＝）的字符，以查找列中文本值以这些字符开头的行。例如，如果输入文本"Dav"作为条件，则将找到"Davolio"、"David"和"Davis"。
- 将公式结果用作条件，要求公式必须计算为 TRUE 或 FALSE。不要将列标签用作条件标签；可将条件标签保留为空，或者使用区域中并非列标签的标签。用作条件的公式必须使用相对引用来引用第 1 行中相应的单元格。公式中的所有其他引用必须是绝对引用。

（3）单击待筛选区域中的单元格。

（4）单击"数据"选项卡，在"排序和筛选"组中单击"高级"，如图 9.54 所示。

图 9.54　在"排序和筛选"组中单击"高级"

（5）在如图 9.55 所示的"高级筛选"对话框中，执行下列操作之一。

- 若要通过隐藏不符合条件的行来筛选区域，可单击"在原有区域显示筛选结果"。
- 若要通过将符合条件的数据行复制到工作表的其他位置来筛选区域，可单击"将筛选结果复制到其他位置"，然后在"复制到"编辑框中单击鼠标左键，再单击要在该处粘贴行的区域的左上角。

图 9.55　设置高级筛选

（6）在"条件区域"框中，输入条件区域的引用，其中包括条件标签。若要在选择条件区域时暂时将"高级筛选"对话框移走，可单击"压缩对话框"按钮。

（7）若要更改筛选数据的方式，可更改条件区域中的值，然后再次筛选数据。

提示：可以将某个区域命名为 Criteria，此时"条件区域"框中就会自动出现对该区域的引用。也可以将要筛选的数据区域命名为 Database，并将要粘贴行的区域命名为 Extract，这样，这些区域就会相应地自动出现在"数据区域"和"复制到"框中。将筛选所得的行复制到其他位置时，可以指定要复制的列。在筛选前，可将所需列的列标签复制到计划粘贴筛选行的区域的首行。而当筛选时，可在"复制到"框中输入对被复制列标签的引用。这样，复制的行中将只包含已复制过标签的列。

【实战演练】通过高级筛选筛选出总评成绩高于 80 的所有男同学。

（1）打开"学生成绩.xlsx"工作簿。

（2）选择"计 1501 班图像处理成绩"工作表。

（3）通过以下操作创建条件区域。

①选择单元格区域 A3:F3，按 Ctrl+C 组合键。

②单击单元格 A18，按 Ctrl+V 组合键。

③在单元格 C19 和 F19 中分别输入"男"和">80"，如图 9.56 所示。

（4）单击单元格区域 A3:F15 中的任意单元格。

（5）单击“数据”选项卡，在“排序和筛选”组中单击“高级”。

（6）在如图 9.57 所示的“高级筛选”对话框中执行下列操作。

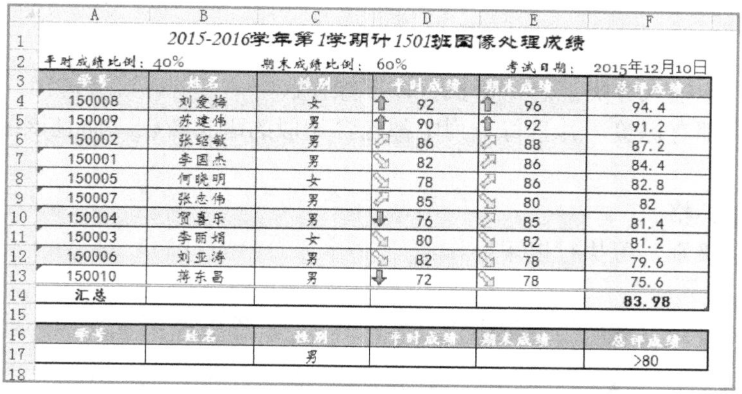

2015-2016学年第1学期计1501班图像处理成绩

平时成绩比例：40%　期末成绩比例：60%　考试日期：2015年12月10日

学号	姓名	性别	平时成绩	期末成绩	总评成绩
150008	刘爱梅	女	92	96	94.4
150009	苏建伟	男	90	92	91.2
150002	张绍敏	男	86	88	87.2
150001	李国杰	男	82	86	84.4
150005	何晓明	女	78	86	82.8
150007	张志伟	男	85	80	82
150004	贺喜乐	男	76	85	81.4
150003	李丽娟	女	80	82	81.2
150006	刘亚涛	男	82	78	79.6
150010	蒋东昌	男	72	78	75.6
汇总					83.98

学号	姓名	性别	平时成绩	期末成绩	总评成绩
		男			>80

图 9.56　创建条件区域

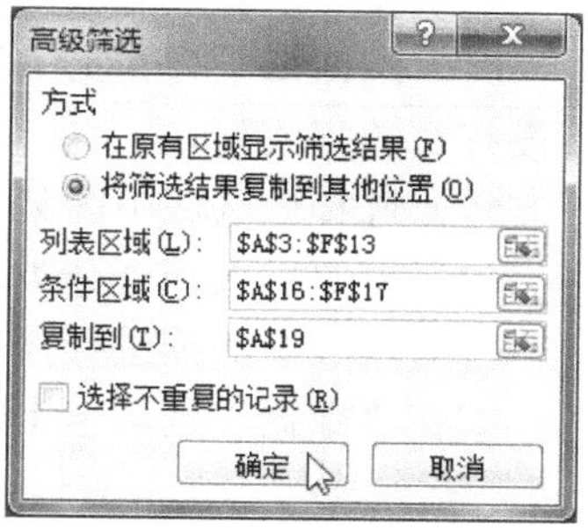

图 9.57　设置高级筛选条件

①在“方式”下选择“将筛选结果复制到其他位置”。

②选择列表区域为$A$3:$F$13。

③选择条件区域为$A$16:$F$17。

④在“复制到”框中指定目标区域左上角单元格为$A$19。

⑤完成上述设置后，单击“确定”按钮。执行高级筛选的结果如图 9.58 所示。

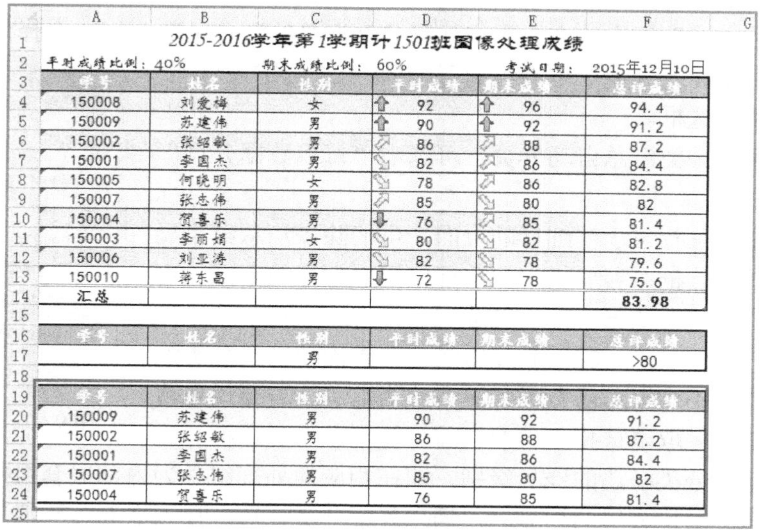

2015-2016学年第1学期计1501班图像处理成绩

平时成绩比例：40%　期末成绩比例：60%　考试日期：2015年12月10日

学号	姓名	性别	平时成绩	期末成绩	总评成绩
150008	刘爱梅	女	92	96	94.4
150009	苏建伟	男	90	92	91.2
150002	张绍敏	男	86	88	87.2
150001	李国杰	男	82	86	84.4
150005	何晓明	女	78	86	82.8
150007	张志伟	男	85	80	82
150004	贺喜乐	男	76	85	81.4
150003	李丽娟	女	80	82	81.2
150006	刘亚涛	男	82	78	79.6
150010	蒋东昌	男	72	78	75.6
汇总					83.98

学号	姓名	性别	平时成绩	期末成绩	总评成绩
		男			>80

学号	姓名	性别	平时成绩	期末成绩	总评成绩
150009	苏建伟	男	90	92	91.2
150002	张绍敏	男	86	88	87.2
150001	李国杰	男	82	86	84.4
150007	张志伟	男	85	80	82
150004	贺喜乐	男	76	85	81.4

图 9.58　高级筛选的结果

9.5　分类汇总

通过使用“数据”选项卡的“分级显示”组中的“分类汇总”命令，可以在数据列表中插入分类汇总和总计。列表是包含相关数据的一系列行；分类汇总是通过 SUBTOTAL 函数利用汇总函数（例如，"求和"或"平均值"）计算得到的，可以为每列显示多个汇总函数类型；总计则是从明细数据派生的，而不是从分类汇总中的值派生的。"分类汇总"命令还会分级显示列表，以便显示和隐藏每个分类汇总的明细行。

9.5.1　插入分类汇总

若要在工作表上的数据列表中插入分类汇总，可执行以下操作。

（1）确保每个列在第 1 行中都有标签，并且每个列中都包含相似的事实数据，而且该区域没有空的行或列。

（2）选择该区域中的某个单元格。

（3）若要插入一个分类汇总级别，可执行以下操作。

①对构成组的列进行排序。

②在"数据"选项卡上的"分级显示"组中单击"分类汇总"，如图 9.59 所示。

图 9.59　单击"分类汇总"

③在如图 9.60 所示的"分类汇总"对话框中，在在"分类字段"列表框中，单击要计算分类汇总的列。

④在"汇总方式"框中单击要用来计算分类汇总的汇总函数，例如选择"求和"。

⑤对于包含要计算分类汇总的值的每个列，在"选定汇总项"列表框中选中其复选框。

⑥若要按每个分类汇总自动分页，可选中"每组数据分页"复选框。

⑦若要指定汇总行位于明细行的上面，可清除"汇总结果显示在数据下方"复选框；若要指定汇总行位于明细行的下面，可选中"汇总结果显示在数据下方"复选框。

⑧（可选）通过重复步骤①到步骤⑦，可再次使用"分类汇总"命令，以便用不同汇总函数添加更多分类汇总。若要避免覆盖现有分类汇总，可取消选择"替换当前分类汇总"复选框。

图 9.60　设置分类汇总

（4）若要插入分类汇总的嵌套级别，即在相应的外部组中为内部嵌套组插入分类汇总，可执行以下操作：对构成组的列排序；插入外部分类汇总；插入嵌套分类汇总；对多个嵌套的分类汇总，重复进行上一步，应从最外层的分类汇总开始进行。

【实战演练】按类别名称对各类产品销售额进行分类汇总。

（1）打开"销售报表.xlsx"工作簿，添加一个工作表并将其命名为"分类汇总"。

（2）单击"源数据"工作表，按 Ctrl+A 组合键，选取所有包含数据的单元格。

（3）单击"分类汇总"工作表，单击单元格 A1。

（4）在"开始"选项卡的"剪贴板"组中单击"粘贴"下的箭头，然后在"粘贴数值"

下选择"值"。

（5）单击包含数据的任一单元格，然后在"数据"选项卡的"排序和筛选"组中单击"筛选"命令。

（6）对构成组的列进行排序，在列标题"产品"所在的单元格中单击向下箭头⊡，然后单击"升序"，如图 9.61 所示。

（7）当显示"分类汇总"对话框时，从"分类字段"列表中选择"类别名称"，从"汇总方式"列表中选择"求和"，在"选定汇总项"列表中选择"产品销售额"，如图 9.62 所示。

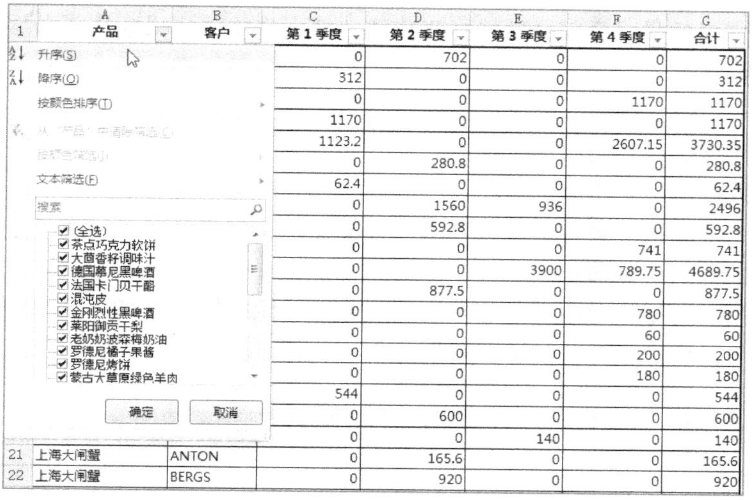

图 9.61 对构成组的列排序

图 9.62 设置分类汇总

（8）单击"确定"按钮。按产品名称对销售额进行分类汇总的结果如图 9.63 所示。

		A	B	C	D	E	F	G
	1	产品	客户	第 1 季度	第 2 季度	第 3 季度	第 4 季度	合计
+	20	茶点巧克力软饼 汇总		943.89	349.6	841.8	851.46	2986.75
+	27	大茴香籽调味汁 汇总		544	600	140	440	1724
+	32	德国慕尼黑啤酒 汇总		0	518	350	42	910
+	52	法国卡门贝干酪 汇总		3182.4	4683.5	9579.5	3060	20505.4
+	67	混沌皮 汇总		187.6	742	289.8	904.75	2124.15
+	83	金刚烈性黑啤酒 汇总		1310.4	1368	1323	1273.5	5274.9
+	93	莱阳御贡干梨 汇总		1084.8	1575	2700	3826.5	9186.3
+	96	老奶奶波森梅奶油 汇总		0	0	1750	750	2500
+	101	罗德尼橘子果酱 汇总		0	4252.5	3061.8	0	7314.3
+	123	罗德尼烤饼 汇总		1462	644	1733	1434	5273
+	137	蒙古大草原绿色羊肉 汇总		2667.6	4013.1	4836	6087.9	17604.6
+	140	秋葵汤 汇总		0	0	288.22	85.4	373.62
+	159	上海大闸蟹 汇总		1768.41	1978	4412.32	1656	9814.73
+	167	漤菜煎饼 汇总		3202.87	263.4	842.88	2590.1	6899.25
+	178	王大文十三香 汇总		225.28	2970	1337.6	682	5214.88
+	194	味道美辣椒沙司 汇总		1347.36	2750.69	1375.62	3899.51	9373.18
+	201	味道美五香秋葵荚 汇总		1509.6	530.4	68	850	2958
+	210	味鲜美馄饨 汇总		499.2	282.75	390	984.75	2156.7
+	229	新英格兰杰克杂烩 汇总		385	1325.03	1582.6	1664.62	4957.25
+	236	野人麦芽酒 汇总		551.6	665	0	890.4	2107
+	248	怡保咖啡 汇总		1398.4	4496.5	1196	3979	11069.9
+	265	意大利白干醋 汇总		1390	4488.2	3027.6	2697	11602.8
+	290	意大利羊乳干酪 汇总		464.5	3639.37	515	2681.87	7300.74
+	297	长寿豆腐 汇总		488	0	0	512.5	1000.5
+	303	猪肉酸果蔓沙司 汇总		0	1300	0	2960	4260
–	304	总计		24612.91	43435.04	41640.74	44803.26	154491.95

图 9.63 按产品名称进行分类汇总的结果（第 2 级别）

9.5.2 分级显示数据列表

在工作表上的数据列表中插入分类汇总之后，数据将划分为 3 个级别：明细数据、分类汇总和总计。还可以在相应的外部组中为内部嵌套组插入分类汇总。明细数据通常与汇总数据相邻，并位于其上方。在分级显示视图中，工作表左侧出现了一些的新的符号，包括分级显示符号 １２３、显示明细数据的符号 ＋ 以及隐藏明细数据的符号 －。使用这些符号，可以显示或隐藏分级显示的数据。具体操作步骤如下：

（1）如果没有看到分级显示符号 １２３、＋ 和 －，可单击"文件"，单击"选项"，单击"高级"分类，然后在"此工作表的显示"部分下选择工作表，然后选中"如果应用了分级显示，则显示分级显示符号"复选框。

（2）执行下面的一项或多项操作：

- 若要显示组中的明细数据，可单击组的 ＋。
- 若要隐藏组中的明细数据，可单击组的 －。
- 若要将整个分级显示展开或折叠到特定级别，可在分级显示符号中，单击所需级别的数字。较低级别的明细数据会隐藏起来。
- 若要显示所有明细数据，可单击分级显示符号 １２３ 中的最低级别。例如，如果有 3 个级别，则单击 ３，此时将显示所有级别的数据，如图 9.64 所示。

1 2 3		A 产品	B 客户	C 第 1 季度	D 第 2 季度	E 第 3 季度	F 第 4 季度	G 合计
	290	意大利羊乳干酪 汇总		464.5	3639.37	515	2681.87	7300.74
	291	长寿豆腐	FRANS	0	0	0	50	50
	292	长寿豆腐	HILAA	128	0	0	0	128
	293	长寿豆腐	MEREP	240	0	0	0	240
	294	长寿豆腐	QUICK	120	0	0	0	120
	295	长寿豆腐	VICTE	0	0	0	112.5	112.5
	296	长寿豆腐	WARTH	0	0	0	350	350
	297	长寿豆腐 汇总		488	0	0	512.5	1000.5
	298	猪肉酸果曼沙司	BONAP	0	340	0	0	340
	299	猪肉酸果曼沙司	GOURL	0	0	0	1600	1600
	300	猪肉酸果曼沙司	LEHMS	0	960	0	0	960
	301	猪肉酸果曼沙司	QUEEN	0	0	0	960	960
	302	猪肉酸果曼沙司	WILMK	0	0	0	400	400
	303	猪肉酸果曼沙司 汇总		0	1300	0	2960	4260
	304	总计		24612.91	43435.04	41640.74	44803.26	154491.95

图 9.64　显示所有明细数据

- 若要隐藏所有明细数据，可单击分级显示符号 １２３ 中的最高级别，即单击 １。

9.5.3 删除分类汇总

若要删除分类汇总，可执行以下操作。

（1）单击列表中包含分类汇总的单元格。

（2）单击"数据"选项卡，然后在"分级显示"组中单击"分类汇总"。

（3）在如图 9.65 所示"分类汇总"对话框中，单击"全部删除"按钮。

提示：当删除分类汇总时，还将删除与分类汇总一起插入列表中的分级显示和任何分页符。

图 9.65　删除分类汇总

本章小结

本章讨论了如何在 Excel 2010 中利用各种工具进行数据处理，主要内容包括导入数据、使用 Excel 表格、数据排序、数据筛选以及分类汇总等。

在 Excel 2010 中，使用"数据"选项卡上的"获取外部数据"组中的命令，可以导入各种类型的外部数据。例如，可以从文本文件、Access 数据库以及 XML 文档中导入数据等。当从 Access 数据库和 XML 文档中导入数据时，将自动在工作表中插入 Excel 表格。

Excel 表格是一系列包含相关数据的行和列，这些数据可与工作表上其他行和列中的数据分开进行管理。默认情况下，表格中的每一列都在标题行中启用了筛选功能，可以快速筛选表数据或对其进行排序，也可以将总计行添加到为每个总计行单元格提供聚合函数下拉列表的表格中。

对数据进行排序是数据分析的重要内容。既可以对一列或多列中的数据按文本、数字以及日期和时间进行升序或降序排序，也可以按自定义序列或格式（颜色或图标集）进行排序。

通过数据筛选可以仅显示那些满足指定条件的行，而隐藏那些不希望显示的行。数据筛选分为自动筛选和高级筛选两种方式。自动筛选又分为按列表值、按格式或按条件三种筛选类型；使用高级筛选时，可在工作表以及要筛选的单元格区域或表格上的单独条件区域中输入高级条件，然后在"高级筛选"对话框中将单独条件区域用作高级条件的源。

使用"数据"选项卡的"分级显示"组中的"分类汇总"命令，可在数据列表中插入分类汇总和总计。分类汇总是利用汇总函数计算得到的，可为每列显示多个汇总函数类型；总计是从明细数据派生的，而不是从分类汇总中的值派生的。"分类汇总"命令还会分级显示列表，以便显示和隐藏每个分类汇总的明细行。

习题 9

一、填空题

1. 将 Access 数据装入 Excel 中时可创建一个数据库连接，此连接通常存储在＿＿＿＿＿＿＿中，并检索＿＿＿或＿＿＿＿＿＿中的所有数据。

2. 若要将 XML 数据导入 Excel 工作表中，可在＿＿＿＿＿＿选项卡上的＿＿＿＿＿＿组中，单击＿＿＿＿＿＿，然后单击＿＿＿＿＿＿＿。

3. 通过数据筛选可以仅显示那些＿＿＿＿＿＿的行，而隐藏那些＿＿＿＿＿＿的行。

4. 自动筛选分为＿＿＿＿、＿＿＿＿＿或＿＿＿＿＿三种筛选类型。

5. 分类汇总是利用＿＿＿＿计算得到的，总计则是从＿＿＿＿派生的。

二、选择题

1. 在 Excel 2010 中，最多可按（　　）列进行排序。

A. 8

B. 16

C. 32

D. 64

2. 使用"高级"命令时，可在（　　）中输入筛选条件。

　　A. 待筛选单元格区域　　　　　　　B. 单独条件区域

　　C. "高级筛选"对话框　　　　　　　D. 不必输入

三、简答题

1. 在 Excel 2010 中，可以使用哪些功能来管理表格数据？

2. 对于单元格区域，如何使标题列中出现向下箭头？

上机实验 9

1. 按产品库存量和产品名称排序，并筛选出"海鲜"和"饮料"类别的产品。

（1）在 Excel 2010 中创建一个新的空白工作簿，将其保存为"数据处理.xlsx"。

（2）在工作表 Sheet1 中，导入 Access 示例数据库 Northwind.mdb 中"各类产品"（查询）数据，由此创建一个 Excel 表格。

（3）以"库存量"为主要关键字、以"产品名称"作为次要关键字，对表格中的数据进行排序。

（4）按列表值进行筛选，以筛选出"海鲜"和"饮料"类别的产品。结果如图 9.66 所示。

	A 类别名称	B 产品名称	C 单位数量	D 库存量	E 中止
2	饮料	浓缩咖啡	每箱24瓶	125	FALSE
3	海鲜	虾米	每袋3公斤	123	FALSE
8	海鲜	鱿鱼	每袋3公斤	112	FALSE
9	饮料	啤酒	每箱24瓶	111	FALSE
11	海鲜	海哲皮	每袋3公斤	101	FALSE
12	海鲜	蚵	每袋3公斤	95	FALSE
14	海鲜	虾子	每袋3公斤	85	FALSE
18	饮料	运动饮料	每箱24瓶	69	FALSE
20	海鲜	海参	每袋3公斤	62	FALSE
22	饮料	柠檬汁	每箱24瓶	57	FALSE
24	饮料	矿泉水	每箱24瓶	52	FALSE
26	海鲜	墨鱼	每袋500克	42	FALSE

图 9.66　数据排序与数据筛选

2. 按产品类别对销售额进行分类汇总。

（1）打开"数据处理.xlsx"工作簿，在工作表 Sheet2 中导入 Access 示例数据库 Northwind.mdb 中的"各类销售额"（查询）数据。

（2）将表格转换为区域，然后按"类别名称"列进行数据排序。

（3）按"类别名称"对各类产品的销售额进行分类汇总。

（4）分级显示数据列表，如图 9.67 所示。

		A 类别ID	B 类别名称	C 产品名称	D 产品销售额
15			点心 汇总		83535.7
23			谷类/麦片 汇总		56871.82
36			海鲜 汇总		66959.22
47			日用品 汇总		115387.62
53			肉/家禽 汇总		80975.11
54		7	特制品	海鲜粉	9186.3
55		7	特制品	鸡精	1000.5
56		7	特制品	烤肉酱	13948.68
57		7	特制品	沙茶	6234.48
58		7	特制品	猪肉干	24570.8
59			特制品 汇总		54940.76
72			调味品 汇总		54490.56
85			饮料 汇总		103924.29
86			总计		617085.08

图 9.67　分级显示数据列表

第 10 章

数据分析

　　第 9 章讨论了如何在 Excel 2010 中导入数据、使用 Excel 表格、数据排序、数据筛选以及分类汇总等。为了做出有关企业中关键数据的决策，往往还需要对工作表中的数据进行分析，以便汇总、浏览、比较和查看摘要数据，并查看发展模式和趋势。在本章中将介绍如何在 Excel 2010 中使用各种工具进行数据分析，主要内容包括使用数据透视表、使用数据透视图以及创建趋势线等。

10.1　使用数据透视表

　　数据透视表是一种交互的、交叉制表的 Excel 报表，用于对多种来源的数据进行汇总和分析。使用数据透视表可以快速汇总大量数据，并深入分析数值数据，还可以回答一些预计不到的数据问题。数据透视表对于汇总、分析、浏览和呈现汇总数据非常有用。

10.1.1　数据透视表概述

　　如果要分析相关的汇总值，尤其是在要合计较大的数字列表并对每个数字进行多种比较时，通常可以使用数据透视表。若要创建数据透视表，必须定义其源数据，并在工作簿中指定位置，以及设置字段布局。在数据透视表中，源数据中的每列或每个字段都将成为汇总多行信息的数据透视表字段，值字段则用来提供要汇总的值。

　　数据透视表是针对以下用途特别设计的。

- 以多种用户友好方式查询大量数据。
- 对数值数据进行分类汇总和聚合，按分类和子分类对数据进行汇总，创建自定义计算和公式。
- 展开或折叠要关注结果的数据级别，查看感兴趣区域摘要数据的明细。
- 将行移动到列或将列移动到行（或"透视"），以查看源数据的不同汇总。
- 对最有用和最关注的数据子集进行筛选、排序、分组和有条件地设置格式，以便能够关注所需的信息。
- 提供简明、有吸引力并且带有批注的联机报表或打印报表。

　　通过定义数据源、排列"数据透视表字段列表"中的字段以及选择初始布局可以创建初始的数据透视表，然后就可以通过数据透视表来执行以下任务。

　　（1）通过执行下列操作浏览数据。

- 展开和折叠数据，并且显示值的基本明细。
- 对字段和项进行排序、筛选和分组。

- 更改汇总函数，并且添加自定义计算和公式。

（2）通过执行下列操作更改布局。

- 更改数据透视表形式：压缩、大纲或表格。
- 在其行上方或下方显示分类汇总。
- 将列字段移动到行区域或将行字段移动到列区域。
- 更改错误和空单元格的显示方式，并且更改没有数据的项和标签的显示方式。
- 更改字段或项的顺序以及添加、重新排列和删除字段。
- 刷新时调整列宽。
- 打开或关闭列和行字段标题，或者显示或隐藏空行。

（3）通过执行下列操作更改格式。

- 对单元格和区域进行手动和有条件格式设置。
- 更改整个数据透视表的格式样式。
- 更改字段的数字格式。

10.1.2　创建数据透视表

要创建数据透视表，需要连接到一个数据源并指定报表的位置，具体操作步骤如下。

（1）选择单元格区域中的一个单元格并确保单元格区域具有列标题，或者将插入点放在一个 Excel 表格中。

提示：创建数据透视表之前，应当准备一个结构良好的数据源。数据透视表的数据源最好是 Excel 表格。在这个表格中，没有空行或空列，每列都有标题，每个字段在每行中都有一个值，列不包含重复的数据组。

（2）在"插入"选项卡的"表格"组中单击"数据透视表"选项，然后选择"数据透视表"命令，如图 10.1 所示。

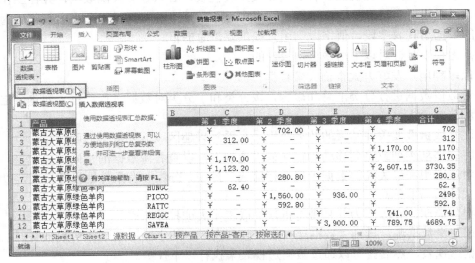

图 10.1　选择"数据透视表"

（3）当弹出如图 10.2 所示"创建数据透视表"对话框时，为数据透视表选择数据源。为此，可执行下列操作之一。

- 选择需要分析的数据。单击"选择一个表或区域",在"表/区域"框中输入单元格区域或表名引用。如果在启动向导之前已选定了单元格区域中的一个单元格,或者已将插入点放在表格中,则该单元格区域或表名引用将显示在"表/区域"框中。若要选择单元格区域或表格,可单击"压缩对话框"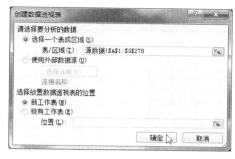以临时隐藏对话框,在工作表上选择相应的区域,然后单击"展开对话框"。

图 10.2　"创建数据透视表"对话框

- 使用外部数据。单击"使用外部数据源",单击"选择连接",此时将显示"现有连接"对话框。在此对话框顶部的"显示"下拉列表中,选择要为其选择连接的连接类别,或者选择"所有现有连接"(默认值),然后从"选择连接"列表框中选择所需的连接,最后单击"打开"按钮。

(4)指定放置数据透视表的目标位置,执行下列操作之一。

- 若要将数据透视表放在新的工作表中,并以单元格 A1 为起始位置,可单击"新建工作表"。
- 若要将数据透视表放在现有工作表中,可单击"现有工作表",然后输入要放置数据透视表的单元格区域的第一个单元格。也可以单击"压缩对话框"以临时隐藏对话框,在工作表上选择单元格以后,再单击"展开对话框"。

(5)单击"确定"按钮。一个空的数据透视表将添加到所指定的位置,并显示出"数据透视表字段列表"窗格。

"数据透视表字段列表"窗格分为两部分:上方的字段部分用于添加和删除字段,下方的布局部分用于重新排列和重新定位字段,如图 10.3 所示。

创建数据透视表之后,可以使用"数据透视表字段列表"窗格来添加字段、创建布局和自定义数据透视表。

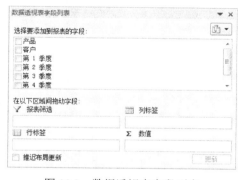

图 10.3　数据透视表字段列表

【实战演练】基于 Excel 表格创建数据透视表。

(1)创建一个新的空白工作簿,并将其保存为"数据分析.xlsx"。

(2)将工作表 Sheet1 和 Sheet2 分别命名为"源数据"和"数据透视表"。

(3)单击"源数据"工作表,单击 A1 单元格。

(4)单击"数据"选项卡,在"获取外部数据"组中单击"自 Access"。

(5)在"选取数据源"对话框中,找到 Access 数据库文件"罗斯文.accdb",选择该文件,然后单击"打开"按钮。

(6)在如图 10.4 所示的"选择表格"对话框中,选择"销售分析",然后单击"确定"按钮。

(7)在如图 10.5 所示的"导入数据"对话框中,选择数据的显示方式为"表",数据的放置位置为现有工作表的$A$1 单元格,然后单击"确定"按钮。

图 10.4 "选择表格"对话框

图 10.5 "导入数据"对话框

此时，Access 数据库中的数据将以表格形式（该表格自动命名为"表_罗斯文.accdb"）插入到工作表中，如图 10.6 所示。

订单ID	订单日期	员工	客户名称	产品名称	销售	省/市/自治区	国家/地区	员工 ID	产品
30	2006-1-15	张雪眉	文成	啤酒	1400	江苏	中国	9	
30	2006-1-15	张雪眉	文成	葡萄干	105	江苏	中国	9	
31	2006-1-20	李芳	国顶有限公司	海鲜粉	300	广东	中国	3	
31	2006-1-20	李芳	国顶有限公司	猪肉干	530	广东	中国	3	
31	2006-1-20	李芳	国顶有限公司	葡萄干	35	广东	中国	3	
32	2006-1-22	郑建杰	威航货运有限公司	苹果汁	270	辽宁	中国	4	
32	2006-1-22	郑建杰	威航货运有限公司	柳橙汁	920	辽宁	中国	4	
33	2006-1-30	孙林	迈多贸易	糖果	276	陕西	中国	6	
34	2006-2-6	张雪眉	国顶有限公司	糖果	184	广东	中国	9	
35	2006-2-10	李芳	东旗	玉米片	127.5	广东	中国	3	
36	2006-2-23	郑建杰	坦森行贸易	虾子	1930	河北	中国	4	
37	2006-3-6	刘英玫	森通	胡椒粉	680	天津	中国	8	
38	2006-3-10	张雪眉	康浦	柳橙汁	13800	江苏	中国	9	
39	2006-3-22	李芳	迈多贸易	玉米片	1275	陕西	中国	3	
40	2006-3-24	郑建杰	广通	绿茶	598	重庆	中国	4	
42	2006-3-24	张颖	广通	酱油	250	重庆	中国	1	
42	2006-3-24	张颖	广通	盐	220	重庆	中国	1	
42	2006-3-24	张颖	广通	糖果	92	重庆	中国	1	
45	2006-4-7	张颖	康浦	虾子	482.5	江苏	中国	1	
45	2006-4-7	张颖	康浦	虾米	920	江苏	中国	1	
46	2006-4-5	金士鹏	祥通	小米	1950	重庆	中国	7	

图 10.6 为数据透视表准备源数据

（8）在"插入"选项卡的"表格"组中单击"数据透视表"，然后单击"数据透视表"；或者单击表格中的任一单元格，在"表格工具"下单击"设计"选项卡，然后在"工具"组中选择"通过数据透视表汇总"。

（9）在如图 10.7 所示的"创建数据透视表"对话框中，选取"选择一个表或区域"选项，此时表名引用"表_罗斯文.accdb"将显示在"表/区域"框中；在"选择放置数据透视图的位置"下选择"现有工作表"，并在"位置"框输入"数据透视表!$A$1"，然后单击"确定"按钮。

此时将在"数据透视表"工作表中插入一个数据透视表，并自动显示出"数据透视表字段列表"窗格，如图 10.8 所示。

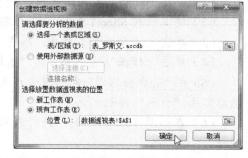

图 10.7 选择数据透视表的数据源和位置

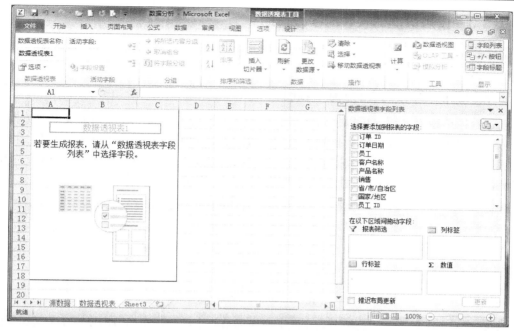

图 10.8　插入数据透视表

（10）利用数据透视表字段列表向数据透视表中添加字段：将"类别"和"产品"依次拖入"行标签"区域中，将"月份"拖到"列标签"区域中，将"销售"字段拖入"数值"区域中。此时数据透视表的布局如图 10.9 所示。

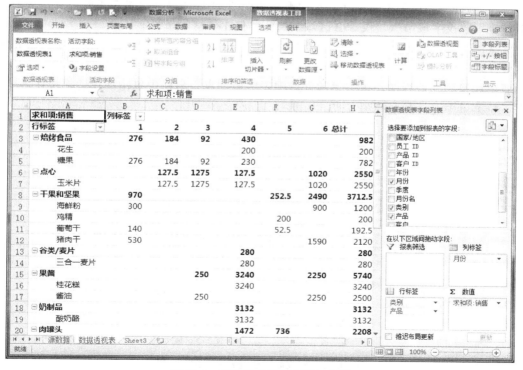

图 10.9　向数据透视表中添加字段

10.1.3　设置数据透视表的字段布局

创建数据透视表后，可以根据需要随意更改数据透视表中的字段布局，以不同方式对数据进行汇总，从不同角度对数据进行分析。

1. 数据透视表字段列表的组成和视图

创建数据透视表之后，可以使用数据透视表字段列表来添加字段。如果要更改数据透视表，可以使用该字段列表来重新排列和删除字段。如果看不到数据透视表字段列表，可单击数据透视表。如果还是看不到数据透视表字段列表，可在"数据透视表工具"下单击"选项"选项卡，然后在"显示/隐藏"组中单击"字段列表"，如图 10.10 所示。

图 10.10　单击"字段列表"

"数据透视表字段列表"窗格分为字段节和布局节两个部分，布局节由以下 4 个区域组成。

- 数值：用于显示汇总数值数据。
- 行标签：用于将字段显示为报表侧面的行。
- 列标签：用于将字段显示为报表顶部的列。
- 报表筛选：基于报表筛选中的选定项来筛选整个报表。

"数据透视表字段列表"窗格有 5 种不同的视图："字段节和区域节重叠"、"字段节和区域节并排"、"仅字段节"、"仅 2×2 区域节"和"仅 1×4 区域节"。

默认情况下，创建数据透视表时，"数据透视表字段列表"窗格自动以"字段节和区域节重叠"视图方式显示，这是默认视图。

若要切换到其他视图，可在"数据透视表字段列表"窗格中单击视图切换按钮，然后在下拉菜单中选择其他视图方式，如图 10.11 所示。

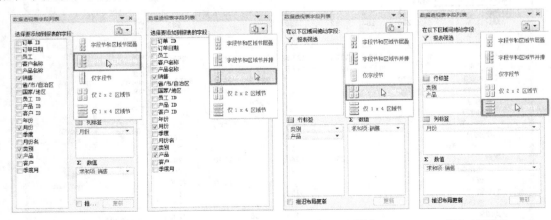

字段节和区域节并排　　　　仅字段节　　　　仅 2×2 区域节　　　　仅 1×4 区域节

图 10.11　更改数据透视表字段列表视图

2. 添加字段

若要将字段添加到数据透视表中，可执行下列操作。

- 在字段部分中选中各字段名称旁边的复选框，如图 10.12 所示，此时字段将被放置在布局部分的默认区域中，非数值字段会被添加到"行标签"区域，数值字段会被添加到"值"区域，但也可以根据需要重新排列这些字段。
- 在字段部分用右键单击字段名称，然后选择"添加到报表筛选"、"添加到列标签"、"添加到行标签"或"添加到值"命令，如图 10.13 所示，将该字段放置在布局部分的特定区域中。

图 10.12 通过选中复选框添加字段

图 10.13 通过右键菜单添加字段

- 在字段部分单击并按住某个字段名，然后在字段部分与布局部分中的某个区域之间拖动该字段。如果要多次添加某个字段，可重复该操作。

3. 重新排列字段

要重新排列字段，可单击区域节中的字段名，然后从下拉菜单中选择下列命令之一，如图 10.14 所示。

- 上移：在区域中将字段上移一个位置。
- 下移：在区域中将字段下移一个位置。
- 移至开头：将字段移到区域的开头。
- 移至末尾：将字段移到区域的末尾。
- 移动到报表筛选：将字段移动到"报表筛选"区域。
- 移动到行标签：将字段移动到"行标签"区域。
- 移动到列标签：将字段移动到"列标签"区域。
- 移动到数值：将字段移动到"值"区域。

4. 设置字段

除了添加和重新排列字段外，也可以对字段的名称或汇总方式进行设置。设置字段可以通过功能区或菜单命令来实现，下面分别加以介绍。

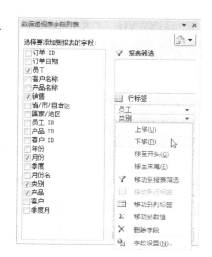

图 10.14 重新排列字段

通过功能区设置字段。在数据透视表中单击要设置的字段，在"数据透视表工具"下单击"选项"选项卡，然后在"活动字段"组中单击"字段设置"命令，如图 10.15 所示。此时将显示如图 10.16 所示的"值字段设置"对话框，在此对话框中可以对自定义名称、汇总方式以及数字格式等选项进行设置。

图 10.15　单击"字段设置"

通过菜单命令设置字段。在"数据透视表字段列表"窗格的某个区域中，单击要设置字段右侧的向下箭头，然后选择"字段设置"命令，如图 10.17 所示，此时也会显示"值字段设置"对话框。

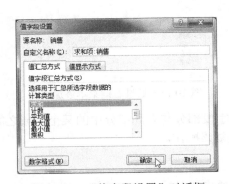

图 10.16　"值字段设置"对话框

图 10.17　选择"值字段设置"命令

5. 删除字段

要删除字段，可执行下列操作之一。

- 在布局区域之一中单击字段名称，然后在下拉菜单中单击"删除字段"命令，如图 10.18 所示。
- 清除字段部分中各字段名称旁边的复选框，删除该字段的所有实例。
- 在布局部分中单击并按住字段名，然后将它拖到数据透视表字段列表之外。

10.1.4　编辑数据透视表

完成数据透视表字段布局设置后，还可以对数据透视表进行各种编辑操作，例如选择和移动数据透视表、重命名数据透视表，以及更改数据透视表的数据源等等。

图 10.18　选择"删除字段"

1. 选择数据透视表

若要选择数据透视表，可在"数据透视表工具"下单击"选项"选项卡，在"操作"组中单击"选择"，然后在下拉菜单中单击"整个数据透视表"命令，如图 10.19 所示。根据需要，也可以在下拉菜单选择"标签与值"、"值"或"标签"命令。

图 10.19　选择"整个数据透视表"

2. 移动数据透视表

对于已经存在的数据透视表，有时可能需要将它移动到其他位置，具体方法是：在"数据透视表工具"下单击"选项"选项卡，然后在"操作"组中单击"移动数据透视表"命令，如图 10.20 所示。此时将弹出如图 10.21 所示的"移动数据透视表"对话框，可选择"新工作表"或"现有工作表"，对于后者还要指定一个具体位置。

图 10.20　选择"移动数据透视表"

3. 重命名数据透视表

在 Excel 2010 中，创建的数据透视表是以默认名称"数据透视表 1"、"数据透视表 2"、……来命名的，也可以根据需要将数据透视表重命名为更直观的名称，具体方法是：在"数据透视表工具"下单击"选项"选项卡，然后在"数据透视表"组中直接输入新的名称，如图 10.22 所示。

图 10.21　"移动数据透视表"对话框

图 10.22　重命名数据透视表

提示：也可以在"数据透视表工具"下单击"选项"选项卡，在"数据透视表"组中单击"选项"，然后选择"选项"，并在弹出的"数据透视表选项"对话框中指定新名称。

4. 展开和折叠数据透视表

若要在数据透视表中展开和折叠明细数据，可以在"数据透视表工具"下单击"选项"选项卡，然后在"活动字段"组中单击"展开整个字段"命令或"折叠整个字段"命令，如图 10.23 所示。

图 10.23　单击"展开整个字段"

也可以在数据透视表中单击行标签字段前面的加号按钮，以展开该字段，或者单击行标签字段前面的减号按钮，以折叠该字段，如图 10.24 所示。

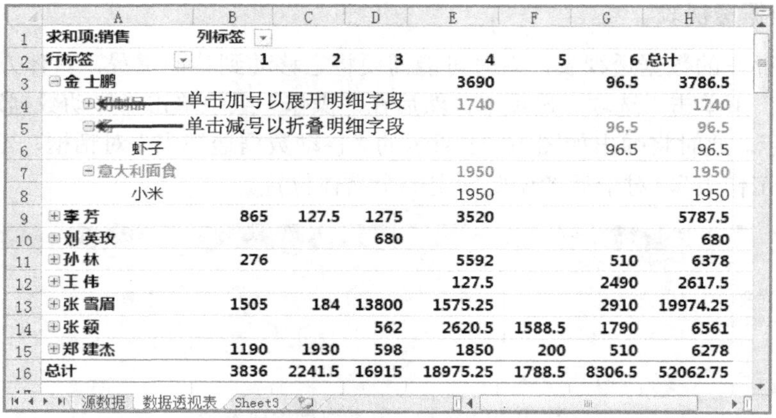

	A	B	C	D	E	F	G	H
1	求和项:销售	列标签						
2	行标签	1	2	3	4	5	6	总计
3	⊟金 士鹏				3690		96.5	3786.5
4	⊞制品——单击加号以展开明细字段				1740			1740
5	⊟——单击减号以折叠明细字段						96.5	96.5
6	虾子						96.5	96.5
7	⊟意大利面食				1950			1950
8	小米				1950			1950
9	⊞李 芳	865	127.5	1275	3520			5787.5
10	⊞刘 英玫			680				680
11	⊞孙 林	276			5592		510	6378
12	⊞王 伟				127.5		2490	2617.5
13	⊞张 雪眉	1505	184	13800	1575.25		2910	19974.25
14	⊞张 颖			562	2620.5	1588.5	1790	6561
15	⊞郑 建杰	1190	1930	598	1850	200	510	6278
16	总计	3836	2241.5	16915	18975.25	1788.5	8306.5	52062.75

图 10.24　通过单击加号或减号按钮展开或折叠明细字段

5. 更改数据透视表的数据源

创建数据透视表后，如果又在数据透视表的数据源区域中添加了数据，并且希望这些数据参与到数据透视表的数据分析中，则需要更改数据透视表的数据源，具体设置方法是：在"数据透视表工具"下单击"选项"选项卡，在"数据"组中单击"更改数据源"，然后在下拉菜单中单击"更改数据源"命令，如图 10.25 所示。此时将弹出如图 10.26 所示的"更改数据透视表数据源"对话框，单击"表/区域"右侧的单元格引用按钮以选择新的数据源区域，然后单击"确定"按钮。

图 10.25　单击"更改数据源"

6. 清除数据透视表

若要从数据透视表中删除所有报表筛选、标签、值和格式，然后重新开始设计布局，可使用"全部清除"命令。这个命令可以有效地重新设置数据透视表，但不会将其删除。数据透视表的数据连接、位置和缓存仍保持不变。

图 10.26　"更改数据透视表数据源"对话框

若要清除数据透视表，可执行以下操作。

（1）单击数据透视表。

（2）在"数据透视表"下单击"选项"选项卡，在"操作"组中单击"清除"，然后单击"全部清除"，如图 10.27 所示。

图 10.27　清除数据透视表

7. 删除数据透视表

对于不再需要使用的数据透视表，应当及时将其删除。操作方法如下：

（1）单击数据透视表。

（2）在"数据透视表"下单击"选项"选项卡，在"操作"组中单击"选择"，然后选择"整个数据透视表"。

（3）按 Delete 键。

10.1.5　设置数据透视表的外观和格式

与 Excel 表格类似，也可以对数据透视表设置外观和格式。根据需要，可以隐藏数据透视表中加号和减号按钮以及字段标题，使数据透视表的外观更像普通表格；还可以更改数据透视表的布局并为数据透视表应用样式。

1. 隐藏加减按钮和字体标题

默认情况下，在创建的数据透视表中会显示类似于"行标签"、"列标签"的字段标题，以及用于展开或折叠明细数据的加减号按钮＋□。为了使数据透视表看起来更像普通表格，可以将字段标题和加减号按钮隐藏起来，具体操作方法是：在"数据透视表工具"下单击"选项"选项卡，然后在"显示"组中分别单击"+/-按钮"或"字段标题"，如图 10.28 所示。

图 10.28　单击"字段标题"

2. 更改数据透视表的布局

创建数据透视表后，可以根据需要更改数据透视表的布局，例如更改分类汇总显示的位置、是否启用汇总功能以及报表布局样式。

（1）若要设置分类汇总功能，可在"数据透视表工具"下单击"设计"选项卡，在"布局"组中单击"分类汇总"，然后在下拉菜单中选择是否显示分类汇总以及显示的位置，如图 10.29 所示。

图 10.29　设置显示分类汇总的位置

（2）若要设置数据透视表的总计选项，可在"数据透视表工具"下单击"设计"选项卡，在"布局"组中单击"总计"，然后在下拉菜单中选择所需的选项，如图 10.30 所示。

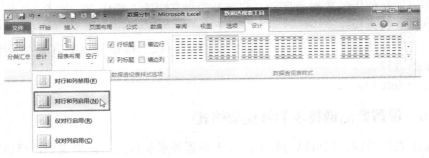

图 10.30　设置总计选项

（3）若要设置数据透视表的整体布局效果，可在"数据透视表工具"下单击"设计"选项卡，在"布局"组中单击"报表布局"，然后在下拉菜单中选择所需要的布局形式，如图 10.31 所示。

图 10.31　设置数据透视表的布局形式

3. 设置数据透视表的样式

与 Excel 表格一样，也可以对数据透视表应用样式，具体操作方法如下：首先选择数据透视表，然后在"数据透视表工具"下单击"设计"选项卡，在"数据透视表样式"组中单击"其他"按钮，然后选择所需要的样式，如图 10.32 所示。

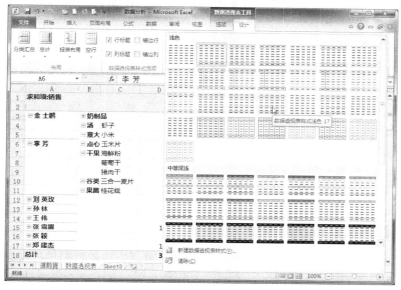

图 10.32 设置数据透视表的样式

【实战演练】设置数据透视表的字段布局和外观样式。

（1）打开工作簿文件"数据分析.xlsx"。

（2）选择"数据透视表"工作表。

（3）从行标签区域中删除"产品"字段，然后在"类别"字段上方添加"员工"字段；将"省/市/自治区"字段添加到报表筛选区域。

（4）将"求和项：销售"更改为"销售额合计"，将"总计"更改为"半年合计"。

（5）将表示月份的数字 1～6 更改为"1 月份"、"2 月份"、"3 月份"、"4 月份"、"5 月份"和"6 月份"。

（6）将字段列表、+/－按钮和字段标题隐藏起来。

（7）对数据透视表应用一种样式。

（8）在"数据透视表工具"下单击"设计"选项卡，在"数据透视表样式选项"组中选中"镶边行"和"镶边列"复选框，如图 10.33 所示。

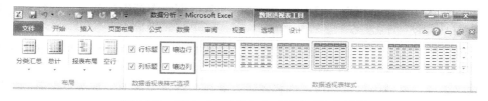

图 10.33 选中"镶边行"和"镶边列"复选框

完成设置后的数据透视表效果如图 10.34 所示。

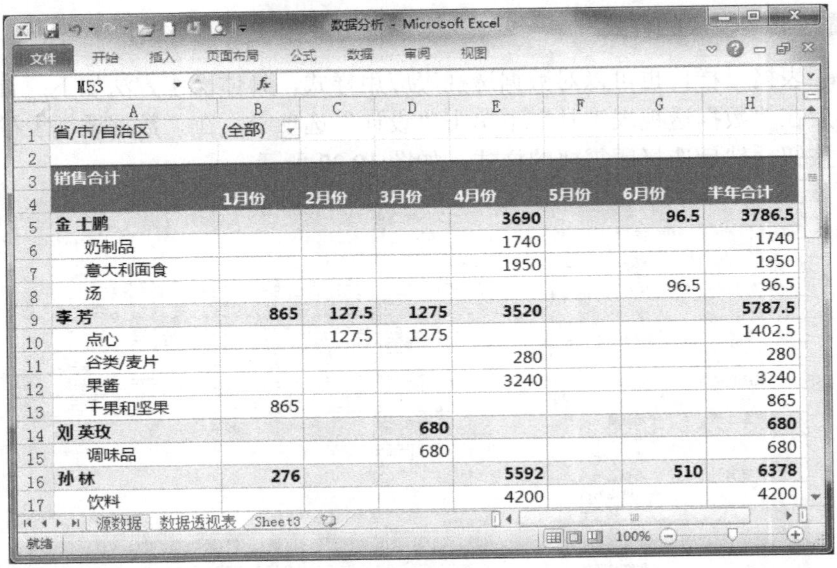

图 10.34　设置后的数据透视表布局和外观

10.1.6　设置数据透视图选项

在 Excel 2010 中，可以使用"数据透视表选项"对话框控制数据透视表的各种设置。具体操作步骤如下。

（1）单击数据透视表，在"数据透视表"下单击"选项"选项卡，在"数据透视表"组中单击"选项"，然后选择"选项"，如图 10.35 所示。

图 10.35　选择"选项"

（2）在如图 10.36 所示的"数据透视表选项"对话框中，可在"名称"框中更改数据透视表的名称。

（3）在此对话框中选择"布局和格式"选项卡，然后对以下选项进行设置。

- 合并且居中排列带标签的单元格：选中此复选框将合并外部行和列项的单元格，以便可以使这些项水平和垂直居中显示。清除此复选框将在项组顶部将外部行和列字段中的项左对齐。
- 压缩表单中缩进行标签：当数据透视表为紧凑格式时，若要缩进行标签区域中的行，可选择缩进级别 0 到 127。
- 在报表筛选区域中显示字段：选择"垂直并排"将首先从上到下按照字段的添加顺序显示报表筛选区域中的字段，然后再转到另一列；选择"水平并排"将首先从左向右按照字段的添加顺序显示报表筛选区域中的字段，然后转到下一行。

- 每列报表筛选字段数：根据"在报表筛选区域中显示字段"的设置，输入或选择在转到下一列或下一行之前要显示的字段数。
- 对于错误值，显示：选中此复选框，然后输入要在单元格中显示的、用于替代错误消息的文本，例如"无效"。清除此复选框将显示错误消息。
- 对于空单元格，显示：选中此复选框，然后输入要在单元格中显示的、用于替代空单元格的文本，例如"空"。
- 更新时自动调整列宽：选中此复选框将调整数据透视表的列，使其自动适合最宽的文本或数值的大小。清除此复选框将保持当前数据透视表的列宽。
- 更新时保留单元格格式：选中此复选框会保存数据透视表的布局和格式，以便每次对数据透视表执行操作时都使用该布局和格式。清除此复选框则不会保存数据透视表的布局和格式，每次对数据透视表执行操作时都使用默认的布局和格式。

（4）在"数据透视表选项"对话框中选择"汇总和筛选"选项卡，然后对以下选项进行设置，如图 10.37 所示。

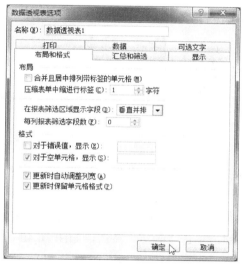

图 10.36　"数据透视表选项"对话框

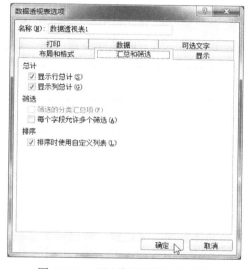

图 10.37　"汇总和筛选"选项卡

- 显示行总计：选中或清除此复选框将显示或隐藏最后一列旁边的"总计"列。
- 显示列总计：选中或清除此复选框将显示或隐藏数据透视表底部的"总计"行。
- 筛选的分类汇总项：选中或清除此复选框将在分类汇总中包含或排除经过报表筛选的项。
- 每个字段允许多个筛选：若选中此复选框，则 Excel 在计算分类汇总和总计时包含所有值，其中包括通过筛选隐藏的那些值；若清除此复选框，则 Excel 在计算分类汇总和总计时只包括显示的项。
- 排序时使用自定义列表：选中或清除此复选框将在 Excel 对列表进行排序时启用或禁用自定义列表的使用。如果对大量的数据进行排序，则清除此复选框还可提高性能。

（5）如果需要，还可以在"数据透视表"对话框中选择"显示"、"打印"或"数据"选项卡，然后对相关选项进行设置。

（6）完成设置后，单击"确定"按钮。

10.1.7　用数据透视表分析和处理数据

数据透视表是一种交互的、交叉制表的 Excel 报表，主要用于对数据进行汇总和分析处理。创建数据透视表后，可以通过它对数据进行排序和筛选，也可以通过创建切片器对数据透视表数据进行筛选。

1. 数据排序

若要针对数据透视表中的某个字段进行数据排序，可先选择该字段的任意数据，在"数据透视表工具"下单击"选项"选项卡，然后在"排序和筛选"组中单击"升序"按钮 或"降序"按钮 ，如图 10.38 所示。

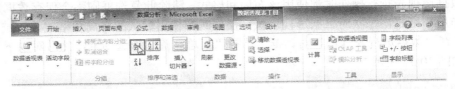

图 10.38　单击"升序"

若要对排序的方向进行设置，在"数据透视表工具"下单击"选项"选项卡，然后在"排序和筛选"组中单击"排序"按钮，当弹出如图 10.39 所示的"按值排序"对话框时，在"排序方向"下选择"从上到下"或"从左到右"选项，然后单击"确定"按钮。

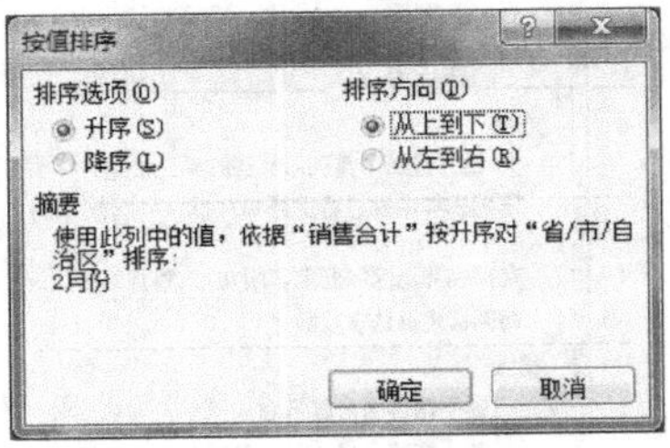

图 10.39　"按值排序"对话框

2. 数据筛选

在数据透视表中，可以按报表筛选字段进行筛选，也可以按行标签或列标签进行筛选。

（1）若要按报表筛选字段进行筛选，可单击该字段旁边的向下箭头 ，在下拉列表框中选中"选择多项"复选框，并选取所需的数据项，然后单击"确定"按钮，如图 10.40 所示。

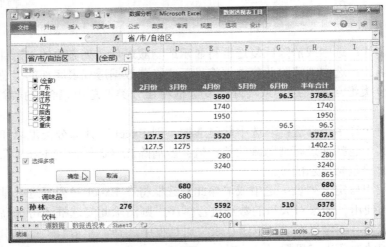

图 10.40　按报表筛选字段进行筛选

（2）若要按行标签字段进行筛选，首先要确保字段标题显示出来，然后单击"行标签"旁边的向下箭头 ▼，在下拉列表框中选中"选择多项"复选框，并选取所需的数据项，然后单击"确定"按钮，如图 10.41 所示。

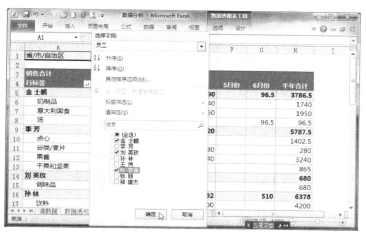

图 10.41　按行标签字段进行筛选

（3）若要按列标签字段进行筛选，首先要确保字段标题显示出来，然后单击"列标签"旁边的向下箭头 ▼，在下拉列表框中选中"选择多项"复选框，并选取所需的数据项，然后单击"确定"按钮，如图 10.42 所示。

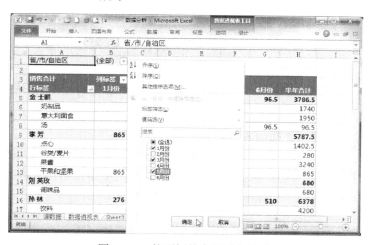

图 10.42　按列标签字段进行筛选

3. 通过切片器筛选

切片器是 Excel 2010 的新增功能。切片器是一种易于使用的筛选组件，它包含一组按钮，可以用来快速地筛选数据透视表中的数据，而无须打开下拉列表以查找要筛选的项目。切片器还会指示当前筛选状态，从而便于准确地了解已筛选的数据透视表中所显示的内容。

若要在数据透视表中创建切片器，可执行以下操作。

（1）单击要为其创建切片器的数据透视表中的任意位置。

（2）在"数据透视表工具"下单击"选项"选项卡，在"排序和筛选"组中单击"插入切片器"，如图 10.43 所示。

图 10.43 单击"插入切片器"

（3）在如图 10.44 所示的"插入切片器"对话框中，选中要为其创建切片器的数据透视表字段的复选框。

（4）单击"确定"按钮。此时，Excel 将为所选中的每一个字段显示一个切片器。切片器外观如图 10.45 所示。

图 10.44 "插入切片器"对话框

A-切片器标题指示切片器中的项目的类别
B-若筛选按钮已选中，则表示该项目包括在筛选器中
C-若筛选按钮未选中，则表示该项目未包括在筛选器中
D-"清除筛选器"按钮，可选中切片器中的所有项目，从而删除筛选器

图 10.45 切片器外观

提示： 当切片器中的项目多于当前可见的项目时，可以使用滚动条滚动查看。使用边界移动和调整大小控件，可以更改切片器的大小和位置。

创建切片器后，可对其格式进行设置。具体方法是：单击要设置格式的切片器，在"切片器工具"下单击"选项"选项卡，在"切片器样式"组中单击所需的样式。若要查看所有可用的样式，可单击"其他"按钮 ▾，如图 10.46 所示。

图 10.46 设置切片器样式

　　创建切片器后，即可用它来筛选数据透视表中的数据。具体操作方法是：在每个切片器中单击要筛选的项目；若要选择多个项目，可按住 Ctrl 键，然后单击要筛选的项目；若要选择所有项目，可单击"清除筛选器"按钮 。

　　若要断开切片器的连接，可单击要为其断开与切片器的连接的数据透视表中的任意位置，在"数据透视表工具"下单击"选项"选项卡，在"排序和筛选"组中单击"插入切片器"箭头，然后单击"切片器连接"，如图 10.47 所示；在如图 10.48 所示的"切片器连接"对话框中，清除要为其断开与切片器的连接的任何数据透视表字段的复选框，然后单击"确定"按钮。

图 10.47　单击"切片器连接"

图 10.48　"切片器连接"对话框

　　若要删除切片器，可单击切片器，然后按 Delete 键；或者用右键单击切片器，然后单击"删除 <切片器名称>"命令。

　　【实战演练】使用切片器筛选数据透视表中的数据。

　　（1）打开工作簿文件"数据分析.xlsx"。

　　（2）选择"数据透视表"工作表。

　　（3）在"数据透视表工具"下单击"选项"选项卡，在"排序和筛选"组中单击"插入切片器"，然后单击"插入切片器"。

　　（4）在"插入切片器"对话框中，选中"员工"和"省/市/自治区"字段的复选框。

　　（5）对切片器应用"切片器深色样式 2"；然后通过切片器筛选出员工李芳、王伟和张颖在广东、江苏和天津的销售数据，结果如图 10.49 所示。

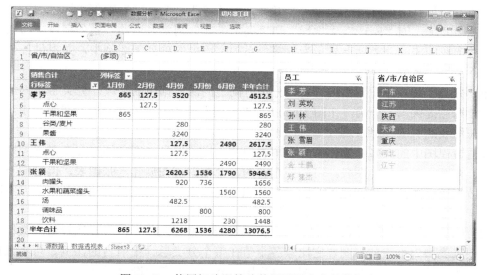
图 10.49　使用切片器筛选数据透视表中的数据

10.2　使用数据透视图

数据透视图以图形形式表示数据透视表中的数据。如同在数据透视表中那样，可以更改数据透视图的布局和数据。数据透视图通常有一个使用相应布局的相关联的数据透视表。两个报表中的字段相互对应。如果更改了某一报表的某个字段位置，则另一报表中的相应字段位置也会改变。

10.2.1　数据透视图概述

与标准图表一样，数据透视图也具有系列、分类、数据标记和坐标轴等元素。除此之外，数据透视图还有一些与数据透视表对应的特殊元素，如图 10.50 所示。

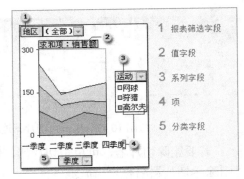

图 10.50　数据透视图

（1）报表筛选字段：用来根据特定项筛选数据的字段。在图 10.50 中，"区域"页字段显示所有区域的数据。若要显示单个区域的数据，可单击"（全部）"旁边的下拉箭头，然后选择区域。

（2）值字段：来自基本源数据的字段，提供进行比较或计算的数据。在如图 10.50 所示的数据透视图中，"销售总额"就是一个值字段，它用于汇总每项运动在各个地区的季度销售情况。第一个分类数据标记（第一季度）在 Y 坐标轴上的值约为 250，这个数值是第一季度网球、旅游、高尔夫球销售额的总和。

（3）系列字段：数据透视图中为系列方向指定的字段。字段中的项提供单个数据系列。在如图 10.49 所示的数据透视图中，"运动"系列字段包含 3 个项：网球、旅行和高尔夫球。在图表中，系列由图例表示。

（4）项：项代表一个列或行字段中的唯一条目，且出现在报表筛选字段、分类字段和系列字段的下拉列表中。在本例中，"一季度"、"二季度"、"三季度"和"四季度"均是"季度"分类字段中的项，而"网球"、"旅行"和"高尔夫球"则是"运动"系列字段中的项。分类字段中的项在图表的分类轴上显示为标签。系列字段中的项列于图例中，并提供各个数据系列的名称。

（5）分类字段：分配到数据透视图分类方向上的源数据中的字段。分类字段为那些用来绘图的数据点提供单一分类。在图 10.50 中，"季度"就是一个分类字段。在图表中，分类通常出现在图表的 X 轴或水平轴上。

数据透视图中的大多数操作和标准图表中的一样，但是二者之间也存在以下差别。

（1）交互：对于标准图表，可为要查看的每个数据视图创建一张图表，但它们不交互。而对于数据透视图，只要创建单张图表就可通过更改报表布局或显示的明细数据以不同的方式交互查看数据。

（2）图表类型：标准图表的默认图表类型为簇状柱形图，它按分类比较值。数据透视图的默认图表类型为堆积柱形图，它比较各个值在整个分类总计中所占的比例。可将数据透视图类型更改为除 XY 散点图、股价图和气泡图之外的其他任何图表类型。

（3）图表位置：默认情况下，标准图表是嵌入在工作表中。而数据透视图默认情况下是创建在图表工作表上的。数据透视图创建后，还可将其重新定位到工作表上。

（4）源数据：标准图表可直接链接到工作表单元格中。数据透视图可以基于相关联的数据透视表中的几种不同数据类型。

（5）图表元素：除了包含与标准图表相同的元素外，数据透视图还包括字段和项，可以添加、旋转或删除字段和项来显示数据的不同视图。标准图表中的分类、系列和数据分别对应于数据透视图中的分类字段、系列字段和值字段。数据透视图中还可包含报表筛选，而这些字段中都包含项，这些项在标准图表中显示为图例中的分类标签或系列名称。

（6）移动或调整项的大小：在数据透视图中，即使可为图例选择一个预设位置并可更改标题的字体大小，但是无法移动或重新调整绘图区、图例、图表标题或坐标轴标题的大小。而在标准图表中，可移动和重新调整这些元素的大小。

10.2.2　创建数据透视图

要创建数据透视图，需要连接到一个数据源，并输入报表的位置。具体操作步骤如下：

（1）选择单元格区域中的一个单元格并确保单元格区域具有列标题，或者将插入点放在一个 Excel 表格中。

（2）在"插入"选项卡的在"表格"组中单击"数据透视表"，然后选择"数据透视图"，如图 10.51 所示。

图 10.51　选择"数据透视图"

（3）在如图 10.52 所示的"创建数据透视表及数据透视图"对话框中，通过执行下列操作之一来选择数据源。

图 10.52　设置数据透视图的源数据和位置

- 选择需要分析的数据：单击"选择一个表或区域"，然后在"表/区域"框中输入单元格区域或表名引用。若在启动向导之前选定了单元格区域中的一个单元格或者插入点在表中，则该单元格区域或表名引用将显示在"表/区域"框中。若要选择单元格区域或表格，可单击"压缩对话框" 以临时隐藏对话框，并在工作表上选择相应的区域，然后单击"展开对话框" 。
- 使用外部数据：单击"使用外部数据源"，单击"选择连接"，当显示"现有连接"对话框时，在对话框顶部的"显示"下拉列表中选择连接类别，或者选择"所有现有连接"（默认值）；然后从"选择连接"列表框中选择连接，并单击"打开"按钮。

（4）通过执行下列操作之一输入位置：

● 若要将数据透视图放在新工作表中并以单元格 A1 为起始位置，可单击"新建工作表"。

● 若要将数据透视图放在现有工作表中，可选择"现有工作表"，然后输入要放置数据透视表的单元格区域的第一个单元格。也可以单击"压缩对话框" ▦ 以临时隐藏对话框，在工作表上选择单元格以后，再单击"展开对话框" ▦。

（5）完成设置后，单击"确定"按钮。

此时，将在工作表中插入一个数据透视图，并在紧靠该数据透视图的位置创建一个相关联的数据透视表。相关联的数据透视表是为数据透视图提供源数据的数据透视表。新建数据透视图时，将自动创建数据透视表。若更改其中一个报表的布局，另外一个报表也随之更改。

【实战演练】 基于 Excel 表格创建数据透视图。

（1）打开"数据分析.xlsx"工作簿。

（2）将 Sheet3 工作表重命名为"数据透视图"。

（3）单击"源数据"工作表，单击 Excel 表格中的任一单元格。

（4）在"插入"选项卡的"表格"组中单击"数据透视表"，然后单击"数据透视图"。

（5）当弹出如图 10.53 所示的"创建数据透视表"对话框时，选择"选择一个表或区域"，表格名称"表_罗斯文.accdb"出现在"表/区域"框中。

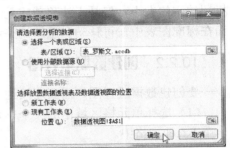

图 10.53　"创建数据透视表"对话框

（6）选择"现有工作表"，然后选择"数据透视图"工作表中的单元格 A1。

（7）单击"确定"按钮。此时将在指定工作表中插入数据透视图和相关联的数据透视表，并出现数据透视表字段列表和数据透视图筛选窗格，如图 10.54 所示。

图 10.54　创建数据透视图和相关的数据透视表

（8）利用数据透视表字段列表向数据透视图和数据透视表中添加字段：将"省/市/自治区"字段拖到"报表筛选"区域中；将"类别"字段拖到"图例字段（系列）"区域中；将"月

份"字段拖到"轴字段（分类）"区域中；"销售"字段拖到"数值"区域中。

此时的数据透视图布局效果（相关的数据透视表位于其下方），如图 10.55 所示。

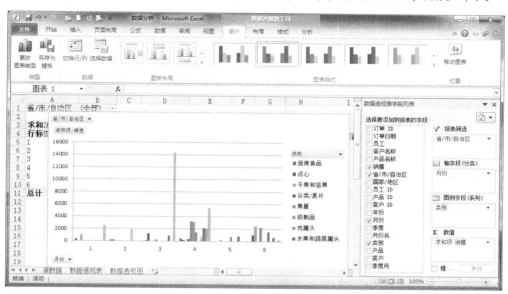

图 10.55　数据透视图和数据透视表的布局效果（簇状柱形图）

（9）在"数据透视图工具"下单击"设计"选项卡，在"类型"组中单击"更改图表类型"，如图 10.56 所示。

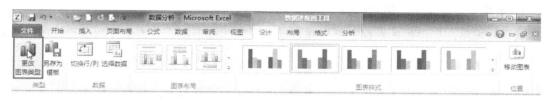

图 10.56　单击"更改图表类型"

（10）当弹出如图 10.57 所示的"更改图表类型"对话框时，单击"堆积柱形图"，然后单击"确定"按钮。

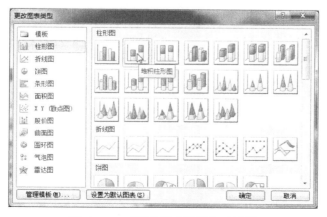

图 10.57　"更改图表类型"对话框

此时的数据透视图效果如图 10.58 所示。

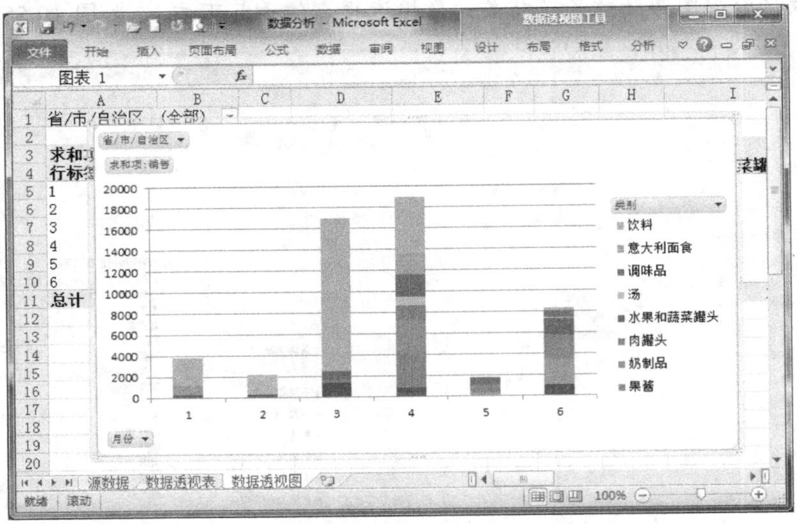

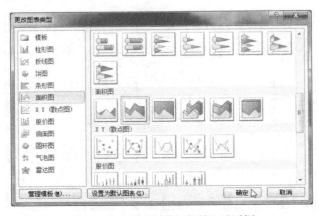

图 10.58　数据透视图效果（堆积柱形图）

10.2.3　编辑数据透视图

创建数据透视图之后，可以根据需要对其进行各种各样的编辑操作。例如更改数据透视图的图表类型，移动、清除以及删除数据透视图等。

1. 更改数据透视图的图表类型

默认情况下，新添加的数据透视图将自动使用簇状柱形图。若要更改数据透视图的图表类型，可执行以下操作。

（1）单击要更改其图表类型的数据透视图。

（2）在"数据透视图工具"下单击"设计"选项卡，然后在"类型"组中单击"更改图表类型"。

（3）在如图 10.59 所示的"更改图表类型"对话框中，在"模板"下单击一个图表类型，然后在右边的框中单击所需的子类型。

图 10.59　"更改图表类型"对话框

（4）单击"确定"按钮。

2. 移动数据透视图

默认情况下，数据透视图总是与相关的数据透视表一起包含在同一个工作表中。创建数据透视图之后，可以通过鼠标拖动在当前工作表中移动数据透视图的位置。若要将数据透视图移动到其他工作表中，可执行以下操作。

（1）单击要移动的数据透视图。

（2）在"数据透视图工具"下单击"设计"选项卡，在"位置"组中单击"移动图表"。

（3）当弹出如图 10.60 所示的"移动图表"对话框中，执行下列操作之一：

图 10.60　"移动图表"对话框

● 若要将数据透视图移动到新工作表中，可单击"新工作表"并指定其名称。

● 若要将数据透视图移动现有工作表中，可单击"对象位于"并选择一个工作表。

（4）单击"确定"按钮。

3. 在数据透视图中筛选数据

在数据透视图中可使用字段按钮对数据进行筛选，具体操作方法是：在数据透视图上单击字段按钮中的向下箭头 ▾，在下拉列表框中选中"选择多项"复选框，并选取所需的数据项，然后单击"确定"按钮，如图 10.61 所示。

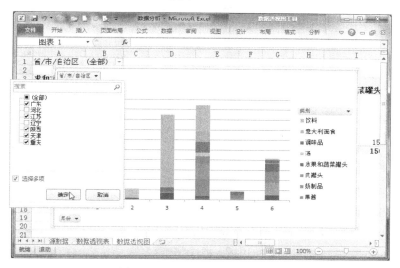

图 10.61　用字段按钮筛选数据

4. 清除数据透视图

若要清除数据透视图，可执行以下操作。

（1）单击要清除的数据透视图。

（2）在"数据透视图"下单击"分析"选项卡，在"数据"组中单击"清除"，然后单击"全部清除"。

5. 删除数据透视图

若要删除数据透视图，可执行以下操作。

（1）单击要删除的数据透视图。

（2）按 Delete 键。

10.3 创建趋势线

趋势线是一种以线段形式显示某个系统中数据的变化执行的图表，它以图形的方式表示数据系列的趋势。例如，向上倾斜的线表示几个月中增加的销售额。趋势线用于问题预测研究，通常也称为回归分析。

10.3.1 添加趋势线

创建图表之后，还可以在其中添加趋势线，以便对数据的变化趋势进行预测。在图表中添加趋势线的操作步骤如下：

（1）单击要在其中添加趋势线的图表或数据透视图。

（2）单击"布局"选项卡，在"分析"组中单击"趋势线"，然后单击所需的趋势线类型，如图 10.62 所示。

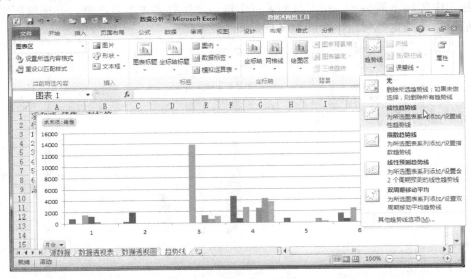

图 10.62　选择趋势线类型

图 10.63　"添加趋势线"对话框

（3）在如图 10.63 所示的"添加趋势线"对话框中，选择要为其添加趋势线的系列，然后单击"确定"按钮。

【实战演练】在图表中添加趋势线。

（1）打开"数据分析.xlsx"工作簿。

（2）添加一个新工作表并将其命名为"趋势线"。

（3）选择"源数据"工作表，单击 Excel 表格。

（4）在"趋势线"工作表中，基于 Excel 表格插入一个数据透视图（簇状柱形图），如图 10.64 所示。

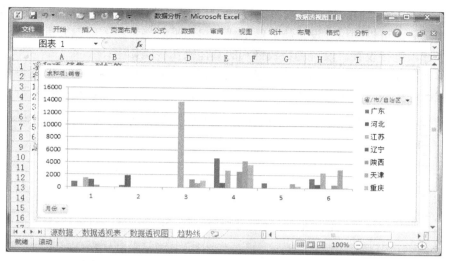

图 10.64　在工作表中插入数据透视图（簇状柱形图）

（5）单击该数据透视图。

（6）在"数据透视图工具"下单击"布局"选项卡，在"分析"组中单击"趋势线"，然后单击"线性趋势线"。

（7）在如图 10.65 所示的"添加趋势线"对话框中，单击"广东"，然后单击"确定"按钮。

（8）多次重复步骤（4）和（5），分别为数据系列"河北"、"江苏"、"辽宁"、"陕西"、"天津"和"重庆"添加趋势线。

在数据透视图中添加趋势线后的效果如图 10.66 所示。

图 10.65　选择数据系列

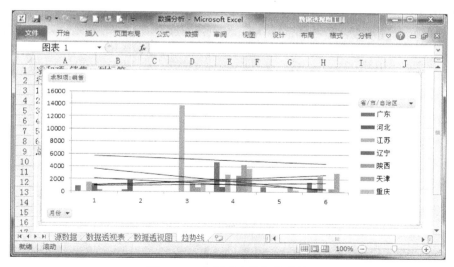

图 10.66　在图表中添加趋势线

10.3.2　设置趋势线格式

默认情况下，所添加的趋势线线条比较细，与图表中的数据分隔线相似，不容易看清楚。添加趋势线之后，可以利用"设置趋势线格式"对话框对趋势线的回归分析类型、线条颜色以及线型等选项进行设置。设置趋势线格式的具体操作步骤如下：

（1）单击图表，选择"布局"选项卡，然后在"当前所选内容"组顶部列表框中选择要设置其格式的趋势线，如图 10.67 所示；在同一组中单击"设置所选内容格式"。

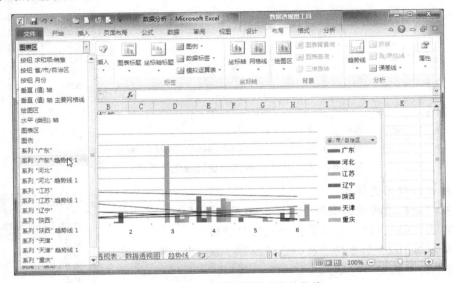

图 10.67　选择要设置格式的趋势线

（2）在"设置趋势线格式"对话框中，选择"趋势线选项"，然后更改回归分析类型并对趋势线进行命名，如图 10.68 所示；选择"线条颜色"，然后对线条的类型和颜色进行设置，如图 10.69 所示。

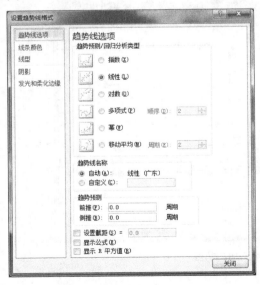

图 10.68　设置趋势线选项

图 10.69　设置趋势线线条颜色

（3）在"设置趋势线格式"对话框中选择"线型"，然后对线宽、线型和箭头进行设置，如图 10.70 所示；选择"阴影"，然后对趋势线阴影选项进行设置，如图 10.71 所示。

图 10.70 设置趋势线线型

图 10.71 设置趋势线阴影效果

（4）完成设置后，单击"关闭"按钮。

【实战演练】对趋势线格式进行设置。

（1）打开"数据分析.xlsx"工作簿。

（2）选择"趋势线"工作表。

（3）在"数据透视图工具"下单击"布局"选项卡，在"当前所选内容"组顶部列表框中选择系列"广东"的趋势线 1，然后在同一组中单击"设置所选内容格式"。

（4）在"设置趋势线格式"对话框中，将趋势线的回归分析类型设置为"多项式"，更改其颜色，将其线宽设置为 1 磅。

（5）对其他系列的趋势线，重复步骤（3）和（4），将趋势线的回归分析类型均设置为"多项式"，线宽均设置为 1 磅，分别设置为不同的颜色。效果如图 10.72 所示。

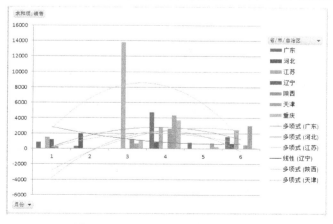

图 10.72 设置趋势线格式后的效果

本章小结

　　本章讨论了如何在 Excel 2010 中进行数据分析，主要内容包括使用数据透视表、使用数据透视图以及创建趋势线等。

　　数据透视表是一种交互的、交叉制表的 Excel 报表，用于对多种来源的数据进行汇总和分析。如果要分析相关的汇总值，尤其是在要合计较大的数字列表并对每个数字进行多种比较时，通常可以使用数据透视表。要创建数据透视表，需要连接到一个数据源（单元格区域或 Excel 表格），并指定报表的位置（新工作表或现有工作表）。创建数据透视表之后，可以使用数据透视表字段列表来添加字段、创建布局和自定义数据透视表，也可以使用"数据透视表选项"对话框控制数据透视表的各种设置。通过数据透视表对数据进行排序和筛选，也可以通过创建切片器对数据透视表数据进行筛选。

　　数据透视图以图形形式表示数据透视表中的数据。如同在数据透视表中那样，可以更改数据透视图的布局和数据。数据透视图通常有一个使用相应布局的相关联的数据透视表。两个报表中的字段相互对应。如果更改了某一报表的某个字段位置，则另一报表中的相应字段位置也会改变。要创建数据透视图，需要连接到一个数据源，并输入报表的位置。数据透视图与标准图表有许多相似之处，可以使用设置图表的方法对数据透视图进行设置。学习时不仅掌握创建数据透视图的方法，也要掌握数据透视力的各种操作，例如更改数据透视图的图表类型，移动、清除以及删除数据透视图等。

　　趋势线是一种以线段形式显示某个系统中数据的变化执行的图表，它以图形的方式表示数据系列的趋势。创建标准图表或数据透视图之后，可以在其中添加趋势线，以便对数据的变化趋势进行预测。为了便于用户查看趋势线，还可以利用"设置趋势线格式"对话框对趋势线的回归分析类型、线条颜色以及线型等选项进行设置。

习题 10

一、填空题

1. 数据透视表的数据源可以是_____或_____。

2. 要创建数据透视表，可在_____选项卡的____组中单击_____，然后单击_____。

3. 放置数据透视表的位置可以是_____或_____。

4. 如果看不到数据透视表字段列表，可单击_____。如果还是看不到数据透视表字段列表，可在"选项"选项卡的_____组中单击_____。

5. 在数据透视表中可通过_____、_____和_____对数据进行筛选。

6. 要在切片器中选择多个项目，可按住_____键并单击要筛选的项目。

7. 要选中切片器中的所有项目，可单击_____按钮。

8. 数据透视图包含一些与_____对应的特殊元素。

9. 要设置趋势线的格式，可在_____选项卡的_____组顶部列表框中选择该趋势线，然后在同一组中单击＿＿＿＿＿＿＿＿＿＿＿。

二、选择题

1. 在下列各项中，（　　）不是数据透视表字段列表中的区域。
   - A. "报表筛选"　　　　　　　　　B. "列标签"
   - C. "行标签"　　　　　　　　　　C. "汇总"

2. 在下列各项中，（　　）不属于趋势预测/回归分析的类型。
   - A. 指数　　　　　　　　　　　　B. 正弦
   - C. 对数　　　　　　　　　　　　C. 多项式

3. 在下列各项中，"数据透视表字段列表"窗格的默认视图是（　　）。
   - A. 字段节和区域节重叠　　　　　B. 字段节和区域节并排
   - C. 仅 2×2 区域节　　　　　　　　C. 仅 1×4 区域节

三、简答题

1. 数据透视表有哪些用途？
2. 如何更改数据透视表中值字段的汇总方式？
3. 什么是切片器？
4. 数据透视图有什么作用？
5. 如何设置趋势线的格式？

上机实验 10

1. 基于单元格区域创建数据透视表。

（1）在 Excel 2010 中，创建一个新的空白工作簿并保存为"区域销售情况分析.xlsx"。

（2）将工作表 Sheet1、Sheet2 和 Sheet3 分别命名为"源数据"、"数据透视表"和"数据透视图"。

（3）在"源数据"工作表中输入商品销售数据，如图 10.73 所示。

销售地区	销售人员	商品名称	销售数量	单价	销售金额	销售年份	销售季度
北京	李春明	按摩椅	13	800	10,400	2014年	第1季度
北京	李春明	显示器	68	1,500	102,000	2014年	第2季度
北京	李春明	显示器	98	1,500	147,000	2014年	第3季度
北京	李春明	显示器	49	1,500	73,500	2014年	第4季度
北京	李春明	显示器	76	1,500	114,000	2014年	第1季度
北京	李春明	显示器	33	1,500	49,500	2014年	第2季度
北京	李春明	液晶电视	53	5,000	265,000	2014年	第3季度
北京	李春明	液晶电视	47	5,000	235,000	2014年	第4季度
北京	李春明	液晶电视	1	5,000	5,000	2014年	第1季度
北京	宋薇薇	液晶电视	43	5,000	215,000	2014年	第2季度
北京	宋薇薇	液晶电视	34	5,000	170,000	2014年	第3季度
北京	宋薇薇	微波炉	27	500	13,500	2014年	第4季度
北京	宋薇薇	微波炉	69	500	34,500	2014年	第1季度
北京	宋薇薇	微波炉	24	500	12,000	2015年	第1季度
北京	宋薇薇	按摩椅	28	800	22,400	2015年	第2季度

图 10.73　部分商品销售数据

（4）选择包含数据的单元格区域，在"插入"选项卡的"表格"组中单击"数据透视表"，然后单击"数据透视表"。

（5）在"创建数据透视表"对话框中，选择要分析的数据并指定放置报表的位置，在"数据透视表"工作表中插入数据透视表，然后在数据透视表中添加字段，布局效果如图 10.74 所示。

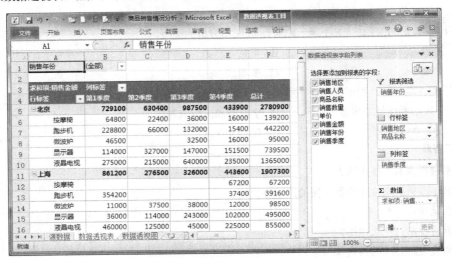

图 10.74　创建数据透视表

（6）在数据透视表中插入切片器，并通过切片器对数据透视表中的数据进行筛选，如图 10.75 所示。

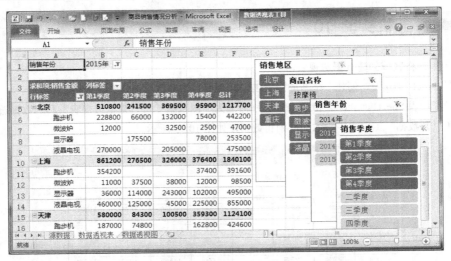

图 10.75　通过切片器对数据透视表中的数据进行筛选

2. 基于源数据创建数据透视图并为每个数据系列添加趋势线。

（1）在"源数据"工作表中，选择包含数据的单元格区域。

（2）在"插入"选项卡的"表"组中，单击"数据透视表"，然后单击"数据透视图"。

（3）在"创建数据透视表及数据透视图"对话框中，选择要分析的数据并指定放置报表的位置，在"数据透视图"工作表中插入和数据透视图和相关的数据透视表，然后在数据透视图中添加字段，并筛选出 2015 年的商品销售数据，布局效果如图 10.76 所示。

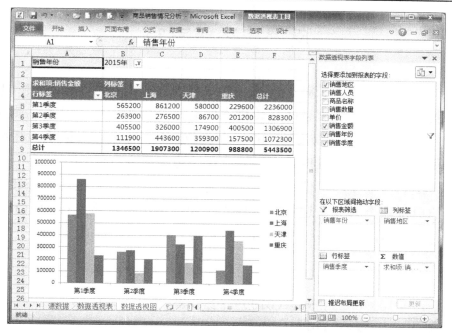

图 10.76　创建数据透视图

（4）为每个数据系列添加趋势线，并设置回归分析类型为"多项式"，效果如图 10.77 所示。

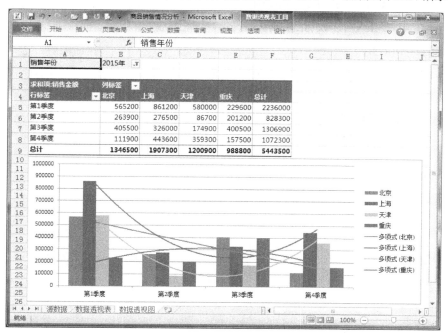

图 10.77　在数据透视图中添加趋势线

反侵权盗版声明

电子工业出版社依法对本作品享有专有出版权。任何未经权利人书面许可，复制、销售或通过信息网络传播本作品的行为；歪曲、篡改、剽窃本作品的行为，均违反《中华人民共和国著作权法》，其行为人应承担相应的民事责任和行政责任，构成犯罪的，将被依法追究刑事责任。

为了维护市场秩序，保护权利人的合法权益，我社将依法查处和打击侵权盗版的单位和个人。欢迎社会各界人士积极举报侵权盗版行为，本社将奖励举报有功人员，并保证举报人的信息不被泄露。

举报电话：（010）88254396；（010）88258888

传　　真：（010）88254397

E-mail：　dbqq@phei.com.cn

通信地址：北京市万寿路 173 信箱

　　　　　电子工业出版社总编办公室

邮　　编：100036